普通高等教育“十三五”规划教材

焊接检验及质量管理

主　编　苏允海　黄宏军　刘长军
副主编　张桂清　薛海龙

北　京
冶 金 工 业 出 版 社
2023

内 容 提 要

本书首先介绍了焊接接头中可能出现的各种焊接缺欠的特点、产生原因及预防措施，然后以此为基础，介绍了焊接接头常用的检测手段，包括破坏性检测方法和非破坏性检测（无损检测）方法，着重介绍各种无损检测的特点及应用，如射线检测、超声波检测、磁粉检测、涡流检测、渗透检测等，最后对焊接过程质量管理的相关知识进行了简单介绍。

本书理论结合实际，实用性强，可作为高校焊接技术与工程专业本科生专业课程教材，也可供有关企业工程技术人员参考。

图书在版编目(CIP)数据

焊接检验及质量管理/苏允海，黄宏军，刘长军主编．—北京：冶金工业出版社，2018.1（2023.6 重印）

普通高等教育“十三五”规划教材

ISBN 978-7-5024-7697-7

Ⅰ．焊…　Ⅱ．①苏…　②黄…　③刘…　Ⅲ．①焊接—检验—高等学校—教材　②焊接—质量管理—高等学校—教材　Ⅳ．①TG441.7

中国版本图书馆 CIP 数据核字（2018）第 011657 号

焊接检验及质量管理

出版发行　冶金工业出版社　　**电　　话**　(010)64027926

地　　址　北京市东城区嵩祝院北巷 39 号　　**邮　　编**　100009

网　　址　www.mip1953.com　　**电子信箱**　service@mip1953.com

责任编辑　高　娜　美术编辑　吕欣童　版式设计　禹　蕊

责任校对　郭惠兰　责任印制　窦　唯

三河市双峰印刷装订有限公司印刷

2018 年 1 月第 1 版，2023 年 6 月第 5 次印刷

787mm×1092mm　1/16；13.5 印张；323 千字；202 页

定价 33.00 元

投稿电话　(010)64027932　投稿信箱　tougao@cnmip.com.cn

营销中心电话　(010)64044283

冶金工业出版社天猫旗舰店　yjgycbs.tmall.com

（本书如有印装质量问题，本社营销中心负责退换）

前　　言

随着科技的发展，焊接产品及结构应用日益增多，在国民经济中的地位日益突出，其应用领域遍及造船、车辆、桥梁、石油、化工、冶金、电力、建筑、机械、电子器件以及航空航天、海洋开发等。但是，由于焊接是将原本独立的两个构件连接成一个整体，属于二次加工过程，这对整体构件的性能具有很大影响。因此，要想确保焊接产品或结构的质量满足相关标准及规范的要求，必须进行焊接产品或结构的质量检验和焊接过程质量管理，就需要了解相应的理论知识和操作准则，基于此编写了本书。

本书中首先明确了焊接缺欠的种类、特点、产生原因及预防措施，然后以此为基础，介绍了常用的破坏性检测方法和非破坏性检测方法的原理及应用，其中，无损检测方法包括射线检测、超声波检测、磁粉检测、涡流检测、渗透检测及其他新型检测技术，最后对焊接过程质量管理的相关知识进行了介绍。

本书具有如下特点：

(1) 在内容上力求体现“够用”和“实用”，以焊接专业必需的基本原理和基本操作方法为主，在对基础理论知识进行简要介绍的基础上，重点突出基本知识和基本技能的实际应用。

(2) 按照焊接职业岗位能力要求，侧重介绍各种常规检测方法和无损检测方法的原理、设备、方法、操作流程和应用，突出实践性。通过学习，学生能够正确使用各种焊接检测方法及设备进行操作。

(3) 在编写中，采用了大量的图表来描述不同检测方法的原理和操作要点，全书语言通俗易懂、层次清晰，以理论知识的阐述为基础，侧重实践操作和标准引述，使学生能熟悉无损检测的基础知识和操作要点，并明确相应的执行标准，同时注重知识的先进性，体现对学生创新能力的培养。

（4）每章开头以导言总领全章，每章结尾以“本章小结、自测题”结束，并在全书最后给出自测题的答案，非常适合学生及技术人员自学使用。

本书第1章绪论、第3章、第7章由沈阳工业大学苏允海副教授编写；第2章由沈阳工业大学张桂清博士编写；第4章、第5章的第5.1~5.3节由沈阳工业大学刘长军副教授编写；第6章、第8章、第9章及第5章的第5.6节由沈阳工业大学黄宏军副教授编写；第5章的第5.4、5.5节由薛海龙副教授编写。全书由苏允海负责总体设计及统稿。在编写过程中，得到了兄弟院校及企业有关同志的大力支持，在此向他们表示衷心的感谢。此外，在编写过程中参考并引用了有关文献资料和相关国家标准，在此向文献作者表示谢意。

由于作者水平有限，书中不妥之处，敬请读者批评指正。

编 者

2017年11月

目　　录

1 绪　论

导　言

焊接检验和焊接质量管理是保证焊接接头、焊接产品质量稳定性的基础，通过对焊接产品的全程检验（焊前、焊中、焊后和服役），可以及时、准确地发现焊接产品存在的或可能存在的缺陷，并进行及时处理，这对整个焊接产品非常重要，既可以提高焊接产品或设备的安全性，也可以降低焊接产品的生产和维护成本。因此，本章对焊接检验的意义、分类和过程进行介绍，使读者对焊接检验的重要性形成初步的认识。

1.1　焊接检验的意义

焊接就是通过加热或加压（或两者并用），并且用或不用填充材料，将两个独立的同种材料或异质材料连接起来，使被焊材料达到原子间结合的一种加工工艺方法。焊接作为一种重要的材料加工方法和成型技术，在工业生产中占有重要地位，被称为“工业缝纫”。但是由于焊接过程是局部受热熔化（或不熔化）凝固后成为一个整体，而且加热冷却过程十分迅速，这使得焊接接头是一个组织、性能不均匀体，其应力分布复杂，同时在焊接过程中很难做到不产生焊接缺欠。更不能排除产品在服役运行中出现新的焊接缺欠。因此，要想保证焊接接头质量的稳定性和产品服役运行的安全性，必须对焊接接头进行相应的检验。

焊接检验是以近代化学、力学、电子学和材料学为基础的焊接学科之一，是全面质量管理学科与无损评定技术紧密结合的一个领域。随着科技的发展，焊接检验的手段不断增加，精度不断提高，可检验的内容和范围不断扩大，这对改进产品质量发挥了积极的作用，使人们有更多的手段和技术来保证产品的安全性。

焊接检验的主要作用体现在如下几方面：

（1）焊接检验可确保焊接产品（结构）的整体质量满足要求。通过焊接检验，可以在生产过程中及时发现和解决零部件的质量问题，避免焊接结构的整体报废，保证焊接结构的制造质量，杜绝不合格产品的出厂。

（2）焊接检验是评定新工艺、改进技术的依据。创新是科技发展的基石，随着科技的发展，大量新工艺、新技术也将应用于焊接过程中，焊接检验可以评定焊接结构生产中新材料、新方法、新工艺的优劣，选择出最佳匹配方案，是新工艺、新技术应用推广的必要条件和评价指标。

(3) 焊接检验是保证产品安全运行的基础。焊接结构在腐蚀介质、交变载荷、热应力等苛刻条件下运行一段时间后可能产生各种形式的缺欠。通过焊接检验对焊接结构进行定期检修，可以消除隐患，防止恶性事故的发生，保证焊接结构安全、稳定地运行。

(4) 焊接检验可降低生产成本。由于焊接检验贯穿焊接产品制造全过程，因此，焊接检验结果的及时反馈、及时处理，可以避免焊接产品出现报废的现象，减少材料和工时的浪费，降低生产成本。

应当指出，焊接检验与其他质量检验一样具有两面性。为了保证产品的质量，希望检验的内容越多越好，但随着检验项目或内容的增多，检验周期和检验费用必然增多。这将加剧生产企业的负担，使其经济效益下降，生产周期延长，不利于提高企业的生产积极性。因此，焊接检验项目、内容及验收标准的设立应以保证产品质量为基础，合理、适度地采取检验手段。

1.2 焊接检验的分类

焊接检验依据分类标准的不同，分类方法也不尽相同，下面简单介绍常见的焊接检验的分类方法。

1.2.1 按检验的数量分类

(1) 全检。对焊接结构所有焊接接头都进行检验的方法称为全检，主要用于重要产品或新产品的试制。压力容器的 A、B 类焊缝一般规定为全检。

(2) 抽检。抽检是相对全检而言的，抽检仅对焊接结构的局部焊接接头进行检验，以被检焊接接头质量代表整批焊缝质量，一般用于检验质量比较稳定或生产工艺较成熟的焊接结构。

抽检比例用抽检量占全部焊接接头数量的百分比表示，焊接结构质量要求越高，抽检比例也应越高。

1.2.2 按检验方法分类

焊接检验分为破坏性检验、非破坏性检验、声发射检测三大类，每类中又有不同的检验方法，常用分类方法见图 1-1。

A 破坏性检验

破坏性检验是通过相应的加工方法将原先完整的焊接接头加工成各种检测试样，并进行相应的性能检测，用获得的检测数据来评定焊接接头或焊接产品性能的优劣或是否满足相应的质量要求的检验方法。破坏性检测内容包括力学性能试验、化学分析试验、金相检验等。破坏性检验的优点和缺点见表 1-1。

B 非破坏性检验

非破坏性检验是以不破坏焊接结构或产品的完整性和性能为前提的各种试验，包括外观检验、压力试验、致密性试验、无损检测等。非破坏性检验的优点和缺点见表 1-1。

C 声发射检测

声发射检测是利用仪器检测材料在外力或内力作用下产生变形或断裂时所出现的声发射信号来确定缺欠的检测技术。声发射检测过程中若对运行状态进行监测，一般为非破坏

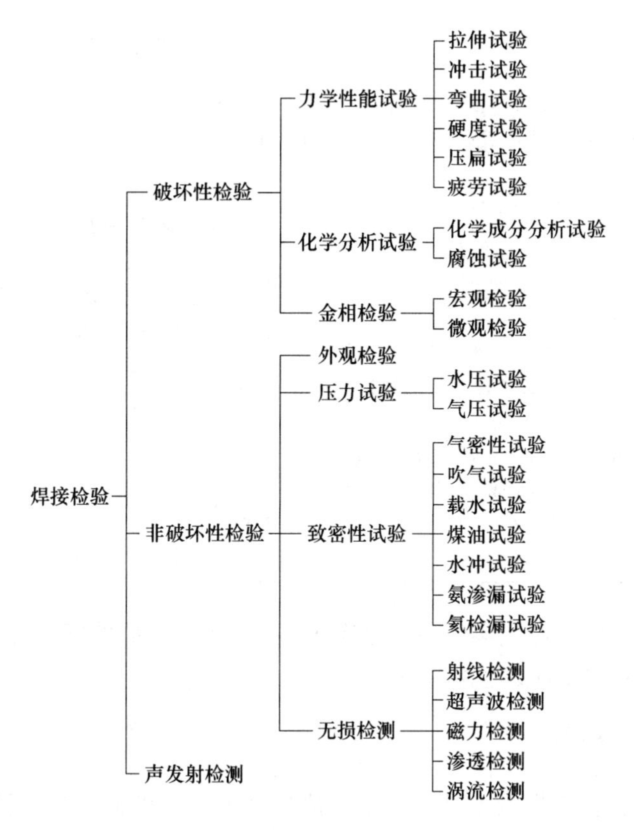

图 1-1 常用焊接检验方法

表 1-1 破坏性检验与非破坏性检验的优点和缺点对比

检验类别	优　　点	缺　　点
破坏性检验	（1）能直接、可靠地测量出产品的性能状态； （2）测定结果是定量的，这对产品设计、工艺执行情况以及标准化工作来说通常是很有价值的； （3）通常不必凭熟练的技术即可对试验结果做出说明； （4）试验结果与使用情况之间的关系往往是一致的，从而使检测人员和使用者之间对于试验结果的争论范围很小	（1）只能用于某一抽样，而且需要证明该抽样代表整批产品的情况； （2）试验过的零件为一次性的，不能再交付使用，因此不可以对在使用零件（产品）进行试验； （3）往往不能对同一件产品进行重复性试验，而且对不同形式的试验，要用不同的试样； （4）对材料成本或生产成本很高或利用率有限的零件，可能无法试验； （5）不能直接测量运转使用周期内的累积效应，只能根据服役一段时间的零件试验结果来推断整体性能； （6）试验用的试样，需要大量的机加工或其他制备工作； （7）投资及人力消耗很高

续表 1-1

检验类别	优　点	缺　点
非破坏性检验（无损检验）	（1）可直接对所生产的产品进行试验，而与零件的成本或可得到的产品数量无关，除去坏零件之外的损失很小； （2）既能对产品进行普检，也可对典型产品进行抽检； （3）对统一产品可以进行重复检验，检验的方法可以不同； （4）可对产品或零件进行在线检测； （5）可直接测量产品运转使用周期内的累积效应； （6）可查明产品失效的原因及机理； （7）试样很少或无需制备； （8）试验设备多为便携式，操作方便，劳动强度和成本低	（1）对操作人员要求较高，需具备相应的专业技能，才能对检测结果做出说明或结论； （2）对试验结果的评定具有一定的局限性，不同的观测人员可能对试验结果具有不同的评定结论或看法； （3）检验的结果只是定性的或相对的； （4）有些非破坏试验设备或场地所需的原始投资大

性检测，而要测量焊接产品或零件的应力状态，则需进行局部破坏。因此，声发射检测一般被列为破坏性检验和非破坏性检验之外的第三类方法。

1.2.3 按检验程序分类

根据焊接检验在整个焊接产品生产中的流程来划分，可将焊接检验分为焊前准备检验、焊接过程检验和焊后质量检验三部分。焊后质量检验是焊接生产中最重要的检验，是整个检验工作的重点。

1.3 焊接检验的流程

焊接检验并不是仅对焊接接头的质量进行评定，而是对整个焊接过程及焊接结构（或产品）的安全运行进行检验，确保每个环节都是可控的，以此保证整个焊接结构（或产品）的性能和质量。根据焊接结构（或产品）的制造过程特点，焊接检验可分为焊前检验、焊接过程检验、焊后检验和产品服役质量检验。

1.3.1 焊前检验

焊前检验是以预防为主，主要检查施焊前的各项准备工作，最大限度地避免或减少焊接缺欠的产生。

A 施工图样的审核

施工图样审核的主要依据是焊接产品的订货合同、国家相关安全技术规范及国家或行业标准的要求。施工图样审核一般分为合同审图和工艺审图两种。

（1）合同审图。审查设计图样是否符合国家现行的相关标准和技术规范的规定；审查设计单位是否具有相应的设计资格；审查设计图样是否有设计、校对、审核和批准人的签字，标题栏中的内容是否齐全、是否与合同或协议中的内容相同；审查本企业是否有能力承担制造任务。

(2) 工艺审图。审查设计图样的技术条件是否符合国家、行业或第三方现行的技术规范和相关标准的规定；审查所要求的焊接工艺和焊接检验手段是否合理可行；审核所用材料的焊接性及焊接接头结构形式设计的合理性等。

B 原材料的检验

原材料的检验包括焊接产品的母材检验和焊接材料的检验。

(1) 母材检验。母材检验包括焊接产品主材和委托外协加工件的检验，包括以下主要内容：

1) 材料入库验收。材料入库验收的主要内容包括材料的质量证明书、数量和几何尺寸、材料标记符号、表面质量等。

2) 材料的复检。对于无质量证明书或证明书与实物不符的材料、新材料、重要产品的母材，需要按批进行复验。复验的项目包括化学成分、力学性能、工艺性能、无损检验、金相检验等，复验项目可按安全技术规范、产品设计制造验收标准或设计文件、合同的要求确定。

3) 下料检验。下料检验的内容包括：审查领料单审批签字是否齐全、填写的内容是否准确；核实实物标记与领料单是否一致；检验下料分割线、材料标志或标记移植；打制或书写产品编号。

(2) 焊接材料的检验。焊接材料包括焊条、焊丝、填充丝、焊带、预置金属、焊枪、熔嘴、焊剂、保护气体、钎料等。焊接材料的正确选择是保证焊接质量的基本条件。焊接材料的检验包括以下内容：

1) 焊接材料验收时要有质量证明书，核对质量证明书上的性能指标是否齐全，是否符合订货合同、国家或行业标准的要求。

2) 核对焊接材料是否有实物标记，材料牌号与标记是否一致，是否存在材料代用以及是否符合相关的标准。

3) 核对所选焊接材料的牌号和规格是否符合焊接工艺文件的规定。

4) 检查焊接材料的质量，包括焊条药皮是否有开裂、脱落、霉变的现象，焊条、焊丝表面是否有油污、铁锈，保护气的纯度是否符合要求等。

C 焊接工艺评定的审核

焊接工艺评定的审核就是检查焊接工艺评定是否与产品的实际制造情况及生产条件相符合，工艺评定的试验项目是否齐全及所有试验报告的数据是否合格，从而确定编制的焊接作业指导书是否正确。

D 焊前准备工作的检验

1) 检验零件材料的牌号、规格、所开坡口的形式和尺寸是否与相关要求一致。

2) 工件装配的检验。检查零部件的相对位置、焊缝位置及接头形式、零部件组装的坡口根部间隙及错边量是否满足要求。

3) 检验坡口及距坡口边缘 20mm 范围内的油污、铁锈等污染物是否清理干净。

4) 焊前预热的检查。检验预热方法、预热部位、预热温度是否与工艺要求一致。测量时，测量点一般距焊缝 100~300mm。

5) 检验焊丝表面的油污、铁锈是否清理干净，焊条、焊剂是否按照要求进行烘干。

6) 检验焊接设备的运转状态（设备配套的仪表应完好，且在计量检定或计量校准期内）和工装的完好程度能否满足实际生产需求。

7）检验焊接环境是否满足生产需求，如温度、湿度、风速等。

E　焊工资格检验

检查焊工所持合格证的有效性，并核对合格证的有效期、合格项目中的焊接方法、焊接位置及材料类别与焊接产品的要求是否一致。

1.3.2　焊接过程中的检验

在焊接过程中进行检验，可以防止和发现焊接缺欠并及时将焊接缺欠修复，保证焊接结构在制造过程中的质量。在焊接过程中，焊工要随时自检每道焊缝，发现缺欠，应及时修补；在此基础上，质检人员在现场进行巡回监督检验，并形成检验记录。

1.3.3　焊后检验

焊后检验是整个检验工作的重点，是对产品焊接质量的综合性检验。焊后检验主要包括焊缝外观检验、焊接接头的无损检验（见表1-2）、力学性能检验、致密性检验、压力检验及其他性能检验。

在产品技术条件中，如果有其他特殊要求，如耐腐蚀性检验、延迟裂纹测定和铁素体含量检验等，一般应按照相关标准或合同中的相关规定进行检验。

表1-2　常用焊接接头无损检测方法的特点及使用范围

检测方法	设　备	用　途	优　点	缺　点
射线检测	射线机（源）、胶片、增感屏、暗室处理设备等	适用于检测焊缝内部的气孔、夹渣等体积型缺欠，焊接接头内部的平面型缺欠（如裂纹、未熔合、未焊透）与透照方向一致时才易检出	可以确定缺欠的位置、大小及种类，检测结果可长期保存	防辐射安全措施要求严格；不适宜检测较厚工件；要求检验人员有较高素质
超声波检测	超声波检测仪、探头、耦合剂及标准试块等	适用于检测焊缝内部的裂纹、气孔、夹渣、未熔合和未焊透等缺欠	可以检测较厚工件；可以对缺欠进行准确定位；对于平面型缺欠十分敏感；安全、方便、成本低	缺欠定性困难；检测前，工件表面一般需加工；不适用于检测形状复杂或表面粗糙的工件；细小裂纹不易检测；要求检验人员有较高素质
磁力检测	磁头、磁轭、线圈、磁粉等	用于检测铁磁材料的表面或近表面的裂纹、未焊透和夹渣等缺欠	可以确定缺欠的位置、大小及形状；安全、方便、成本低；检测灵敏度高；检测结果易解释	不能用于检测非铁磁材料；无法确定缺欠的深度及种类；检测后，工件一般需退磁
渗透检测	渗透剂、显像剂、清洗剂、标准试块、黑光灯	检测金属和非金属材料的表面开口缺欠（如气孔、裂纹）	可以确定缺欠的位置、大小及形状；设备轻便，便于携带；检测结果易解释	检测前、后必须清洁工件；无法确定缺欠的深度及性质；不适用于检测疏松的多孔性材料
涡流检测	涡流检测仪、标准试块等	用于检测导电材料的表面及近表面的裂纹、气孔和未熔合等缺欠	可以确定缺欠的位置和相对尺寸；采用非接触式检测，易实现自动化	难以对缺欠定性；无法用于检测非导电性材料

1.3.4 产品服役质量检验

焊接产品在服役过程中，由于受到工作介质、载荷的影响，其组织性能有可能发生变化，这将直接影响产品的整体安全。因此，需对产品服役过程中的状态进行监测。产品的质量检测一般采用声发射技术。除了产品服役状态的监测外，还需对产品检修质量、现场问题处理和失效分析进行检验和处理。

1.4 课程特点、目的和要求

A 课程特点

焊接检验与质量管理是一门实践性较强的专业课。各种焊接检验手段和相关原理涉及力学、热能学、声学、电磁学、光学等知识领域，只有通过对获得信息进行汇总和处理，才能对材料的物理化学性能进行评定，而且评定的结果应严格依据检验规程、标准和安全技术规范。这些都要求焊接操作者具有很高的实际操作经验，并在实际操作过程中不断升华自身，从而实现对材料性能的准确评判。

B 课程目的

通过本课程的学习，焊接专业学生应能掌握焊接检验和质量管理的基础知识和基本操作技能。

C 课程要求

（1）掌握焊接检验方法的基本原理和使用范围。

（2）正确选用焊接检验设备、仪器，熟悉基本操作技能。

（3）掌握有关焊接检验标准、缺欠识别知识，正确拟定焊接检验工艺。

（4）掌握焊接质量管理和焊接质量控制的内容和措施。

本章小结

1. 焊接检验与质量管理是保证焊接结构质量和安全运行的基础，常用的焊接检验方法有破坏性检验、非破坏性检验和声发射检测。

2. 焊接检验的内容包括焊前检验、焊接过程中的检验、焊后检验和产品服役质量检验。

自 测 题

1.1 选择题

（1）服役焊接结构的检验一般采用（ ）。

A. 射线检测 B. 超声波检测 C. 声发射检测 D. 磁力检测

（2）焊接过程中的检验不包括（ ）。

A. 焊接规范的检验B. 工艺纪律检验 C. 焊工资格审查 D. 焊后热处理检验

(3) 下面不属于破坏性试验的是（　　）。

A. 拉伸试验　　B. 气压试验　　C. 弯曲试验　　D. 冲击试验

(4) 下面（　　）方法属于无损检验。

A. 拉伸试验　　B. 渗透检测　　C. 硬度试验　　D. 化学成分分析

(5) 下面（　　）方法属于破坏性检验。

A. 外观检验　　B. 致密性试验　　C. 金相检验　　D. X 射线检测

1.2 简答题

简述破坏性检验的优点和缺点。

2 焊接缺欠

导　言

焊接接头质量的好坏，直接决定焊接产品的服役寿命及设备的安全运转情况。从事焊接工作的相关人员必须明确焊接质量的相关要求，并树立起良好的质量观，这样才能保证工艺的正确性、操作的规范化和质量的合格性。因此，本章主要介绍焊接接头缺欠的种类、特征、成因及预防措施等，为后续进行相应检测打下理论基础。

2.1　焊接缺欠的概念及分类

2.1.1　焊接缺欠的概念

《焊接及相关工艺 金属材料中几何缺陷的分类 第 1 部分：熔焊》（ISO 6520—1：2007）、《金属熔化焊接头缺欠分类及说明》（GBT 6417.1—2005）以及《无损检测 通用术语和定义》（GB/T 20737—2006）的词语定义中有两个非常重要的定义，一个是焊接缺欠，另一个是焊接缺陷。

焊接缺欠：其英文为 Weld Imperfection，解释为 any deviation from the ideal weld。因此，焊接缺欠可理解为与理想焊缝的偏差［《无损检测 通用术语和定义》（GB/T 20737—2006）中规定为：在焊接接头中的不连续性、不均匀性及其他不健全等欠缺统称为焊接缺欠］。

焊接缺陷：其英文为 weld defect，解释为 unacceptable weld imperfection，理解为不可接受或不符合标准要求的焊接缺欠。

通过上述分析可知，焊接缺陷应是焊接缺欠的一部分。

由于焊接过程的特殊性，焊接接头存在缺欠是比较普遍的事情，关键是焊接缺欠是否达到焊接缺陷的级别。若焊接接头中存在焊接缺陷，焊接接头的质量必将受到影响，焊接检验在此发挥了积极乃至决定性的作用，通过焊接检验可以评定焊接缺陷的等级，明确焊接接头的质量状态、是否需要修补以及修补质量。

2.1.2　焊接缺欠的分类

根据热源的状态、母材与焊材的状态，焊接方法可分为熔化焊、固相焊和钎焊三大类。每种焊接方法由于自身工艺特点的不同，产生缺欠的类型也不尽相同。因为熔化焊应用广泛，所以本节主要介绍熔化焊缺欠的分类，其他方法的焊接缺欠可参阅相应的标准资料，这里不再赘述。

根据《金属熔化焊接头缺欠分类及说明》（GB/T 6417. 1—2005），可将熔化焊的缺欠分为六大类：

第一类 裂纹

第二类 孔穴

第三类 固体夹杂

第四类 未熔合及未焊透

第五类 形状和尺寸不良

第六类 其他缺欠

以上六类缺欠的具体名称见表 2-1。

表 2-1 熔化焊焊接接头中常见缺欠名称

<table>
<tr><th>分类</th><th>名称</th><th>备注</th><th>分类</th><th>名称</th><th>备注</th></tr>
<tr><td rowspan="7">裂纹</td><td>横向裂纹</td><td rowspan="7">见图 2-2</td><td rowspan="12">形状和
尺寸不良</td><td>咬边</td><td>见图 2-20</td></tr>
<tr><td>纵向裂纹</td><td>焊瘤</td><td>见图 2-21</td></tr>
<tr><td>弧坑裂纹</td><td>下塌</td><td>见图 2-22</td></tr>
<tr><td>放射状裂纹</td><td>下垂</td><td></td></tr>
<tr><td>柱状裂纹</td><td>烧穿</td><td>见图 2-22</td></tr>
<tr><td>间断裂纹</td><td rowspan="2">尺寸偏差</td><td rowspan="2">见图 2-24</td></tr>
<tr><td>微观裂纹</td></tr>
<tr><td rowspan="7">孔穴</td><td>球形气孔</td><td rowspan="2">见图 2-11</td><td>角变形</td><td rowspan="2">见图 2-23</td></tr>
<tr><td>均布气孔</td><td>错边</td></tr>
<tr><td>局部密集气孔</td><td>见图 2-12</td><td>焊脚不对称</td><td></td></tr>
<tr><td>链状气孔</td><td>见图 2-13</td><td>焊缝超高</td><td></td></tr>
<tr><td>条形气孔</td><td>见图 2-14</td><td>焊缝宽度不齐</td><td></td></tr>
<tr><td>虫形气孔</td><td>见图 2-15</td><td>焊缝表面粗糙、不平滑</td><td></td></tr>
<tr><td>缩孔</td><td>见图 2-16</td><td rowspan="9">其他缺欠</td><td>电弧擦伤</td><td>见图 2-25</td></tr>
<tr><td rowspan="6">固体夹杂</td><td>夹渣</td><td rowspan="6">见图 2-17</td><td>飞溅</td><td>见图 2-26</td></tr>
<tr><td>焊剂或熔剂夹渣</td><td>钨飞溅</td><td></td></tr>
<tr><td>氧化物夹渣</td><td>定位焊缺欠</td><td></td></tr>
<tr><td rowspan="3">褶皱
金属夹杂</td><td>表面撕裂</td><td></td></tr>
<tr><td>层间错位</td><td></td></tr>
<tr><td>打磨过量</td><td></td></tr>
<tr><td rowspan="2">未熔合及
未焊透</td><td>未熔合</td><td>见图 2-18</td><td>凿痕</td><td></td></tr>
<tr><td>未焊透</td><td>见图 2-19</td><td>磨痕</td><td></td></tr>
</table>

焊接缺欠除了按《金属熔化焊接头缺欠分类及说明》（GB/T 6417. 1—2005）进行分类外，也可以按外观状态、形成原因和断裂机制进行划分。按外观状态，焊接缺欠主要分

为成形缺欠、结合缺欠和性能缺欠；按形成原因，焊接缺欠分为构造缺欠、工艺缺欠和冶金缺欠；按断裂机制，焊接缺欠分为平面型缺欠（未熔合、裂纹、未焊透和线性夹渣）和体积型缺欠（气孔和圆形夹渣等）。

2.2 焊接缺欠的特征及分布

2.2.1 裂纹

裂纹，是指金属原子的结合遭到破坏，形成新的界面而产生的缝隙，如图 2-1 所示。焊接裂纹按照产生的机理可分为冷裂纹、热裂纹、再热裂纹和层状撕裂裂纹几大类。根据分布及位置，焊接裂纹可分为横向裂纹、纵向裂纹、弧坑裂纹、放射状裂纹、枝状裂纹、间断裂纹和微观裂纹等，其特征及分布见表 2-2，形貌如图 2-2 所示。

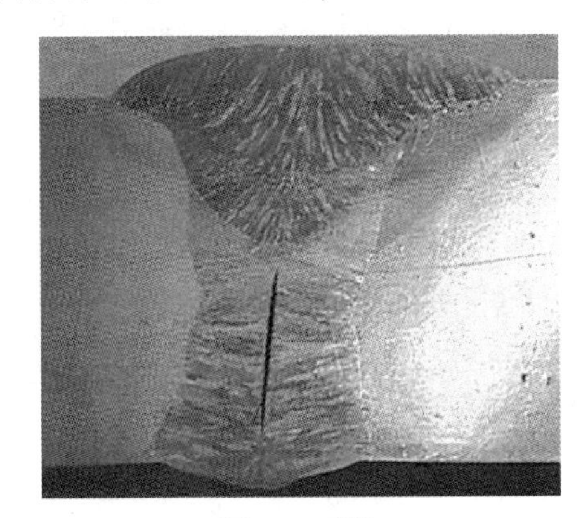

图 2-1 裂纹

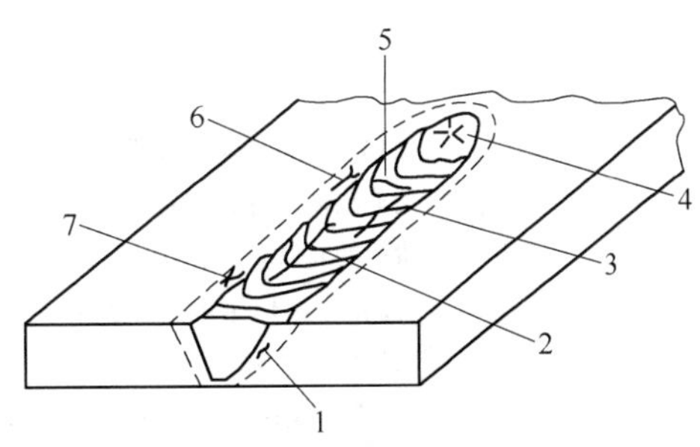

图 2-2 各种裂纹的外观形貌
1—热影响区裂纹；2—纵向裂纹；
3—间断裂纹；4—弧坑裂纹；
5—横向裂纹；6—枝状裂纹；7—放射状裂纹

表 2-2 不同裂纹的特征及分布

名 称	特 征	分 布
横向裂纹	裂纹长度方向基本与焊缝轴线相垂直	位于焊缝金属、热影响区和母材中
纵向裂纹	裂纹长度方向基本与焊接轴线相平行	位于焊缝金属、熔合线、热影响区和母材中
弧坑裂纹	形貌有横向、纵向或星形	位于焊缝收弧弧坑处
放射状裂纹	具有某一公共点向四周放射的裂纹	位于焊缝金属、热影响区和母材中
枝状裂纹	由一公共裂纹派生出的一组裂纹，形貌呈树枝状	
间断裂纹	裂纹呈断续状态	
微观裂纹	在显微镜下才能观测到	

为了能更加清晰直观地了解各种裂纹，下面从形成机理、特征、分布形态等对各种裂纹进行简单描述。

2.2.1.1 热裂纹

热裂纹一般是指在焊缝稍低于凝固温度时产生的裂纹，焊接完毕即出现，即液态金属一次结晶时产生的裂纹。这种裂纹多沿晶界开裂，并贯穿在焊缝表面，裂纹面上呈氧化色，失去金属光泽，有的亦出现在热影响区，这是与冷裂纹区别的典型标志。根据裂纹形成的机理，热裂纹可分为结晶裂纹、液化裂纹和高温失塑裂纹。热裂纹的特征和分布见表2-3。

表 2-3 热裂纹的特征和分布

名称	特 征	分 布	形态
结晶裂纹（焊缝金属在结晶后期形成的裂纹，也称为凝固裂纹）	（1）沿晶间开裂； （2）断口由树枝状断裂区和平坦状断裂区构成，在高倍显微镜下能观察到晶界液膜的迹象	（1）沿焊缝的中心线呈纵向分布； （2）沿焊缝金属结晶方向呈斜向或人字形； （3）在弧坑处呈横向、纵向、星形分布； （4）发生在熔深大的对接接头以及各种角接头（包括搭接接头、丁字接头和外角接焊缝等）中； （5）产生在含硫、磷杂质较多的碳钢、单相奥氏体钢、镍基合金和某些铝合金中	见图 2-3、图 2-4
液化裂纹（热影响区的母材金属中的低熔点杂质被熔融形成薄膜状晶界，在凝固时出现的裂纹）	（1）起源于熔合线靠母材侧的粗大奥氏体晶界，沿晶界扩展，具有曲折的轮廓； （2）在断口上能观察到各种共晶在晶界面上凝固的典型形态，有时能观察到类似结晶裂纹的石块状断口形貌	（1）出现在多层焊的前层焊缝中； （2）产生在含铬、镍的高强钢或奥氏体的近缝区或多层多道焊中（在热影响区呈不规则的方向分布，有时与熔合线相连通）	见图 2-5
高温失塑裂纹（低于固相线温度下，在焊缝金属凝固后的冷却过程中形成的一种热裂纹）	（1）表面较平整，有塑性变形遗留下来的痕迹； （2）沿奥氏体晶界形成并扩展； （3）断口呈晶界断裂形貌，与结晶裂纹的石块状断口形貌相似，但无液相存在的痕迹	（1）产生在单相合金与纯金属（如单相奥氏体与镍基合金）的焊缝中； （2）热影响区或者多层焊的前层焊缝中； （3）发生在比液化裂纹距熔合线更远一点的部位上	

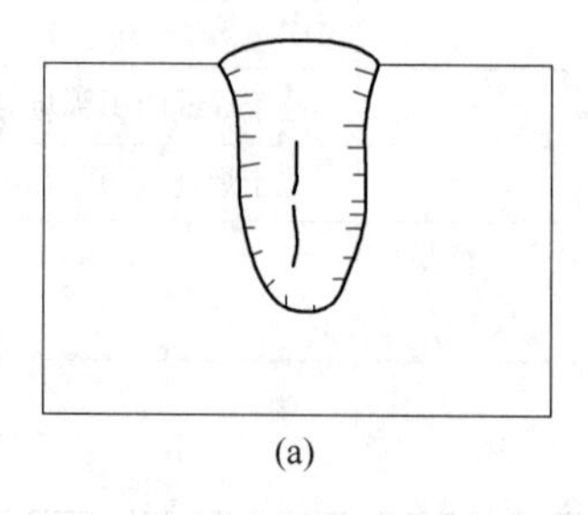
(a)

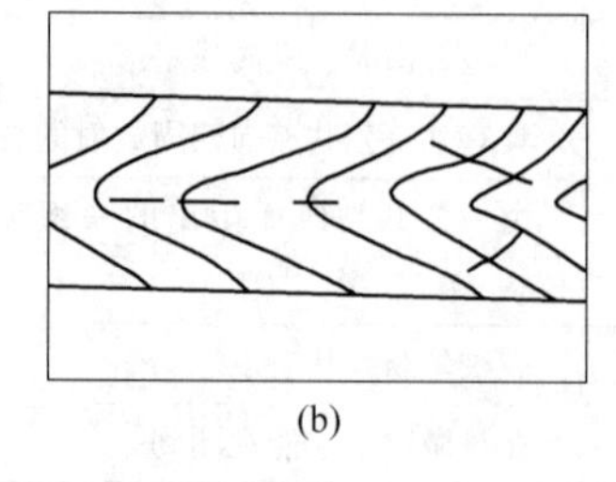
(b)

图 2-3 结晶裂纹的分布
（a）沿焊缝中心线分布；（b）斜向分布

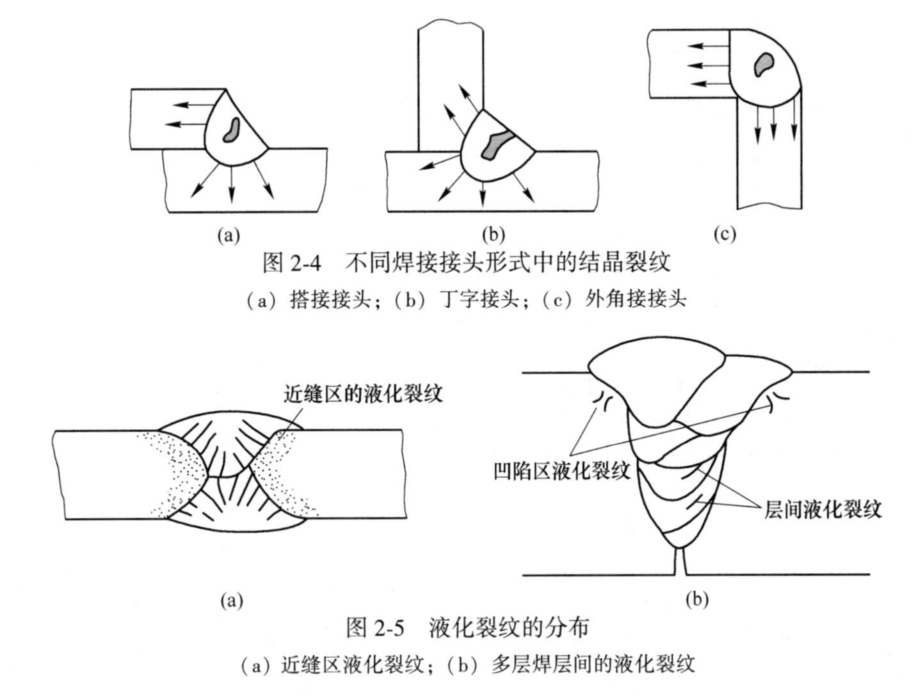

图 2-4　不同焊接接头形式中的结晶裂纹

（a）搭接接头；（b）丁字接头；（c）外角接接头

图 2-5　液化裂纹的分布

（a）近缝区液化裂纹；（b）多层焊层间的液化裂纹

2.2.1.2　冷裂纹

冷裂纹是指在焊缝金属冷至马氏体转变温度 Ms（200～300℃）以下产生的裂纹，一般是在焊后一段时间（几小时、几天甚至更长时间）才出现，又称为延迟裂纹。延迟裂纹主要是氢的作用，其特点是表面光亮，无氧化色，多以穿晶形式断裂。冷裂纹的特征、分布及形态见表 2-4。

表 2-4　冷裂纹的特征、分布及形态

<table>
<tr><th>名　称</th><th>特　　征</th><th>分　　布</th><th>形态</th></tr>
<tr><td rowspan="3">氢致裂纹（具有延时性，即焊后经过数小时、数日或更长时间才出现的冷裂纹称为氢致裂纹，或延迟裂纹）</td><td rowspan="3">（1）延迟特征：普通低合金钢的氢致裂纹在焊后 24 h 内产生（一般情况下，焊趾裂纹发生在焊后数分钟，焊道下裂纹发生在数小时后），对高合金钢则在焊后 10 天内产生；
（2）裂纹产生时，有时可以觉察到断裂的响声；
（3）断裂途径可以是沿晶界或者穿晶，一般情况下，断口中均同时存在沿晶界断裂和晶内撕裂，而且晶内撕裂的断口占相当大的比例。即使是在高强度钢的冷裂纹断口中，也存在晶内撕裂；
（4）在填角焊时，裂纹产生的部位与拘束状态有关（见图 2-9）</td><td>（1）焊趾裂纹
起源于焊缝与母材的交界处有明显应力集中的地方，一般由焊趾表面开始，向母材深处延伸，可能沿粗晶区扩展，也可能向垂直于拘束方向的粗晶区或母材扩展，裂纹的取向经常与焊缝横向平行</td><td>见图 2-6</td></tr>
<tr><td>（2）焊道下裂纹
1）一般情况下，裂纹的取向与熔合线平行，距熔合线 1～2 个晶核（在焊缝表面不易发现）；
2）经常发生在淬硬倾向大的材质中，位于焊接热影响区的粗晶区；
3）当钢种沿轧制方向有较多和较长的 MnS 系夹杂物时，裂纹也可沿这些硫化物呈阶梯状分布</td><td>见图 2-7</td></tr>
<tr><td>（3）焊根裂纹
1）起源于焊缝的根部最大应力处，随后在拘束应力作用下向焊缝内或热影响区扩展；
2）裂纹出现的部位取决于焊缝金属及热影响区的强度、伸长率和根部形状</td><td>见图 2-8</td></tr>
</table>

续表 2-4

名称	特　征	分　布	形态
淬火裂纹（在焊接含碳量高、淬硬倾向大的钢材时出现的冷裂纹）	（1）与氢无关，无延时特征； （2）裂纹的启裂与扩展均沿奥氏体晶界出现； （3）断口非常光滑，极少有塑性变形的痕迹	位于热影响区或焊缝中	
层状撕裂（母材本身固有缺陷，因焊接使其暴露出来）	（1）平行于板材表面扩展，并呈阶梯状； （2）断口有明显的水纹状特征，断口的平台分布有大块的夹杂物	发生在角焊缝的厚板结构中	见图 2-10

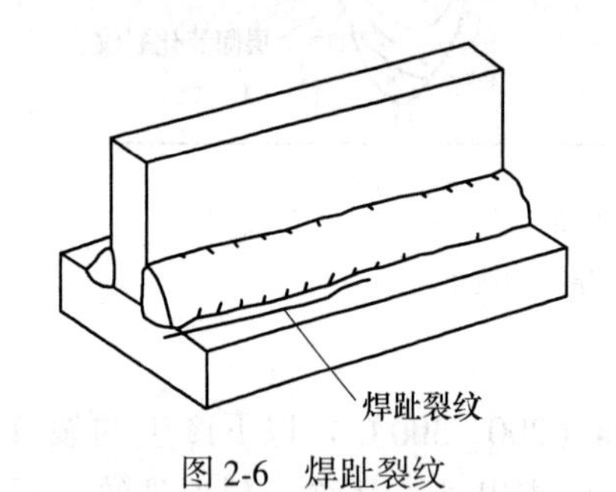

图 2-6　焊趾裂纹

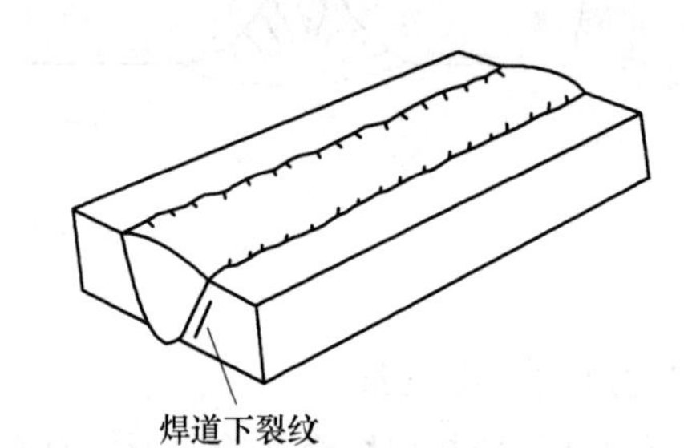

图 2-7　焊道下裂纹

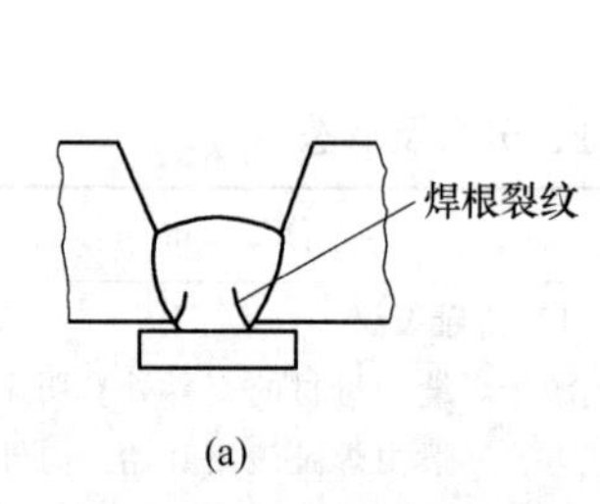

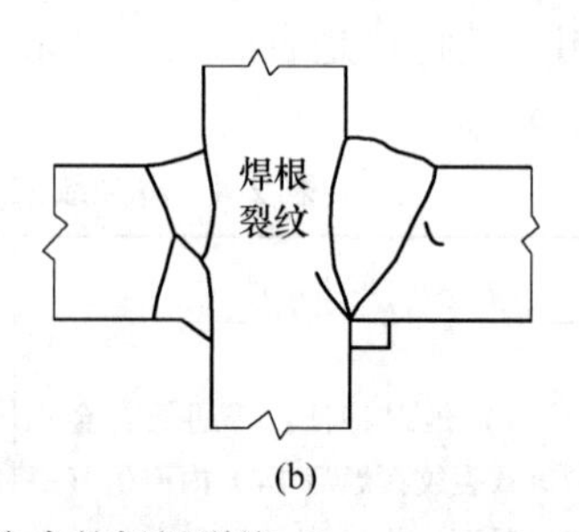

图 2-8　焊接接头中的焊根裂纹

（a）焊缝内的焊根裂纹；（b）热影响区的焊根裂纹

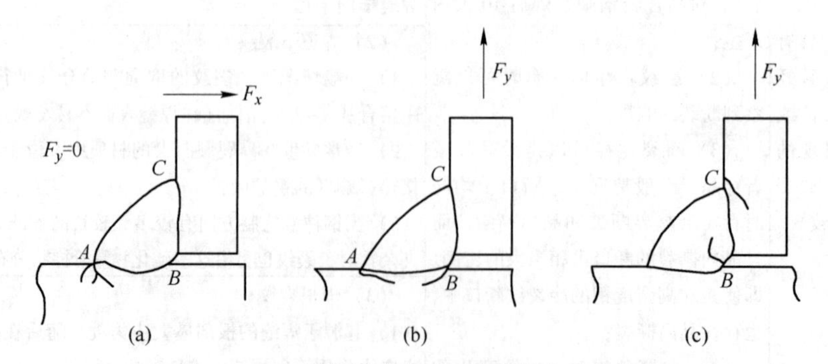

图 2-9　填角焊的拘束状态与冷裂纹产生的部位

（a）竖板无拘束但限制角变形；（b）竖板中等拘束；（c）竖板大拘束

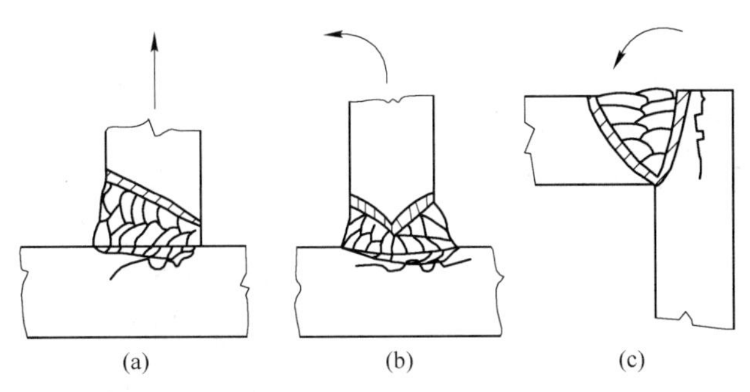

图 2-10 层状撕裂的类型

(a) 由焊根裂纹引起；(b) 由夹杂物开裂后沿热影响区扩展；(c) 产生在母材厚度中心附近

2.2.1.3 再热裂纹

再热裂纹是指在重复加热过程中产生的裂纹。再热裂纹产生的部位在熔合区、热影响区的粗晶区，具有晶间断裂的特征；对于不同的含碳量，再热裂纹有不同的温度敏感区；再热裂纹多发生在应力集中的部位。

2.2.2 孔穴

根据《金属熔化焊接头缺欠分类及说明》（GB/T 6417.1—2005）的规定，孔穴分为气孔和缩孔两类。气孔是指焊接时熔池中的气泡在凝固时未能逸出而残留下来所形成的空穴，气孔的特征及分布见表 2-5。缩孔是指熔化金属在凝固过程中因收缩产生的孔穴。气孔中的气体可能是熔池从外界吸收的，也可能是焊接冶金过程中反应生成的，据此将气孔分为反应性气孔和溢出性气孔。根据气孔的形态，可将气孔分为球状气孔、均布气孔（见图 2-11）、局部密集气孔（见图 2-12）、链状气孔（见图 2-13）、条形气孔（见图 2-14）、蠕虫状气孔（见图 2-15）和表面气孔。缩孔可分为结晶缩孔（见图 2-16）、微缩孔、弧坑缩孔、末端弧坑缩孔、微型缩孔、微型结晶缩孔和微型穿晶缩孔。

表 2-5 气孔的特征与分布

名称	特 征	分 布
氢气孔	断面形状多为螺丝状，从焊接表面上看呈圆喇叭状，其内壁光滑，无氧化色	多出现在焊缝表面或近表面
氮气孔	呈蜂窝状，常成堆出现，无氧化色	多出现在焊缝表面
CO 气孔	表面光滑，呈条虫状，内部有氧化色	多产生于焊缝内部，沿其结晶方向分布
鱼眼	在含氢量较高的焊缝金属中出现的缺欠，实际上是圆形或椭圆形氢气孔，在其周围分布有脆性解理扩展的裂纹，形成围绕气孔的白色脆断区，形貌如鱼眼	横焊时，气孔常出现在坡口上部边缘；仰焊时，气孔常分布在焊缝底部或焊层中，有时也出现在焊道的接头部位及弧坑处

2.2.3 固体夹杂

固体夹杂是指焊缝金属中残留的固体杂物，根据杂物的种类，可以将固体夹杂分为以下五种：

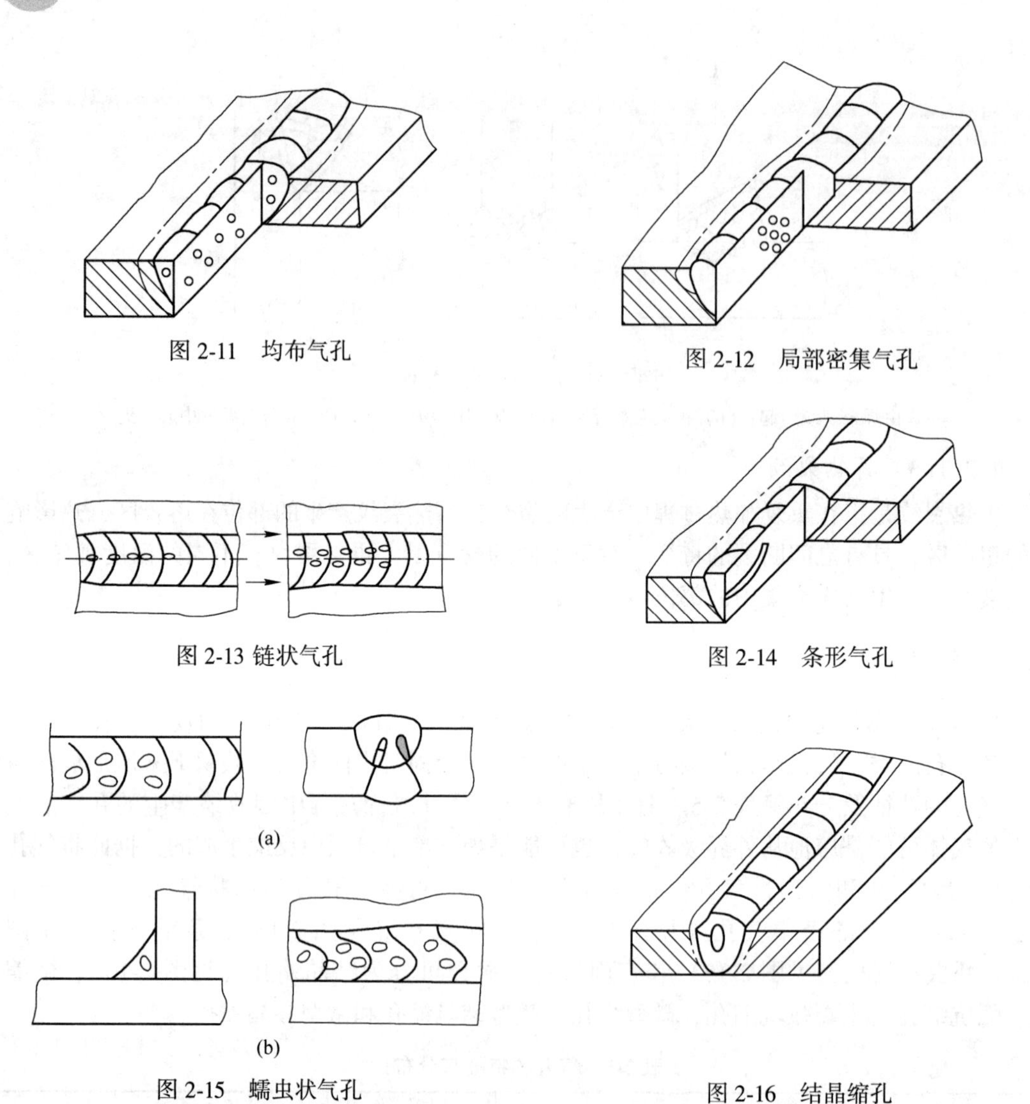

图 2-11 均布气孔

图 2-12 局部密集气孔

图 2-13 链状气孔

图 2-14 条形气孔

图 2-15 蠕虫状气孔
(a) 对接焊缝；(b) 角接焊缝

图 2-16 结晶缩孔

(1) 夹渣。夹渣是指焊后残留在焊缝中的熔渣。根据形成情况，夹渣可能是线性的、孤立的或成簇的。夹渣的分布和形状有单个点状夹渣、条状夹渣、链状夹渣和密集夹渣。点状夹渣的危害与气孔相似，带有尖角的夹渣会产生尖端应力集中，尖端还可能发展为裂纹源，危害较大。夹渣主要发生在坡口边缘和每层焊道之间非圆滑过渡的部位，在焊道形状发生突变或存在深沟的部位也容易发生夹渣，如图 2-17 所示。

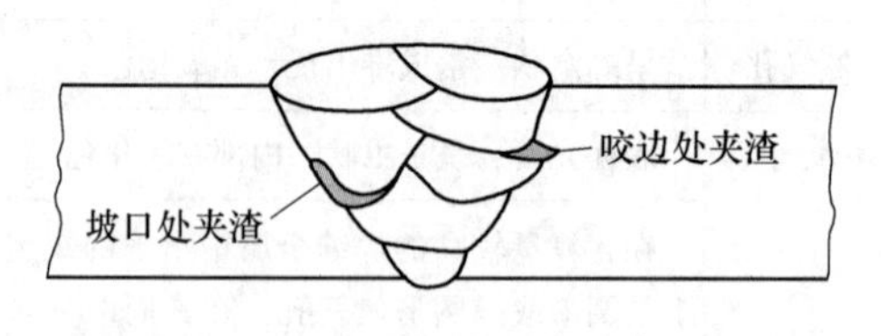

图 2-17 夹渣

(2) 焊剂夹渣。焊剂夹渣是指残留在焊缝金属中的焊剂渣，一般呈线状、长条状、颗粒状及其他形式。

(3) 氧化物夹杂。氧化物夹杂是指凝固时残留在焊缝金属内部的金属氧化物。

(4) 皱褶。在某些情况下，特别是在铝合金焊接时，因焊接熔池保护不善和紊流的双重影响而产生的大量氧化膜，称为皱褶。

(5) 金属夹杂。金属夹杂是指残留在焊缝金属内部的外来金属颗粒，可能是钨（夹钨)、铜或其他金属。

2.2.4 未熔合和未焊透

(1) 未熔合。熔焊时，焊道与母材之间或焊道与焊道之间，未完全熔化结合的部分称为未熔合，如图 2-18 所示。对于电阻点焊而言，未熔合指母材与母材之间未完全熔化结合的部分。未熔合是一种面积型缺欠，坡口未熔合和根部未熔合减小了承载截面面积，应力集中也比较严重，其危害仅次于裂纹。

(2) 未焊透。未焊透是指母材金属之间未完全熔合而留下的间隙，如图 2-19 所示。未焊透减少了焊缝的有效截面面积，使焊接接头承载能力下降，引起的应力集中严重降低焊缝的疲劳强度，所造成的危害比强度下降的危害大得多。未焊透可能成为裂纹源，是造成焊缝破坏的重要原因。

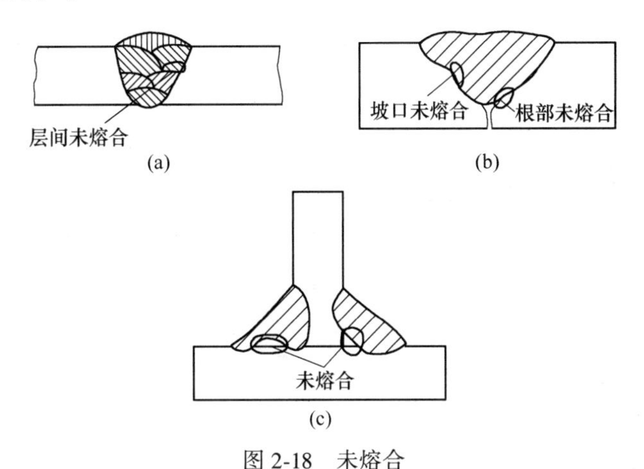

图 2-18 未熔合

(a) 层间未熔合；(b) 坡口未熔合；(c) 角焊缝未熔合

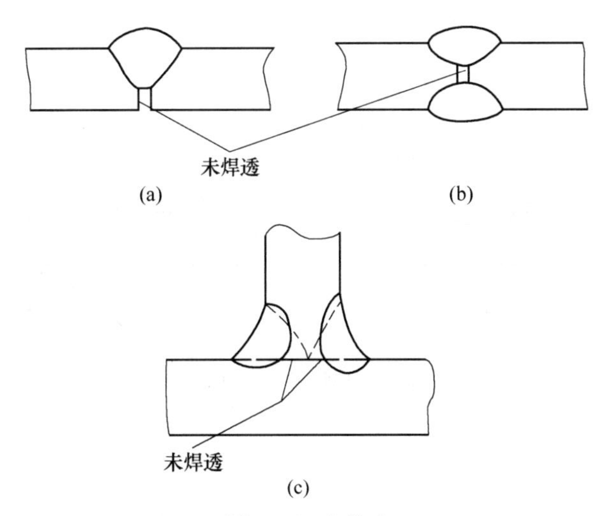

图 2-19 未焊透

(a) 单面焊未焊透；(b) 双面焊未焊透；(c) 角焊缝未焊透

2.2.5 形状和尺寸不良

形状和尺寸不良是指焊缝的外表面形状或焊接接头的几何尺寸不良或与原设计的几何尺寸出现偏差。常见的外观缺欠有未填满、咬边（见图 2-20）、焊瘤（见图 2-21）、烧穿及下塌（见图 2-22）、焊接变形（见图 2-23）、尺寸偏差（见图 2-24）等，有时还有气孔、表面夹渣和表面裂纹。单面焊的根部未焊透也位于焊缝表面。

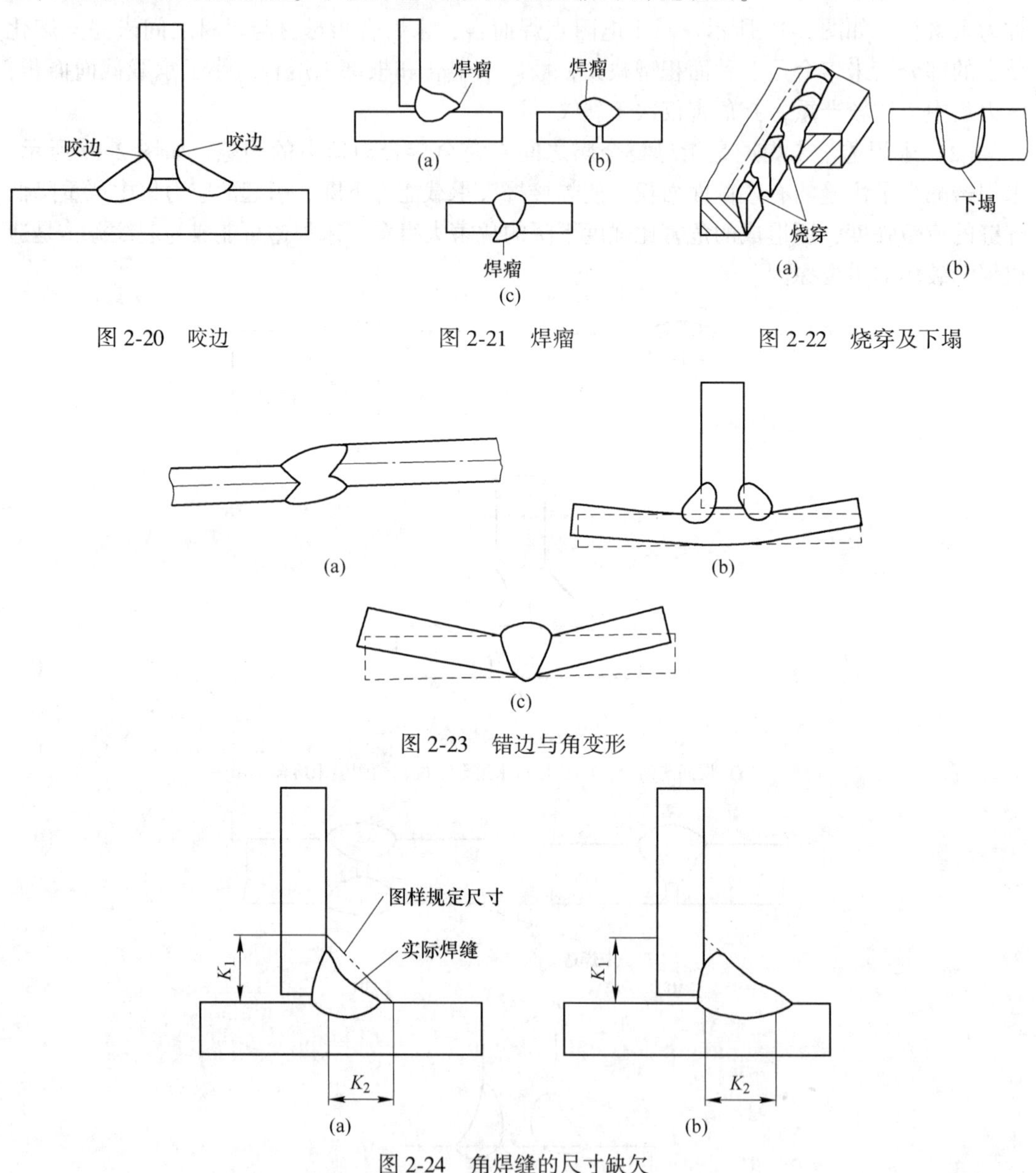

图 2-20 咬边

图 2-21 焊瘤

图 2-22 烧穿及下塌

图 2-23 错边与角变形

图 2-24 角焊缝的尺寸缺欠

（a）焊脚尺寸 K_1、K_2 偏小；（b）焊脚尺寸 K_1 偏小、K_2 偏大

2.2.6 其他缺欠

其他缺欠是指除了上述五类缺欠外的缺欠，主要包括电弧擦伤（见图 2-25）、飞溅

(见图 2-26)、钨飞溅、定位焊缺欠、表面撕裂、层间错位、打磨过量、凿痕和磨痕等。

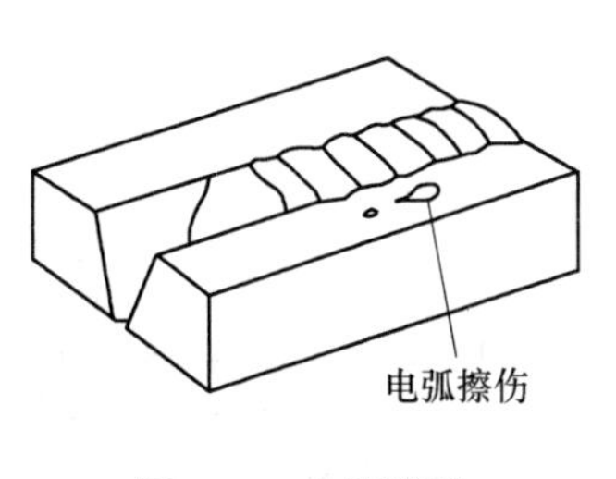

图 2-25　电弧擦伤

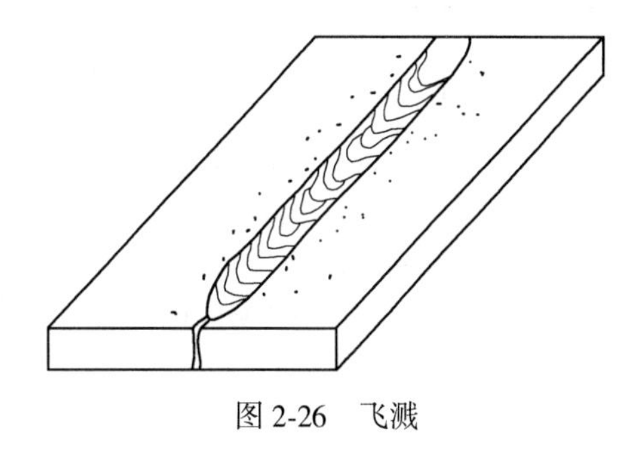

图 2-26　飞溅

2.3　焊接缺欠产生的原因

如 2.2 节所述，焊接结构（产品）中的焊接缺欠的种类很多，采用相应的检测方法可以将这些焊接缺欠检测出来，并参照相应的标准进行定性、定量分析，从而给出评定等级。但是给出评级并不是最终的目标，焊接检验的最终目的是保证焊接结构（产品）的安全运行。因此，在检测出焊接缺欠的同时，需对该缺欠产生的原因进行分析，以此为基础制定后续处理措施，以减少或防止此类缺欠的产生。

由于焊接过程的特殊性，焊接接头产生缺欠的过程是十分复杂的，涉及的内容也比较多，可能是材料因素、结构因素或工艺因素。下面从这三个因素入手对各种缺欠的产生原因进行分析，具体内容见表 2-6。

表 2-6　熔化焊焊接缺欠的原因

<table>
<tr><th>类别</th><th>名称</th><th>材料因素</th><th>结构因素</th><th>工艺因素</th></tr>
<tr><td rowspan="3">热裂纹</td><td>结晶裂纹</td><td>（1）焊缝金属中合金元素含量高；
（2）焊缝中 P、S、C、Ni 含量高；
（3）焊缝中的 Mn 和 S 的含量比例不合适</td><td>（1）焊缝附近的刚度较大，如大厚度、高约束度的构件；
（2）接头形式不合适，如熔深较大的对接接头和各种角焊缝（包括搭接接头、丁字接头和外角接焊缝）抗裂性差；
（3）接头附近应力集中（如密集、交叉的焊缝）</td><td>（1）焊接线能量过大，使近缝区的过热倾向增加，晶粒长大，引起结晶裂纹；
（2）熔深与熔宽比过大；
（3）焊接顺序不合理，焊缝不能自由收缩</td></tr>
<tr><td>液化裂纹</td><td rowspan="2">母材中 S、P、B、Si 含量较多</td><td rowspan="2">（1）焊缝附近的刚度较大，如大厚度、高约束度的构件；
（2）接头附近应力集中（如密集、交叉的焊缝）</td><td>（1）线能量过大，使过热区晶粒粗大，晶界熔化严重；
（2）熔池形状不合适，凹度过大</td></tr>
<tr><td>高温失塑裂纹</td><td>线能量过大使温度过高，容易产生裂纹</td></tr>
</table>

续表 2-6

类别	名称	材料因素	结构因素	工艺因素
冷裂纹	氢致裂纹	（1）钢中 C 和合金元素含量增加使淬硬倾向增加； （2）焊接材料中氢含量较高	（1）焊缝附近的刚度较大，如大厚度、高约束度的构件； （2）焊缝布置在应力集中区； （3）坡口形式不合适（如 V 形坡口约束应力较大）	（1）接头熔合区附近的冷却时间 $t_{8/5}$（从 800℃冷却至 500℃所需时间）小于出现铁素体临界冷却时间，线能量过小； （2）未使用低氢型焊条； （3）焊接材料未烘干，焊口及工件表面有水分、油污及铁锈； （4）焊后未进行保温处理
	淬火裂纹	（1）钢中 C 和合金元素含量增加使淬硬倾向增加； （2）对于多组元合金的马氏体钢，焊缝中出现块状铁素体		（1）对冷裂倾向较大的材料，其预热温度未做相应提高； （2）焊后未进行保温回火； （3）焊条选择不合适
	层状撕裂	（1）焊缝中出现片状夹杂物（如硫化物、硅酸盐和氧化铝等）； （2）母材基体组织硬脆或产生时效脆化； （3）钢中 S 含量较多	（1）接头设计不合理、约束应力过大（如 T 形填角焊、角接头和贯通接头）； （2）拉应力沿板厚方向作用	（1）线能量过大，使约束应力增加； （2）预热温度较低； （3）焊根裂纹的存在
再热裂纹		（1）焊接材料的强度过高； （2）母材中 Cr、Mo、V、B、S、P、Cu、Nb、Ti 的含量较高； （3）热影响区粗晶区域的组织未得到改善（未减少和消除马氏体组织）	（1）结构设计不合理造成应力集中（如对接焊缝和填角焊缝重叠）； （2）坡口形式不合适导致产生较大的约束应力	（1）回火温度不够，持续时间过长； （2）焊趾处形成咬边而导致应力集中； （3）焊接次序不当使焊接应力增加； （4）焊缝的余高导致近缝区的应力集中
气孔		（1）当熔渣的氧化性增大时，CO 引起气孔的倾向加强；当熔渣的还原性增大时，氢气孔的倾向加强； （2）焊件或焊接材料不清洁（有铁锈、油污和水分等杂质）； （3）与焊条、焊剂的成分及保护气体的气氛有关； （4）焊条偏心，药皮脱落	仰焊、横焊易产生气孔	（1）当电弧功率不变，焊接速度增大时，增加了产生气孔的倾向； （2）电弧电压太高，即电弧过长； （3）焊条、焊剂在使用前未进行烘干； （4）使用交流电源易产生气孔； （5）气体保护焊时，气体流量不合适

续表 2-6

类别	名称	材料因素	结构因素	工艺因素
夹渣		（1）焊条和焊剂的脱氧、脱硫效果不好； （2）熔渣的流动性差； （3）在原材料的熔渣中含硫量较高及硫的偏析程度较大	立焊、仰焊易产生夹渣	（1）电流太小不合适，熔池搅动不足； （2）焊条药皮成块脱落； （3）多层焊时，层间清渣不够； （4）电渣焊时，焊接条件突然改变，母材熔深突然减小； （5）操作不当
未熔合				（1）焊接电流小或焊接速度快； （2）坡口或焊道有氧化皮、熔渣及氧化物等高熔点物质； （3）操作不当
未焊透		焊条偏心	坡口角度太小，钝边太厚，坡口根部间隙太小	（1）焊接电流小或焊接速度太快； （2）焊条角度不对或运条方法不当； （3）电弧太长或电弧偏吹
形状缺欠	咬边		立焊、仰焊易产生咬边	（1）焊接电流过大或焊接速度太慢； （2）在立焊、横焊和角焊时，电弧太长； （3）焊条角度和摆动不正确或运条不当
	焊瘤		坡口钝边太小，熔池高温停留时间过长	（1）焊接规范不当，电压过低，焊速不合适； （2）焊条角度不对或电极未对准焊缝； （3）运条不正确
	烧穿和下塌		（1）坡口根部间隙过大； （2）薄板或管子的焊接容易产生烧穿和下塌	（1）电流过大，焊接速度过慢； （2）垫板托力不足
	错边			（1）装配不正确； （2）焊接夹具质量不高
	角变形		（1）角变形程度与坡口形状有关（如对接焊缝V形坡口的角变形大于X形坡口）； （2）角变形与板厚有关，板厚为中等时角变形最大，厚板、薄板的角变形最小	（1）焊接顺序对角变形有影响； （2）在一定范围内，线能量增加，则角变形也增加； （3）反变形量未控制好； （4）焊接夹具质量不高

续表 2-6

类别	名称	材料因素	结构因素	工艺因素
形状缺欠	焊缝尺寸、形状不符合要求	(1) 熔渣的熔点和黏度太高或太低都会导致焊缝尺寸、形状不合要求； (2) 熔渣的表面张力较大，不能很好地覆盖焊接表面，使焊缝粗、焊缝高、表面不光滑	坡口不合适或装配间隙不均匀	(1) 焊接规范不合适； (2) 焊条角度或运条方法不当
其他缺欠	电弧擦伤			(1) 焊工随意在坡口外引弧； (2) 接地不良或电气接线不好
	飞溅	(1) 熔渣的黏度过大； (2) 焊条偏心		(1) 焊接电流增大时，飞溅增加； (2) 电弧过长时，飞溅增加； (3) 碱性焊条极性不合适； (4) 焊条药皮水分过多时，飞溅增加； (5) 交流电源比直流电源产生的飞溅多； (6) 焊机动特性、外特性不佳时，飞溅增加

2.4 焊接缺欠的危害与预防措施

2.4.1 焊接缺欠的危害

焊接接头内存在焊接缺欠是焊接结构（产品）失效的主要原因，但是，焊接缺欠的种类繁多，各自对焊接结构（产品）的作用效果不尽相同。由于焊接缺欠的存在减小了结构承载的有效截面面积，更主要的是在缺欠周围产生了应力集中，因此，焊接缺欠对结构的静载强度、疲劳强度、脆性断裂及抗应力腐蚀开裂等都有重大的影响。下面对焊接缺欠对焊接结构（产品）的危害进行汇总。

A 引起应力集中

几乎所有的焊接缺欠都会产生应力集中，只是应力集中的程度不同而已。孔穴类缺欠一般呈球状或条虫形，内壁光滑，此类缺欠产生的应力集中并不严重；而裂纹、未熔合和未焊透缺欠常呈扁平状，如果加载方向垂直于裂纹、未熔合和未焊透的平面，则在它们的两端会引起严重的应力集中。固体夹杂的应力集中效果取决于固体夹杂的形状，若夹杂为圆形，则应力集中程度相对较小，若夹杂形状不规则，将会由于存在尖角而导致应力集中程度增加。此外，对于焊缝的形状不良、角焊缝的凸度过大及错边、角变形等焊接接头的外部缺欠，也都会引起应力集中或产生附加应力。

B 降低静载强度

试验表明，圆形缺欠所引起的强度降低与缺欠造成的承载截面面积的减小成正比。

若焊缝中出现成串或密集气孔时，由于气孔的截面面积较大，降低了有效承载截面面积，使焊接接头的强度明显降低，因此成串气孔要比单个气孔的危害大得多。夹渣对强度的影响与其形状和尺寸有关。单个小球状夹渣并不比同样尺寸和形状的气孔危害大，但当夹渣呈连续的细条状且排列方向垂直于受力方向时，是比较危险的。裂纹、未熔合和未焊透比气孔和夹渣的危害大，它们不仅降低了结构的有效承载截面面积，而且更重要的是产生了应力集中，有诱发脆性断裂的可能。

C 增加脆性断裂倾向

脆性断裂是一种低应力下的破坏，具有突发性，事先难以发现和加以预防，故危害较大。

一般认为，结构中缺欠造成的应力集中越严重，脆性断裂的危险性越大。由此可见，裂纹对脆性断裂的影响最大，其影响程度不仅与裂纹的尺寸、形状有关，而且与其所在的位置有关。如果裂纹位于高值拉应力区，就容易引起低应力破坏；若裂纹位于结构的应力集中区，则更危险。

此外，错边和角变形能引起附加的弯曲应力，对结构的脆性破坏也有影响，并且角变形越大，破坏应力越低。

D 降低疲劳强度

缺欠对疲劳强度的影响比对静载强度的影响大得多。例如，气孔引起的承载截面面积减小 10%时，疲劳强度的下降可达 50%。

焊缝内的平面型缺欠如裂纹、未熔合、未焊透，由于应力集中系数较大，因而对疲劳强度的影响较大。含裂纹的结构与含同样面积气孔的结构相比，前者的疲劳强度比后者降低 15%。对未焊透来讲，随其面积的增加，疲劳强度明显下降。

E 引起应力腐蚀开裂

通常应力腐蚀开裂总是从表面开始。如果焊缝表面有缺欠，则裂纹很快在那里形成。因此，焊缝的表面粗糙度，结构上的死角、拐角、缺口、缝隙等，都对应力腐蚀有很大影响。这些外部缺欠侵入的介质局部浓缩，加快了电化学过程的进行和阳极溶解，为应力腐蚀裂纹的成长提供了方便。

前面已经指出，应力集中对疲劳强度有重大影响。同样的，应力集中对腐蚀疲劳也有很大影响。焊接接头的腐蚀疲劳破坏，大多是从焊趾处开始，然后扩展，穿透整个截面而导致结构的破坏。因此，改善焊趾处的应力集中程度，能大大提高接头的抗腐蚀、抗疲劳能力。

2.4.2　焊接缺欠的预防措施

A　热裂纹的防止措施

（1）控制焊缝中有害杂质（如硫、磷）的含量，硫、磷的含量应小于0.03%~0.04%。对于重要结构的焊接，应采用碱性焊条或焊剂，可有效地控制有害杂质的含量。

（2）改善焊缝金属的一次结晶，通过细化晶粒，可提高焊缝金属的抗裂性。

（3）正确选择合格的焊接工艺，如控制焊接规范，适当提高焊缝成形系数（控制在1.3~2.0），采用多层、多道焊等可避免中心线区域成分偏析，从而防止中心线区域产生裂纹。

（4）选择降低焊接应力的措施，也可防止热裂纹的产生。

B　再热裂纹的预防措施

预防再热裂纹，可采用低强度焊接材料，减少焊接应力。

C　冷裂纹的防止措施

（1）选用合格的低氢焊接材料，采用降低扩散氢含量的焊接工艺方法。

（2）严格控制氢的来源，如焊条和焊剂应严格按规定的要求烘干，随用随取。严格清理坡口两侧的油、锈、水分以及控制环境温度等。

（3）选择合适的焊接工艺，正确地选择焊接规范、预热、缓冷、后热以及焊后热处理等，改善焊缝及热影响区的组织，去氢和消除焊接应力。适当增大焊接线能量，有利于提高低合金钢焊接接头的抗冷裂性。

（4）改善焊缝金属的性能，加入某些合金元素，以提高焊缝金属的塑性。

D　未熔合的防止措施

采用较大的焊接电流，正确地进行施焊操作，注意坡口面的清理。

E　未焊透的防止措施

使用较大电流来焊接是防止“未焊透”的基本方法。另外，防止“未焊透”的方法还有焊角焊缝时用交流代替直流以防止磁偏吹，合理设计坡口并加强清理，打底焊时用细焊条，用短弧焊接。

F　夹渣的防止措施

（1）正确选择焊接规范，掌握运条技术，使熔池中的焊剂充分熔化。

（2）采用焊接工艺性良好并经过烘干的焊条。

（3）严格清理焊件坡口和中间焊道的熔渣。

G　气孔的防止措施

（1）清除焊丝的油污、锈蚀等，清除工件坡口及其附近表面的油污、铁锈、水分和杂物。

（2）采用碱性焊条、焊剂，并彻底烘干。

（3）采用直流反接并用短电弧施焊。

（4）焊前预热，减缓冷却速度。

（5）用线能量较大的规范施焊。

本章小结

1. 焊接缺欠分为裂纹、孔穴、固体夹杂、未熔合及未焊透、形状和尺寸不良、其他缺欠六大类，每一类的成因都不相同，因此其特征和分布也各不相同。

2. 焊接缺欠的产生原因分为材料原因、工艺原因和结构原因，从这三方面可以制定出相应的焊接缺欠的防止措施。

3. 焊接缺欠的危害主要包括：引起应力集中、降低静载强度、增加脆性断裂倾向、降低疲劳强度和引起应力腐蚀开裂。

自测题

2.1　选择题

(1) 将在焊接接头中产生的不符合标准要求的（　　）称为焊接缺陷。

A. 焊接缺欠　　B. 缺陷　　C. 缺欠　　D. 以上全部

(2) 焊接缺欠按表观分为（　　）。

A. 成形缺欠　　B. 结合缺欠　　C. 性能缺欠　　D. 以上全部

(3) 裂纹在长度方向上基本与焊缝轴线相垂直的是（　　）。

A. 横向裂纹　　B. 纵向裂纹　　C. 弧坑裂纹　　D. 放射状裂纹

(4) 产生焊接缺欠的因素是（　　）。

A. 材料因素　　B. 结构因素　　C. 工艺因素　　D. 以上都是

(5) 下列（　　）不是产生结晶裂纹的因素。

A. 焊接线能量过大

B. 熔深与熔宽比过大

C. 焊接顺序不合适，焊缝不能自由收缩

D. 未使用低氢焊条

2.2　判断题

(1) GB/T 6417.1—2005 是国家标准《金属钎焊焊缝缺欠分类及说明》。（　　）

(2) 层状撕裂多发生在角焊缝的厚板结构中。（　　）

(3) 焊条、焊剂在使用前未进行烘干，不会引起焊接缺欠。（　　）

(4) 用交流电源与直流电源焊接时，产生气孔的概率相同，且前者电弧比后者更稳定，因为交流电弧没有磁偏吹现象。（　　）

(5) 焊接缺欠对质量的影响主要是对结构负载强度和外观的影响。（　　）

2.3　简答题

(1) 国家标准《金属熔化焊接头缺欠分类及说明》（GB/T 6417.1—2005）中将熔化焊缺欠分为哪几类？

(2) 简述焊接缺欠对焊接接头质量的影响。

3 常规检验及破坏性检验

导　言

常规检验和破坏性检验是焊接产品非常重要的检验项目，一般情况下常规检验是焊接产品质量检验的基础，而破坏性检验用于验证焊接过程中所选用的焊接工艺、焊接材料是否正确。本章将对常规检验和破坏性检验的项目、操作流程和技术要求进行介绍，使读者对常规检验和破坏性检验有一个较为全面的了解。

3.1 焊缝外观检验

焊缝外观检验是焊接产品质量检验的第一关，也是基础，只有通过了焊缝外观检验的焊接接头或产品，才能进行后续的检验工序。

3.1.1 焊缝外观检验的内容

焊缝外观检验主要分为两大部分，一是焊接接头表面质量的检测，二是焊缝尺寸的测定。对于焊接接头表面质量的检测，主要是依靠眼睛目测进行，而焊缝尺寸的测定需要专业的检测工具。

A　焊接接头表面质量的检测

（1）表面颜色。焊接接头的表面颜色是质量信息的一部分，通过观察焊接接头的颜色，可以判定焊接过程规范的正确性或焊接工艺纪律是否得到贯彻执行，并对焊接接头质量进行预判。

焊缝颜色的不同，表明焊接过程中的保护效果不同，若焊缝处有明显的氧化色，则说明保护效果不好，焊缝表面氧化严重。不锈钢焊接接头表面颜色以银白色、金黄色为最好。

（2）表面形态。焊接接头的外观质量是指焊后未经机械加工的表面，采用肉眼或借助放大镜（5 倍）观察到的原始形貌及相应信息。焊接接头不得有表面裂纹、未熔合、未焊透、夹渣与气孔、弧坑、焊瘤、未填满等缺欠。焊缝咬边及其他表面质量要求，应当符合设计图样和相关标准的规定。

B　焊缝尺寸的测定

焊缝尺寸的测定主要是对焊缝的宏观尺寸进行相关检测，检测的项目包括焊缝的宽度、焊缝的余高、焊缝的直线度、焊缝的错边量、角焊缝的焊脚尺寸等，这些检测项目需要借助一定的专用检测工具来完成，检测后，需将测量结果与技术标准规定的尺寸进行对比，从而判断焊缝的尺寸是否满足要求。

3.1.2 焊缝外观检验所用工具

对于目视检测环节所用的工具是放大镜，而对于焊缝尺寸的测定是采用焊接检验尺，下面对焊接检验尺的规格和使用方法进行简单介绍。

根据《焊接检验尺检定规程》（JJG 704—2005）的规定，焊接检验尺是利用线纹和游标测量等原理，检验焊接件的焊缝宽度、焊缝余高、焊接坡口根部间隙、坡口角度、咬边深度等的计量器具。焊接检验尺的主要结构形式分为Ⅰ型（见图 3-1）、Ⅱ型（见图 3-2）、Ⅲ型（见图 3-3）、Ⅳ型（见图 3-4）。

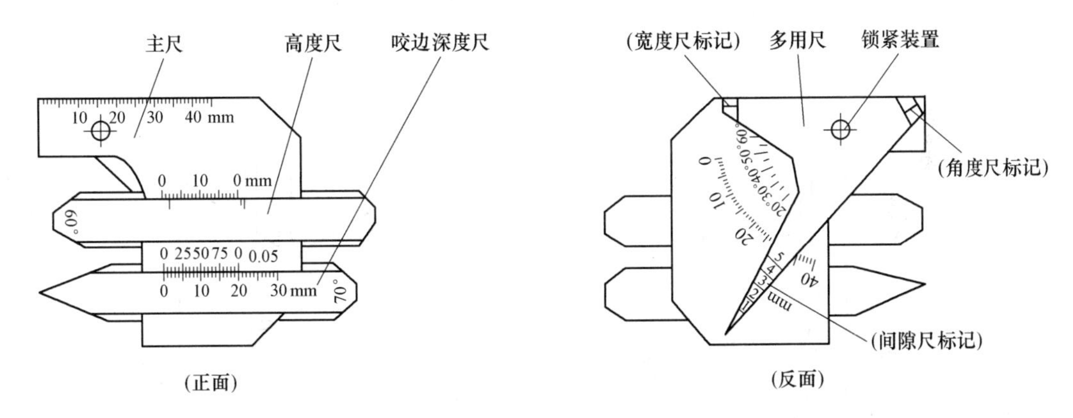

图 3-1 Ⅰ型焊接检验尺

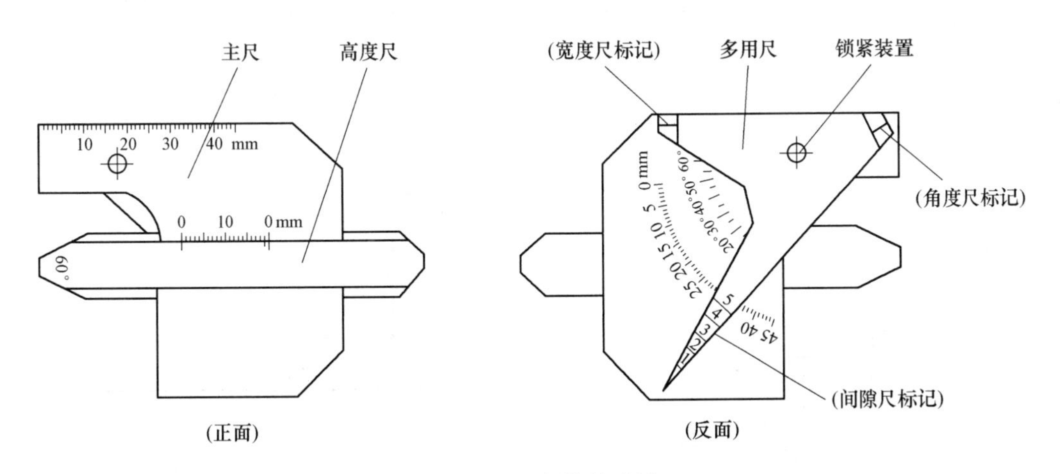

图 3-2 Ⅱ型焊接检验尺

不同类型的焊缝，设计图样及技术标准中要求的尺寸不同。对接焊缝一般标注焊缝的熔宽 B 和余高 h，如图 3-5 所示。角焊缝一般标注焊脚尺寸 K 和焊缝厚度 a，如图 3-6 所示（通常角焊缝的焊脚尺寸 $K_1=K_2$）。因此，在检验焊缝尺寸时，对接焊缝测量焊缝的熔宽 B 和余高 h，角焊缝测量焊缝的焊脚尺寸 K 和焊缝厚度 a。

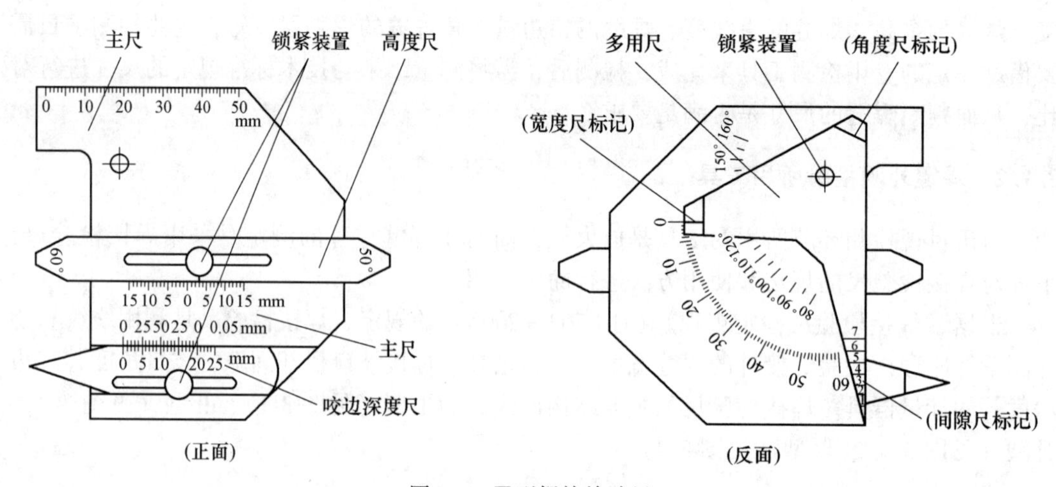

图 3-3 Ⅲ型焊接检验尺

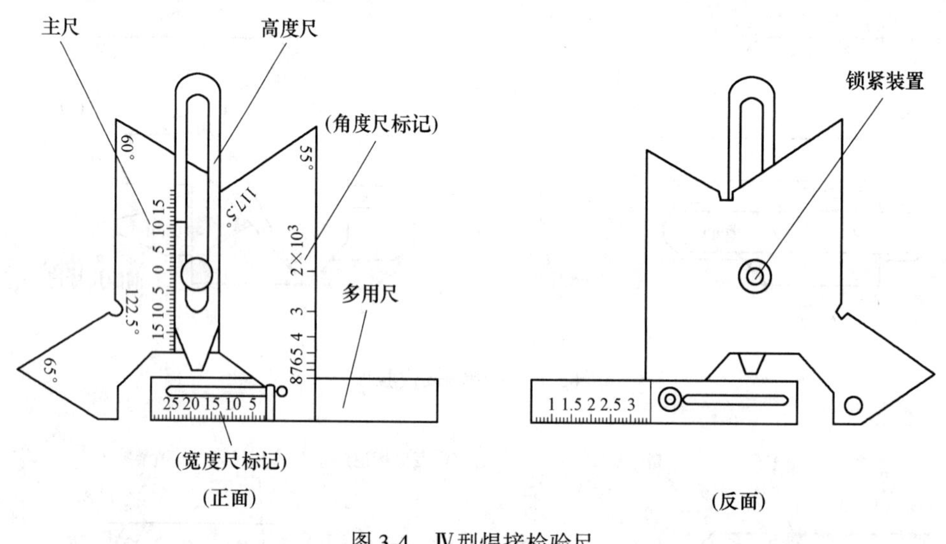

图 3-4 Ⅳ型焊接检验尺

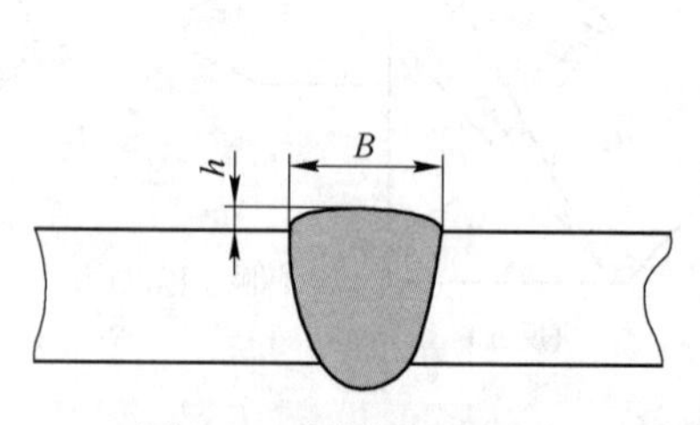

图 3-5 对接焊缝的尺寸

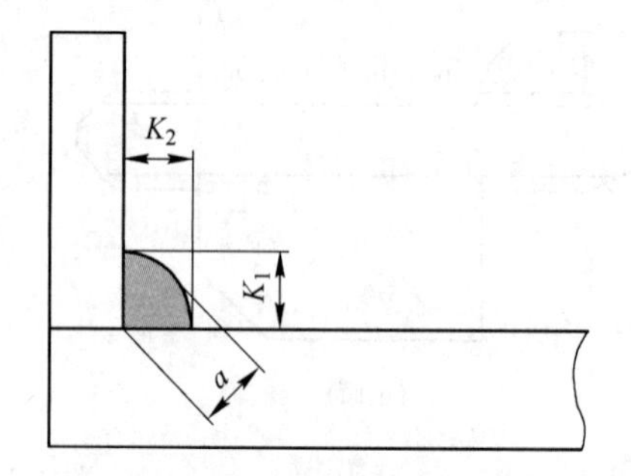

图 3-6 角焊缝的尺寸

为了清楚地展示焊接检验尺的使用方法，现以 HJC40 焊接检验尺为例，对常规焊缝尺寸进行检测，其操作流程为：

(1) 对接焊缝余高 h 的测量。首先将咬边深度尺对准零位并紧固咬边深度尺上的螺钉，然后松开高度尺上的螺钉并滑动高度尺，使之与焊缝最高点接触，高度尺指示值为焊缝余高数值，如图 3-7 所示。在测量对接焊缝余高 h 时，如果工件存在错边或两工件厚度不同，则应以表面较高一侧的工件表面为基准进行测量。

（2）对接焊缝熔宽 B 的测量。首先将主尺测量角紧靠焊缝的一侧，然后旋转多用尺的测量角，使其靠紧焊缝的另一侧，多用尺指示值为焊缝熔宽 B 的数值，如图 3-8 所示。

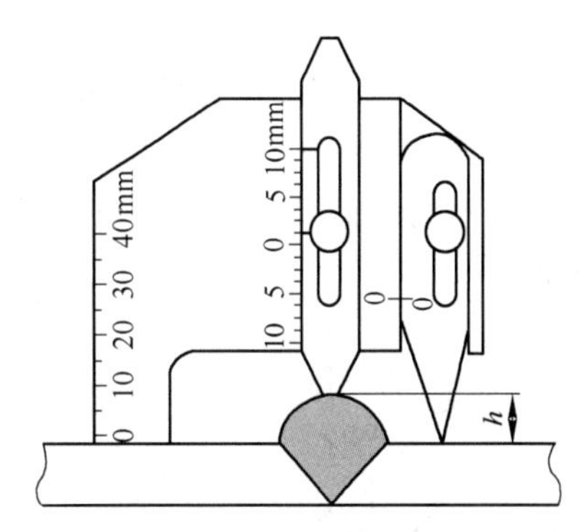

图 3-7　对接焊缝余高测量示意图

（3）焊缝咬边深度的测量。首先将高度尺对准零位并紧固高度尺螺钉，然后松开咬边深度尺上的螺钉，并使咬边深度尺的端部伸入咬边的底部，咬边深度尺的指示值即为咬边的深度，如图 3-9 所示。测量圆弧面咬边深度时，先将咬边深度尺对准零件并紧固螺丝，把三点测量面接触在工件上（不要放在焊缝处），锁紧高度尺，然后将咬边深度尺松开，将尺放于测量处，活动咬边深度尺，其指示值即为咬边深度，如图 3-10 所示。

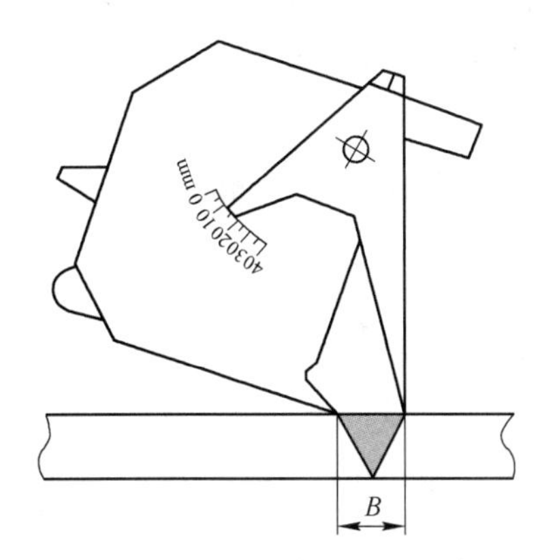

图 3-8　对接焊缝宽度测量示意图

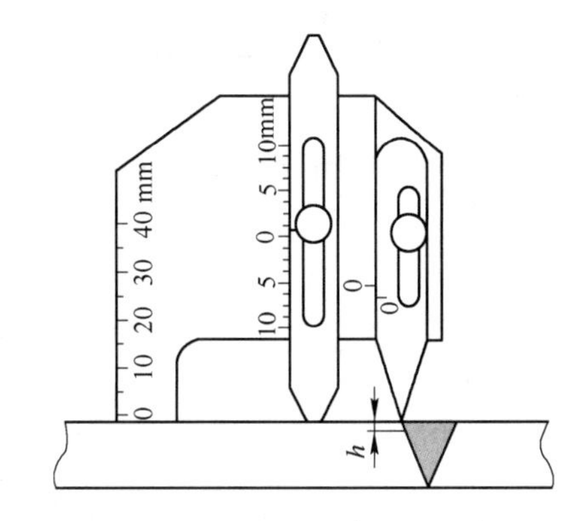

图 3-9　焊缝咬边深度测量示意图

（4）角焊缝焊脚尺寸 K 的测量。首先将焊接检验尺的工作面靠紧焊件和焊缝，然后松开高度尺上的螺钉，并滑动高度尺，使之与焊件的另一边接触，高度尺的指示值即为焊脚尺寸 K，如图 3-11 所示。

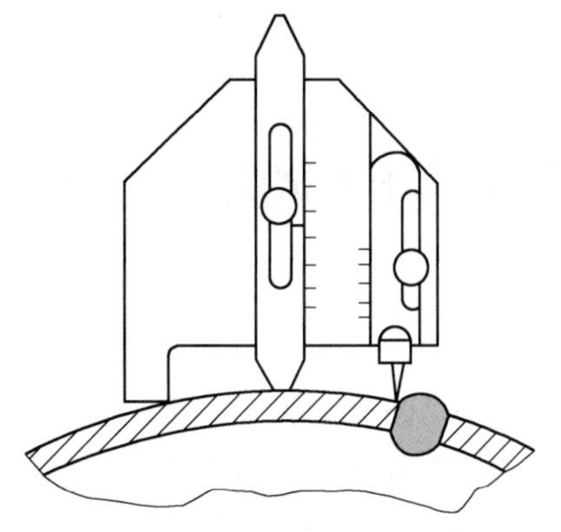
图 3-10　圆弧面咬边深度测量方法

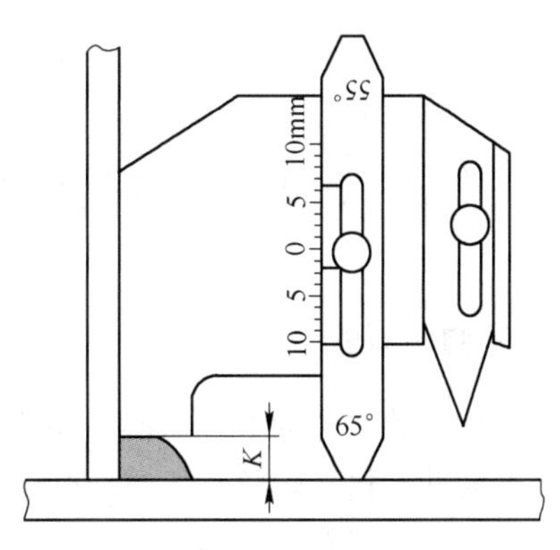

图 3-11　角焊缝焊脚尺寸测量示意图

（5）角焊缝焊缝厚度 a 的测量。当角焊缝的底板和立板的焊脚尺寸相同（$K_1=K_2$）时，将主尺的工作面与焊件靠紧，然后松开高度尺上的螺钉，并滑动高度尺使之与焊缝端部接触，高度尺的指示值即为焊缝厚度尺寸，如图 3-12 所示。

（6）角度测量。测量角度时，将主尺和多用尺分别靠紧被测角的两个面，其示值即为角度值，如图 3-13 所示。

（7）间隙测量。用多用途尺插入两焊件之间，测量两焊件的装配间隙，如图 3-14 所示。

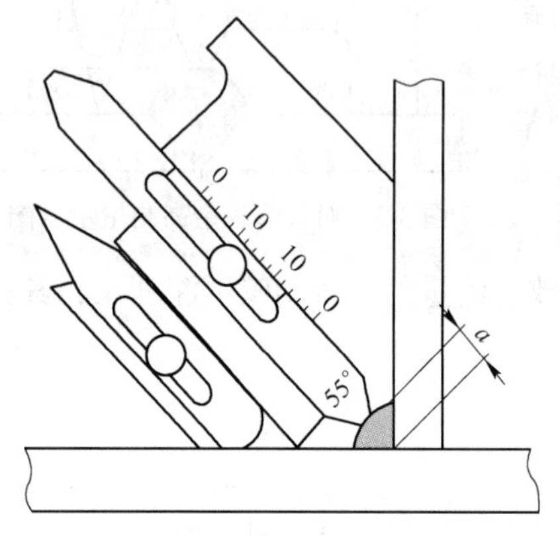

图 3-12　角焊缝焊缝厚度测量示意图

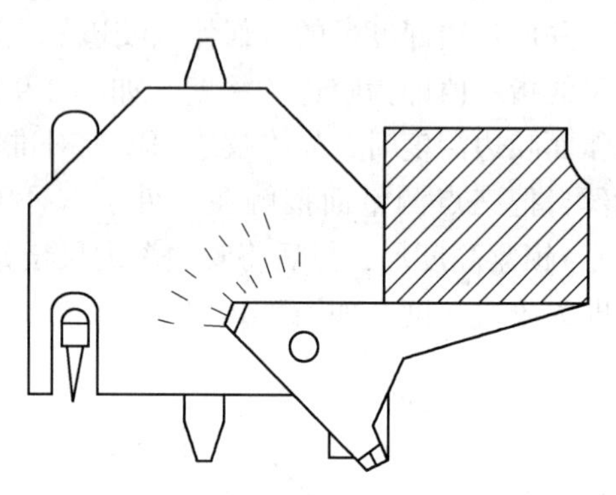

图 3-13　角度测量示意图

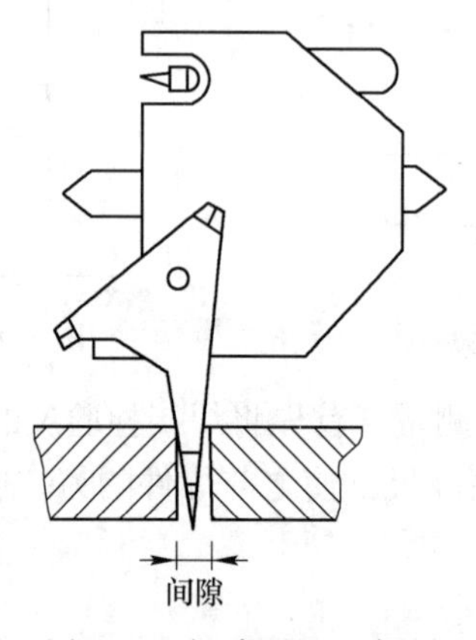

图 3-14　间隙测量示意图

3.2　焊接接头的密封性试验及压力试验

3.2.1　密封性试验

密封性试验又称为泄漏试验，用来检查结构有无液体、气体泄漏的现象，也就是检查焊缝的密封性，检查焊缝有无贯穿性缺欠。密封性试验主要用于检查存储介质为液体或气体的焊接结构。对存储有毒、有害或易燃、易爆介质的容器，必须进行严格的密封性试验。下面对常用的密封性试验进行简单介绍。

A 气密性试验

首先在密封的焊接结构中通入一定压力的干燥、清洁的空气、氮气或其他惰性气体，同时，在焊接结构上焊缝的外表面涂肥皂水，然后检查焊缝外表面有无肥皂泡产生。如果没有肥皂泡产生，认为合格；若发现有肥皂泡产生，则做上标记，试验完后进行处理。

气密性试验一般用于密封的焊接结构的检验。进行气密性试验前，必须先做水压试验，水压试验合格后才能进行气密性试验。已经做了气压试验且试验合格的产品，可以免做气密性试验。在进行气密性试验时，焊接结构的安全附件应安装齐全。气密性试验的试验压力为焊接结构的工作压力。

在试验过程中，不可能保证所有气体泄漏的位置都一定产生肥皂泡，因此，此试验方法灵敏度不高。

B 氨泄漏试验

试验前，在焊接结构焊缝的外表面贴上比焊缝略宽的石蕊试纸或用5%的硝酸汞水溶液浸渍过的试纸，然后向焊接结构内通入具有一定压力并含有氨气的压缩空气，保压5~30min，检查焊缝外侧试纸，如果石蕊试纸变色或用5%的硝酸汞水溶液浸渍过的试纸上有黑点，则说明焊缝上有贯穿性缺欠，如果试纸上没有变化，则认为焊缝合格。

氨泄漏试验一般用于密封的焊接结构检验。在氨泄漏试验中，氨作为示踪剂，试纸作为显色剂，检测的灵敏度比气密性试验要高。

C 氦泄漏试验

向密封容器中通入氦气，保持一段时间后，在焊缝外侧利用氦质谱检漏仪检测有无泄漏的氦气。由于氦气的质量轻，可以穿透尺寸很小的缝隙，因此，氦检漏试验是一种灵敏度很高的密封性试验方法，常用于致密性要求很高的压力容器检验。

氦检漏试验主要分为吸枪法和负压法两种。吸枪法又称为正压法，一般不允许用于抽空、放气量大和复杂管道等被检件。负压法需要对被检件抽真空，《无损检测 氦泄漏检测方法》（GB/T 15823—2009）对试验方法和要求有明确的规定。

D 沉水试验

首先将焊接结构沉入水面下20~40mm的位置，然后向结构内充入压缩空气，观察有无气泡产生，如果没有气泡浮出，则为合格，出现气泡处为焊接缺欠存在的位置。这种方法一般用于小型密封焊接结构的检验。

E 载水试验

试验前，清理焊缝表面，在温度不低于0℃的条件下，向容器内灌入温度不低于5℃的净水，保持一段时间（不得小于1h），观察焊缝外表面，以焊缝不出现水流、水滴渗出，焊缝和热影响区表面无“出汗”现象为合格。

载水试验一般用于不受压结构或敞口结构的检验。对于体积较大的容器，试验过程中需要消耗的水量较大，试验的成本较高，时间较长。

F 吹气试验

试验前，先将焊缝表面清理干净，再用压缩空气猛吹焊缝的一侧，在焊缝的另一侧涂以肥皂水，观察气流冲击时有无肥皂泡产生，若没有出现肥皂泡，则为合格。在试验中，压缩空气的压力不得小于0.4MPa，喷嘴到焊缝表面的距离不超过30mm，并且喷嘴和焊缝要保持垂直。吹气试验一般用于敞口结构的检验。

G 冲水试验

在焊缝的一侧用高压水流喷射，同时观察焊缝的另一侧，以没有渗水现象为合格。试验中，试验的环境温度不低于0℃，水温不低于5℃；水管喷嘴直径不得小于15mm；水的喷射方向与焊缝表面的夹角不得小于70°；试验水压不应小于0.1MPa。垂直焊缝的检查应自下而上进行。冲水试验一般用于大型敞口结构的检验。

3.2.2 压力试验

压力试验又称为耐压试验，就是将液体或气体介质充入焊接结构，缓慢加压，对结构整体进行强度和密封性的综合检验，常用于受压容器、管道等焊接结构的检验。压力试验的主要目的是检验焊接结构在超负荷条件下的结构强度（因此，压力试验又称为强度试验），验证其是否具备在设计压力下安全运行所必需的承压能力。压力试验在检验强度的同时能检查焊接结构的密闭性。

焊接结构压力试验的试验压力要比它的工作压力高，因此，在试验过程中很有可能发生破裂，为了降低风险，压力试验必须在焊接结构的焊接工作全部结束并完成焊缝返修、焊后热处理、力学性能试验及无损检测全部合格后进行。

根据使用检验介质的不同，压力试验可分为水压试验和气压试验。

3.2.2.1 水压试验

水压试验是以水为介质的压力试验。水的压缩系数小，爆炸时的膨胀功也很小，在水压试验中如果焊接结构破裂，则释放的能量小，不易引起爆炸。因此，水压试验安全可靠、成本低廉、操作简单，是焊接结构进行压力试验的主要试验方法。

（1）水压试验的试验要求：

1）充水前，被检焊接结构内部的熔渣等杂物必须清理干净。

2）试验所用水质必须符合图样设计要求或有关标准的规定。

3）由于某种特殊原因不能用水做压力试验时，可采用不会导致产生危险的其他液体。

4）试验时，环境温度保持在5℃以上，低于5℃时，应采取防冻措施。

5）水压试验的液体温度应高于材料的无延性转变温度，但温度过高，试验过程中会有少量液体泄漏并很快蒸发，不易观察。

6）在焊接结构上安装进水接头，在结构的顶部安装排气阀，并将其他接口临时封闭。

7）水压试验时应选择适当的试验压力，各类标准中对试验压力的规定不尽相同。《固定式压力容器安全技术监察规程》TSG 21—2016 规定压力容器的耐压试验的种类、压力、介质、温度等由设计者在设计文件中予以规定，推荐的压力系数如表3-1所示。在水压试验中，须根据试验压力选择并安装两个经检验合格、量程相同且在检验有效期内的压力表。压力表的表盘直径不小于100mm，量程为试验压力的1.5~3倍，一般常选用2倍的试验压力。

表 3-1　耐用试验的压力系数

压力容器的材料	压力系数 η	
	液（水）压	气压、气液组合
钢和有色金属	1.25	1.10
铸铁	2.00	—

8）容量大的焊接结构做水压试验时，应注意是否会因水的附加重量而使支座基础负载过大，必要时应选择基准做水压试验基础沉降测量。

9）试验现场应有可靠的安全防护装置。试验时应停止与试验无关的工作，与试验无关的人员不得在现场停留，场地周围应有明显的警示标志。

（2）水压试验的试验程序：

1）检查试验系统中的所有设备是否和水路连接，符合要求后打开水泵，通过进水龙头向焊接结构中注水。当结构内部全部灌满水后，暂停注水几分钟，使结构内水中的气泡全部逸出，并从结构顶部的排气阀排出。当结构中的气体全部排出后，关闭排气阀。

2）继续缓慢升压，当升压到焊接结构的工作压力后停止加压，检查焊接结构是否有渗漏现象。

3）确认无渗漏后，继续缓慢升压至试验压力，根据结构体积的大小保压 10~30min。在升压和保压过程中，试验人员不允许靠近焊接结构，不允许敲击焊缝、紧固件等。

4）保压完毕后降至工作压力并保持足够长的时间，检查所有焊缝和连接部位。检查期间，压力应保持不变，不得采用连续加压以维持试验压力不变的做法。

5）检查结束后，先缓慢降压至常压，然后将排水阀和结构顶部的排气阀打开进行排水，排净后用压缩空气将内部吹干。

（3）水压试验的合格标准：

1）所有焊接接头没有渗漏现象。

2）试验过程中没有异常的响声。

3）撤压后，焊接结构没有可观察到的残余变形。

3.2.2.2　气压试验

气压试验是以气体为介质的压力试验。气压试验后无须排水，比水压试验灵敏、迅速，但气体的压缩系数大，在同样的试验压力下，气体的体积膨胀系数比水的体积膨胀系数大得多，焊接结构在气压试验过程中一旦发生破坏事故，不仅释放积聚的能量，而且以最快的速度恢复在升压过程中被压缩的体积，其破坏力极大。因此，从安全角度考虑，在焊接结构压力试验时，条件允许下优先选用水压试验。

（1）气压试验的试验要求：

1）充气前，被检焊接结构内部的熔渣等杂物必须清理干净。

2）由于气压试验的危险性比水压试验的危险性高，因此气压试验对安全防护的要求也比水压试验高。气压试验要有必要的安全防护措施，该安全防护措施须经试验单位的技术负责人批准，试验单位的安全部门人员应进行现场监督。

3）气压试验所用气体应为干燥、洁净的空气、氮气或其他惰性气体。

4）气压试验前，焊接结构必须进行100%的射线或超声波检测，检测结果应符合相关标准的规定。

5）气压试验所需压力表的要求同水压试验所需压力表的要求相同，试验压力见表3-1。

（2）气压试验的试验程序：

1）检查试验系统中的所有设备是否和气路连接，正式充气前，向焊接结构内充、放少量气体，直至用手触摸放气孔无杂物冲击，用药棉擦拭无污渍，然后封闭所有放气口。

2）缓慢升压到试验压力的10%，保压5~10min，对所有焊缝和连接部位用肥皂水或其他检漏液检查。

3）检查没有泄漏现象后，缓慢升压至试验压力的50%，如果没有异常现象或泄漏，以每次升高试验压力10%的级差继续逐级升压至试验压力。根据结构容积的大小，每级保压10~30min。在升压和保压过程中，试验人员不允许靠近焊接结构，不允许敲击焊缝、紧固件等。

4）缓慢降压至工作压力，保压检查所有焊缝和连接部位，保压时间不小于30min。检查期间，试验压力应保持不变，不得采用连续加压以维持试验压力不变的做法。

5）检查结束后，开启放气阀，缓慢降压至常压。

（3）气压试验合格标准：

1）在用肥皂水或其他检漏液检查时未发现漏气现象。

2）保压时间内，压力表读数稳定。

3）减压后，焊接结构没有可观察到的残余变形。如果焊接结构设计要求做压力试验残余变形的测定，则径向残余变形率不应超过0.03%，容积残余变形率不应超过10%。在试验过程中如果发现有异常情况或泄漏，应立即卸压，严禁带压处理。试验不合格的结构，返修后必须重新进行气压试验。

3.3 焊接接头的破坏性检验

焊接接头的破坏性检验是将焊接接头加工成相应的试样并进行性能测试，以判断焊接接头乃至焊接结构（产品）的综合性能是否符合相应的标准要求。破坏性试验会检测出相应的性能数据，属于定量分析，但是由于选取试样的局限性，破坏性试验是一个统计结果，并不能直接判定整个结构（产品）的具体性能。下面介绍常用的焊接接头破坏性检验方法。

3.3.1 力学性能试验

焊接接头的力学性能是焊接结构（产品）整体性能和安全运行的保证，因此，为了保证焊接结构（产品）的整体安全运行，需对正常施焊工艺下焊接接头的机械性能进行检测分析。常规焊接接头力学性能试验包括拉伸试验、冲击试验、弯曲试验和硬度试验等（根据《金属材料 力学性能试验术语》（GB/T 10623—2008）中的规定，金属材料的弯曲性能属于材料工艺性能，而在《金属材料弯曲力学性能试验方法》（YB/T 5349—2004）中，仍将弯曲列为力学性能）。

焊接接头进行力学性能试验前，须将焊接接头加工成相应的性能检测试样，在试样截取前，焊接接头需进行表面检验和无损检验，确定合格后方可进行加工。截取样坯的过程中，尽量采用机械切削的方法，如果机械方法无法实现，也可以采用线切割、激光切割或火焰切割等热切割。在热切割过程中，切口两侧受到热源的作用而发生过热现象，在随后的快速冷却过程中易产生淬硬组织，影响试样的真实性能。因此，试样进行性能检测时，必须将这部分过热区加工掉，这就会增加后续检测时间，降低生产效率，造成经济损耗。

常规的焊接接头力学性能包括拉伸性能、弯曲性能和冲击性能。在焊接试件的力学性能测试过程中，性能试样的类别和数量如表 3-2 所示。下面对各种力学性能的试验方法及过程进行简单介绍。

表 3-2 试样类别和数量

试样类别	试板厚度 δ/mm	试验项目及数量					
		拉伸	弯曲			冲击	
			面弯	背弯	侧弯	焊缝金属	热影响区
产品试板	≤ 10	1	1	1	—	3	3
	>10	1	—	—	2	3（6）	3
工艺评定试板	<1.5	2	2	2	—	—	—
	$1.5\leq\delta<10$	2	2	2	—	3	3
	$10\leq\delta<20$	2	2	2	—	3	3
	≥ 20	2	—	—	4	3	3

注：试件采用两种或两种以上焊接方法时，其弯曲试验应采用侧弯试样以便对每种焊接方法的焊缝金属及 HAZ 得到检验。

3.3.1.1 拉伸试验

拉伸试验主要是测定材料的强度指标，同时兼顾其塑性，其试验方法可参见《焊接接头拉伸试验方法》（GB/T 2651—2008）。在拉伸试验过程中，将材料加工成制定的拉伸试样，安装在拉伸试验机上，施加一定的载荷，按一定的加载速率进行试验，直至试样断裂（如果试样拉伸过程中有明显的力的卸载过程，也可以不断裂），测定此过程中的抗拉强度、屈服强度以及由此产生的伸长率和断面收缩率。

（1）试样的制备。拉伸试验中根据试件的形状和测试区域的不同，试样的形状也不尽相同，可以是长条形、圆柱形或整个圆管，具体示意如图 3-15 所示，图中的标识及符号的具体含义可参见《焊接接头拉伸试验方法》（GB/T 2651—2008）和《金属材料 拉伸试验 室温试验方法》（GB/T 228.1—2010）。图 3-15 中的（a）、（b）一般为横向拉伸试样的取件方式，板状试样的厚度通常为试板的厚度，若试板的厚度不小于 30mm，则根据试验条件可采用全板厚的单个试样，也可采用多个试样。采用多个试样时，一般沿试板厚度方向截取若干个试样，试样要覆盖整个试板厚度，每个分割试样的厚度应接近于试验机所能试验的最大厚度。试验前，试样表面焊缝的余高须用机械加工方法去除，使之与母材平齐，如果工件有错边，余高加工至与较低一侧的母材平齐。焊缝余高在去除过程中的加工纹理要与拉伸受力方向一致，不应有横向刀痕和划痕，棱角应倒圆，圆角半径不大于 1mm。

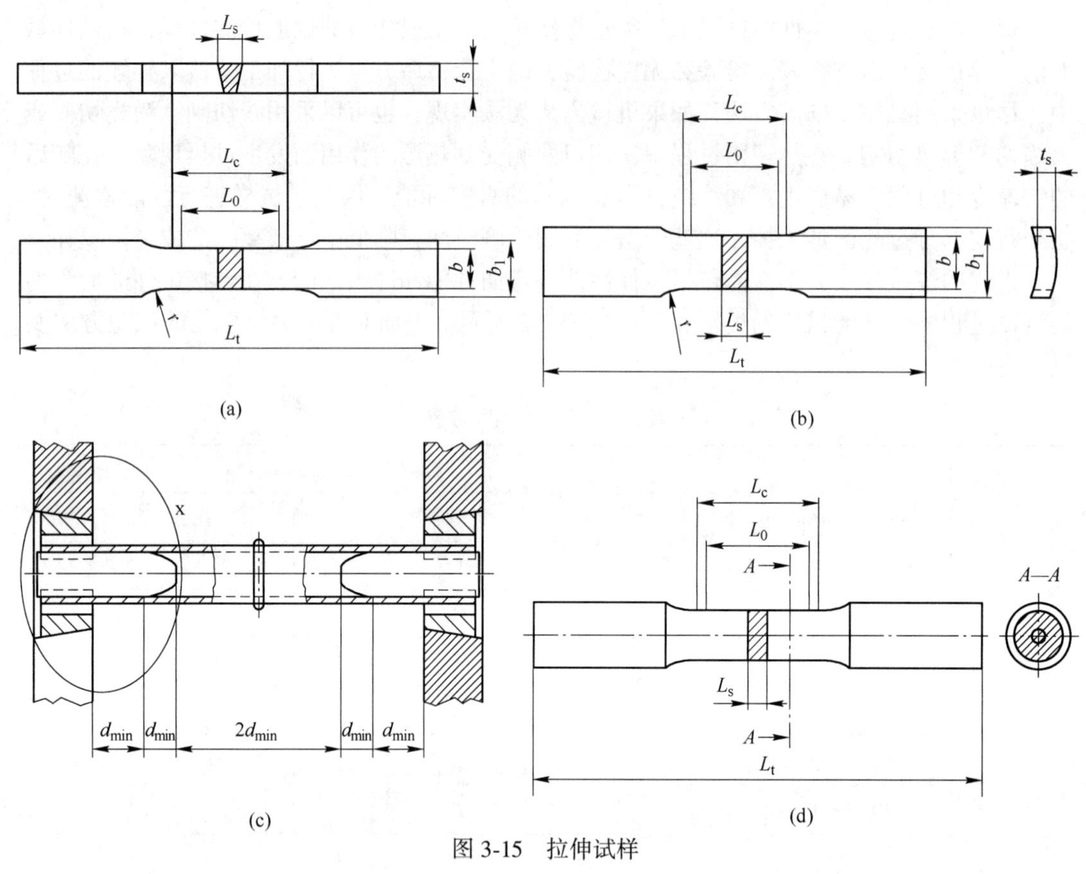

图 3-15 拉伸试样

（a）板接头；（b）管接头；（c）整管拉伸试样；（d）棒状拉伸试样

（2）试验方法及结果评定。试验在指定的拉伸试验机上进行，拉伸速率可根据实际需求进行调节（一般情况下，拉伸速率越大，材料的抗拉强度越高），但不能太大。

试验结束后，可从试验设备或后续处理中得出抗拉强度、屈服强度、伸长率和断面收缩率等性能指标，通过对这些指标的分析，可以评判焊接接头的综合力学性能。下面对拉伸性能的要求做简单介绍：

1）拉伸试样的抗拉强度 R_m 不低于产品设计的规定值。

2）试样焊缝两侧的母材为同种钢号时，R_m 不低于该钢号标准规定值的下限；若为异种钢号，R_m 应不低于两钢号标准规定值下限的较小者。

3）采用多片试样试验时，R_m 为该组试样的平均值，其平均值应符合上述要求。如果断裂发生在焊缝或熔合线外的母材上，则该组单片试样的最低值不得低于钢号标准规定值下限的95%（碳素钢）或97%（低合金钢和高合金钢）。

3.3.1.2 冲击试验

焊接接头的冲击试验用于评价焊接接头的冲击韧性，试验方法可参见《焊接接头冲击试验方法》（GB/T 2650—2008）。冲击试验是通过摆锤自由下落，对已加工出缺口的接头试样（U 形和 V 形）施加背向冲击载荷将其打断，用来测定接头的韧性，冲击韧性的评价指标为冲击吸收功 K（单位为 J，根据 GB/T 229—2007 规定，当试样缺口形状为 U 形和 V 形时，分别记作 $KU_{2/8}$ 和 $KV_{2/8}$ 其中 2，8 代表摆锤刀刃半径）。由于焊接接头由焊缝、热影响区和母材三部分组成，所以焊接接头的冲击试验根据试样缺口位置的不同分为焊缝冲击吸收能量（试样取件方式见图3-16）和热影响区冲击吸收能量（试样取件方式见图3-17）。此外，根据试样所处温度的不同，冲击试验分为室温冲击试验和低温冲击试验。

（1）冲击试样的制备。冲击试样的缺口分为U形或V形缺口。U形缺口一般用于常温冲击试验，V形缺口可用于低温、常温和高温冲击试验。V形缺口的加工尺寸示意如图3-18所示，U形缺口的加工尺寸示意如图3-19所示，加工过程中，每个试验区域取三个试样。如果试板的厚度较小，冲击试样的尺寸也可以采用10mm×7.5mm×55mm、10mm×5mm×55mm；若试板的厚度小于5mm，则可以免做冲击试验。

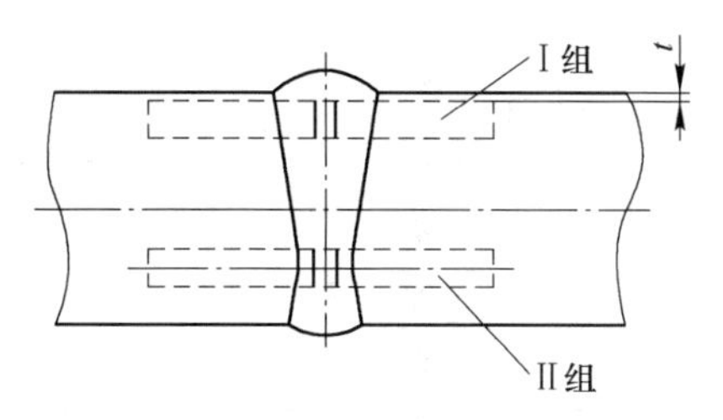

图3-16　焊缝金属冲击试样截取示意图

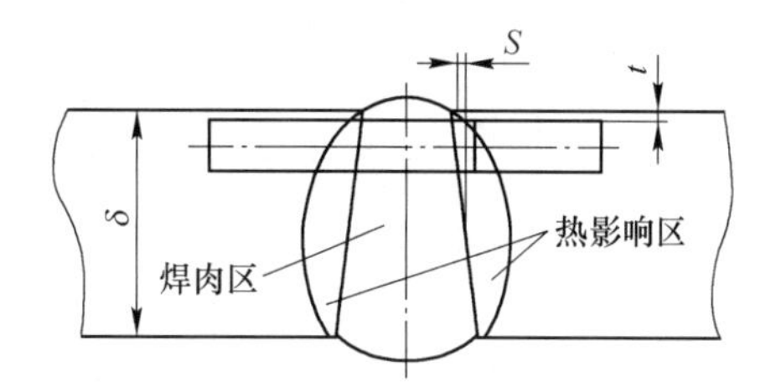

图3-17　热影响区冲击试样截取示意图

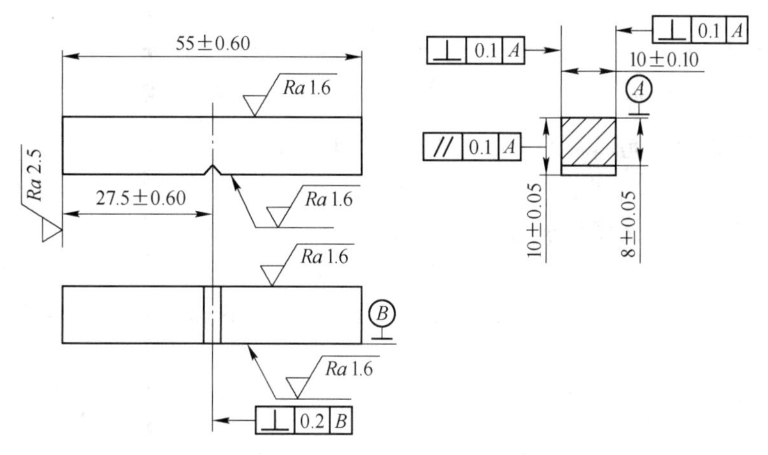

图3-18　V形缺口冲击试样的尺寸示意图（单位：mm）

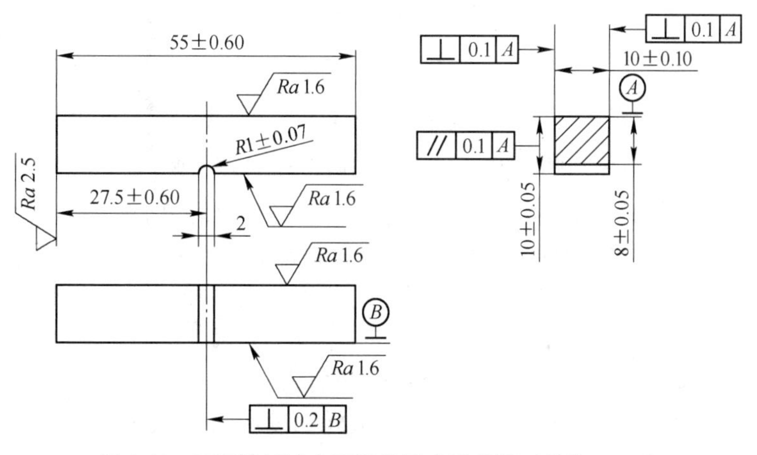

图3-19　U形缺口冲击试样的尺寸示意图（单位：mm）

（2）试验方法及结果评定。冲击试验设备、试验条件和性能评定等应按照《金属材料夏比摆锤冲击试验方法》（GB/T 229—2007）中的有关规定执行。若试样低温冲击试验合格，则可免做常温冲击试验。

冲击试验一般以冲击吸收能量值评价试样是否合格：

1）每区三个试样为一组的常温冲击吸收功平均值应符合图样或相关技术文件的规定，且不得小于27J。每组中最多允许有一个试样的冲击吸收功低于规定值，但不得低于规定值的70%。

2）低温冲击在规定的试验温度下，每三个试样为一组的冲击吸收功平均值不得低于表3-3中的规定值。每组中最多允许有一个试样的冲击吸收功低于规定值，但不得低于规定值的70%。

表3-3　低温夏比冲击试验冲击吸收功

金属抗拉强度下限值 R_m/MPa	三个试样冲击功平均值 KV_2/J	
	10mm×10mm×55mm	5mm×10mm×55mm
≤450	18	9
450~515	20	10
>515~650	27	14

3.3.1.3　弯曲试验

焊接接头弯曲试验是一种工艺性试验。试验时将焊接接头的弯曲试样放在试验机的支辊上，用压头将试样弯曲到要求的角度，观察试样拉伸部位表面是否产生裂纹或其他缺欠。该试验用来评定焊接接头承受塑性变形的能力。

（1）试样的制备。弯曲试样在截取加工过程中分为两种形式，一种是沿焊缝方向加工成纵向弯曲试样，一种是垂直于焊缝方向加工成横向弯曲试样，如图3-20所示。

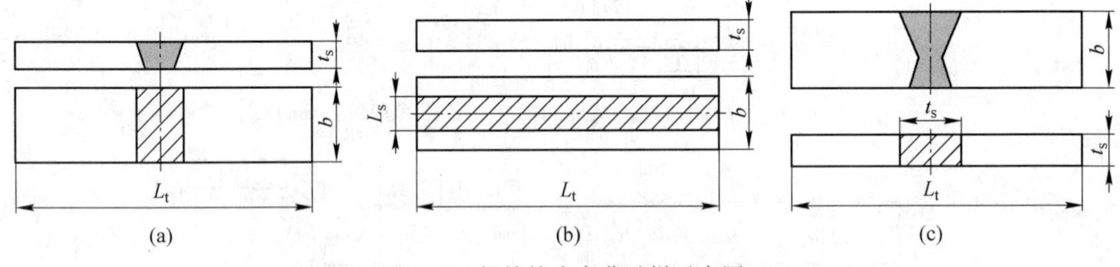

图3-20　焊接接头弯曲试样示意图
（a）横向弯曲试样；（b）纵向弯曲试样；（c）横向侧弯试样

1）对接接头横向正弯和背弯试样。正弯试样的受拉面为单面焊的焊缝表面或双面焊时焊缝较宽或焊接开始的一面；背弯试样是焊缝根部为受拉面的试样。试板的厚度小于30mm时，试样的厚度应等于焊接接头处母材的厚度；当试样的厚度大于30mm时，可以沿试板厚度方向截取若干个试样，试样要覆盖整个试板厚度。

2）对接接头横向侧弯试样。焊缝的纵向剖面为受拉面的试样。当试样厚度不大于40mm时，试样厚度至少为（10±0.5）mm，试样宽度应大于或等于试样厚度的1.5倍；

当试样厚度大于 40mm 时，可以沿试板厚度方向截取若干个试样代替一个全厚度试样，试样宽度为 20~40mm，试样要覆盖整个试板厚度。

3）对接接头纵向弯曲试样。试样的纵轴与焊缝轴线平行，焊缝横截面为受拉面。纵弯试样也分为正弯试样和背弯试样两种。当试件厚度小于 12mm 时，试样厚度等于焊接接头处母材的厚度；当试样厚度大于 12mm 时，试样厚度应为（12+0.5）mm，而且试样应取自焊缝的正面（正弯试样）和背面（背弯试样）。

厚度大于 8mm 的钢材，不能采用剪切的方法截取。在采用可能影响切割表面的切割方法截取试样时，任意切割面与试样表面的距离应大于或等于 8mm。其他金属材料不允许采用热切割方法或剪切方法，只能采用机械加工方法。试样焊缝余高或垫板应采用机械加工的方法去除，试样拉伸面应平齐，不能有与试样宽度方向平行的划痕和切痕，试样的棱角为半径小于或等于 3mm 的圆角。

（2）试验方法及结果评定。弯曲试验是采用液压机带动压头（圆形压头和辊筒）对试样施加压力使其弯曲，观察试样弯曲过程中的状态变化，如图 3-21 所示。试样按要求弯曲到规定的角度后，对试样进行检测，其受拉面上沿任何方向不得有单条长度大于 3mm 的裂纹或缺欠，除非另有规定，否则受拉面上小于 3mm 长的缺欠应判为合格。试样的棱角开裂一般不计，但确因夹渣或其他焊接缺欠引起的棱角开裂的长度应计入。当采用多片试样时，将多片试样组成一组，每片试样都应满足上述要求。

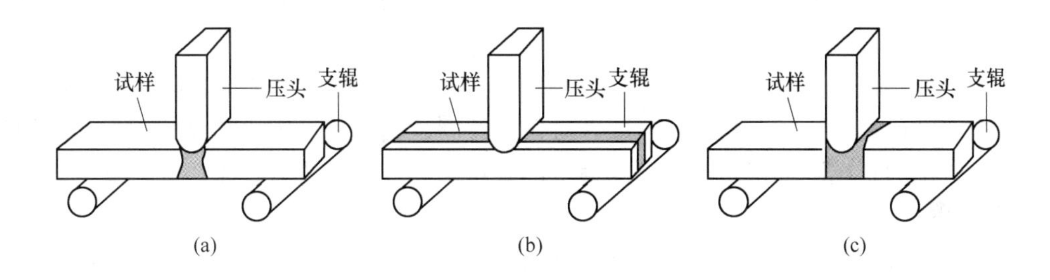

图 3-21　弯曲试验示意图

（a）横弯试验；（b）纵弯试验；（c）横向侧弯试验

3.3.1.4　硬度试验

硬度是衡量金属材料软硬程度的一项重要性能指标，是金属在表面上的较小体积内抵抗变形或者破裂的能力。焊接接头常采用压入法测定硬度，具体参见《焊接接头硬度试验方法》（GB/T 2654—2008）。所谓压入法就是用一个小球、圆锥或棱锥用力压入被测金属的表面，把载荷同压痕面积或压痕深度之间的关系作为硬度的度量，用来反映焊接接头金属抵抗变形的能力。

焊接接头硬度试验的样坯应通过机械切割的方法截取，通常垂直于焊接接头且包括焊接接头的所有区域。试样按要求制备完成后应进行适当的腐蚀，使焊缝、熔合线、热影响区和母材能够清楚显示，以便准确确定焊接接头不同区域的硬度测量位置。

常用的硬度包括布氏硬度、维氏硬度、显微硬度、洛氏硬度、肖氏硬度和里氏硬度。

（1）布氏硬度试验。布氏硬度试验是用一定的试验载荷，将相应直径的淬火钢球或硬质合金球压入试样表面，保持规定的工作时间后卸除载荷，测量试样表面压痕直径，根据载荷大小和压痕面积 F 计算出平均压力，用 HB 表示，公式如下：

$$HB = P/F = 0.102 \times 2P/\pi d(D - \sqrt{D^2 - d^2}) \tag{3-1}$$

式中 HB——布氏硬度值；

F——受力面积，mm^2；

D——压球直径，mm；

P——试验压力，N；

d——压痕平均直径，mm。

布氏硬度值分为 HBS 和 HBW。HBS 试验所用压头为淬火钢球时，用于测定硬度值在 450 以下的材料，如热轧、正火、退火钢材，有色金属及其合金等；HBW 用硬质合金球为压头，用于测定硬度值在 650HB 以下的材料，如调制钢、淬火钢等。

在硬度试样的加工过程中，不能使试样表面受热或加工硬化而改变其硬度。试样表面应制成光滑平面，以使压痕边缘足够清晰，从而保证压痕直径的精确测量，表面粗糙度 $Ra \leqslant 0.8\mu m$，表面应无氧化皮或其他污物，试样不能有裂纹及其他明显的缺欠。试样的检测面和支撑面应相互平行，以便于后续的试验和读数的准确性。

布氏硬度试验的特点如下：

1）优点：布氏硬度试验的压痕面积较大，能反映较大范围内金属各组成相综合影响的平均性能，适合于测定灰铸铁、轴承合金和具有粗大晶粒的金属材料；试验数据稳定，准确性高；布氏硬度值和抗拉强度 R_m 存在一定的换算公式，因此可以用近乎于无损检测的布氏硬度试验来推算材料的抗拉强度。

2）缺点：由于试验中压头钢球本身的变形问题，故太硬的材料不能使用布氏硬度试验，一般硬度值在 450 以上的材料不适合做布氏硬度试验；由于压痕较大，故成品的检验有困难；传统的布氏硬度试验时，硬度值不能直接从硬度计上读取，需要计算或查表，比较烦琐。

（2）维氏硬度试验。维氏硬度试验与布氏硬度试验的原理基本相同，也是根据压痕单位面积所承受的试验力来计算硬度。维氏硬度试验是用两面夹角为 136°的金刚石正四棱锥形压头，在一定的试验载荷作用下压入试样表面，保持规定的工作时间后卸除载荷，测量试样表面正方形压痕的对角线长度。进行维氏硬度试验时，根据被测材料的软硬、薄厚及表面特性，试验力可以任意选择。

在加工试样时，应尽量避免由于受热、冷加工等对试样表面硬度的影响。试样表面应精细加工成光滑平面，维氏硬度试样表面粗糙度 $Ra \leqslant 0.4\mu m$（小载荷维氏硬度试样表面粗糙度 $Ra \leqslant 0.2\mu m$），以便压痕边缘足够清晰，从而保证压痕对角线的精确测量。试样表面应无氧化皮或其他污物，不能有裂纹及其他明显的缺欠。试样的试验面一般应为平面，如果试样表面为曲面，则曲率半径不小于 5mm。试样放置必须平稳，在试验过程中试样不能发生滑动。试样厚度应不小于压痕两对角线平均长度的 1.5 倍。

维氏硬度试验的特点如下：

1）优点：维氏硬度试验时，试验力可以根据试样情况任意选择，不存在压头变形的问题，适用于任何硬度的材料。当硬度值小于 400 时，维氏硬度试验与布氏硬度试验所测结果基本一致，测量结果准确。

2）缺点：传统的维氏硬度试验时，硬度值不能直接从硬度计上读取，需要计算或查表，测量速度较慢。

（3）显微硬度试验。显微硬度试验的原理与维氏硬度试验的原理一样，只是试验力较小，把硬度测定的对象缩小到显微尺度。显微硬度试验的压头有四棱锥体压头、菱面锥体金刚石压头。

当测出压痕对角线长度后，通过相应的计算公式或查压痕长度与显微硬度对照表得到HV或HK值。显微硬度试样的试验面应为光滑平面，表面粗糙度 $Ra \leqslant 0.1\mu m$。在试样制备过程中，为了减少由于表面塑性变形引起的加工硬化对试样硬度的影响，试验面还应进行抛光，如果测定接头的组成相硬度，还要进行腐蚀。用微型或形状复杂的试样进行试验时，试样应镶嵌或用特殊夹具夹持，但应不影响试样的硬度或试验的准确性。试样厚度应不小于压痕两对角线平均长度的1.5倍，试验后，试样的支撑面不出现变形痕迹。

显微硬度试验的特点如下：

1）优点：显微硬度试验时，测量结果精确，可以用来测量尺寸很小或很薄零件的硬度和各种显微组织的硬度。

2）缺点：显微硬度试验时，对试样的表面精度及试验条件要求高，只适合于在试验室中进行。

（4）洛氏硬度试验。洛氏硬度试验也是目前最常用的硬度试验方法之一，用HR表示。其原理与布氏硬度试验相同，但不是测量压痕的面积，而是测量压痕深度，以深度大小表示材料的硬度。压头采用锥顶角为120°的金刚石圆锥或直径为1.588mm的淬火钢球，先加以初载荷，然后加以主载荷，垂直压入试样表面后，卸除主载荷，以初载荷作用所引起的残余压力深度作为计量洛氏硬度的基础。

为了能用同一试验机测定极软到极硬的较大范围的材料硬度，采用不同的压头和载荷，组成各种不同的洛氏硬度标尺，它们之间互不联系，彼此不能换算，与布氏硬度HB之间也不能相互换算，我国常用的是HRA、HRB及HRC三种，试验规范见表3-4。

表3-4　洛氏硬度试验规范

符号	压　头	初载荷 F/N	总载荷 F/N	硬度值有效范围	使用范围
HRA	120°金刚石圆锥	98	588	60~85	硬质合金、表面淬火钢
HRB	直径1.588mm淬火钢球	98	980	25~100	有色金属、退火正火合金
HRC	120°金刚石圆锥	98	1470	20~67	调质钢、淬火钢

洛氏硬度测试的特点及注意事项如下：

1）由于洛氏硬度试验所用载荷较大，可以测量硬度很高的材料，因此不宜用来测定极薄工件及氮化层和金属镀层等的硬度。

2）洛氏硬度试验操作简便迅速，硬度值可直接读出，不必测量压痕再查表，而且其压痕较布氏硬度小，不伤工件表面，因此洛氏硬度试验在生产中的应用极广。

3）洛氏硬度试验的缺点是测量极软或极硬材料时需要更换不同压头和选择不同标尺，且不同硬度值之间无法直接比较。

4）测试洛氏硬度时须注意，试样厚度应不小于压痕直径的10倍。

（5）肖氏硬度试验。肖氏硬度试验是一种动载荷试验法，用 HS 表示，将规定形状的金刚石冲头在自重作用下从固定高度 h_1 自由下落到试样的表面，根据冲头弹起一定的高度 h_2 来衡量金属硬度值的大小，因此也称为回跳硬度，回跳的高度越高，肖氏硬度越高。肖氏硬度值只有在弹性模数相同的材料试验时才可进行比较。肖氏硬度试验法是采用一种轻便的手提式硬度计，使用方便，可在现场测量大件金属制品的硬度，其缺点是试验结果的准确性受人为因素的影响较大，不适用于精确度要求较高的生产和研究工作。肖氏硬度试验法主要用于测定橡胶、塑料、金属材料等的硬度。肖氏硬度在橡胶、塑料行业中常称为邵尔硬度。肖氏硬度分为 C 型、D 型和 SS 型，按照操作方式可分为手动、半自动和自动三种。

（6）里氏硬度试验。用规定质量的冲击体在弹力作用下以一定速度冲击试样表面，冲头在距离试样表面 1mm 处的回弹速度与冲击速度之比就是里氏硬度。里氏硬度计实际上是肖氏硬度计的改进型，它们测定的都是冲击体在试样表面经试样塑性变形消耗能量后的剩余能量。

里氏硬度计有 D、DC、D+15、C、G、E、DL 七种。前四种探头对于 940HV 及 68HRC 以上的高硬度材料如硬质合金不能进行试验，否则损坏冲击体球头。

里氏硬度计使用时的注意事项如下：

1）在现场工作中，经常遇到曲面试件，各种曲面对硬度测试结果的影响不同，在正确操作的情况下，冲击体落在试件表面瞬间的位置与平面试件相同，故使用通用支撑环即可。

2）当曲率小到一定尺寸时，由于平面条件的变形弹性状态相差显著，会使冲击体回弹速度偏低，从而使里氏硬度示值偏低，因此对此试样，建议测量时使用小支撑环。

3）对于曲率半径更小的试样，建议选用异型支撑环。

3.3.2 化学成分分析

金属材料的化学成分是组织和性能的基础。在熔化焊过程中，母材与焊材在熔化过程中将进行元素的扩散和物质的交换，这将使得焊缝金属的化学成分有别于母材和焊材的化学成分。此外，由于焊接过程中的急冷或急热，焊缝金属的扩散过程也将受到一定的影响，因此，对焊接接头的化学成分分析，可以明确焊缝中的合金元素含量，从而确定焊接材料和焊接工艺的选用是否正确。

3.3.2.1 化学成分分析方法

焊缝金属的化学成分分析按《钢铁及合金化学分析方法》（GB/T 223.3—1988）进行。金属材料化学成分分析方法分为化学分析法和仪器分析法两类。

（1）化学分析法。化学分析法是根据各种元素及其化合物的独特化学性质，利用化学反应对金属成分进行定性或定量分析的方法。该方法包括质量分析法和滴定分析法等。质量分析法是将试样进行化学处理后，将被测成分从试样溶液中与其他组分分离，然后将沉淀物经过烘干或灼烧，利用天平称重测定该元素的含量。滴定分析法是将已知准确浓度的标准溶液与被测元素进行完全化学反应，根据所耗用标准溶液的体积和浓度计算被测元素的含量。

化学分析法具有适用范围广和易于推广的特点，至今仍为很多标准分析方法所采用。

（2）仪器分析法。根据被测金属中的元素及其化合物的某些物理性质或其物理性质与化学性质之间的相互关系，利用相应的仪器对金属成分进行定性或定量分析的方法称为仪器分析法。该方法分为光学分析法和电化学分析法。光学分析法是根据物质与电磁波的相互关系或者利用物质的光学性质进行分析的方法。常用的光学分析法有吸收光度分析法、发射光谱分析法、浊度法、X 射线分析法和质谱分析法等。电化学分析法是根据被测金属中元素或其化合物的浓度与电位、电流或电量等电性质的关系进行分析的方法，主要包括电位分析法、电解分析法及库仑分析法等。

仪器分析法的特点是分析速度快、灵敏度高，易于实现计算机控制和自动化操作，可节省人力，减轻劳动强度，但试验仪器价格昂贵，有些大型、复杂、精密的仪器只适用于大批量和成分较复杂的试样分析工作。

除了上述两种方法外，也可以通过钢材磨削过程产生的火花进行成分鉴别。这种方法快速简单，但只能鉴别碳钢和合金钢，而且鉴别的精度受限于检验者的经验。

3.3.2.2 分析试样的要求

焊缝金属化学成分分析的精确度不仅取决于分析方法和操作人员的技术水平，还取决于所要分析的试样。因此，在取样和制样时，必须严格遵守相关的标准和要求。

（1）焊缝金属的取样区距引弧点和熄弧点 15mm 以上，距母材金属 5mm 以上。取样区域必须清理干净，不能有熔渣、氧化物等污物。

（2）试样根据要求可以采用钻、刨、铣等机械加工的方法制取，一般采用钻取采样。在钻取采样时，钻头转速不能太快，防止试样过热氧化，并且要防止钻头钻入母材。

（3）制样工具必须专用，制样现场和工具设备应无油污和其他污物。

（4）根据分析方法的不同，试样有样屑和试块两种。制取样屑时，不能用水或其他润滑剂。供仪器分析用的试块应按要求磨平或抛光。试样不能沾有水、油、尘土、氧化皮或其他污物。

（5）盛样纸袋或玻璃器皿必须干净，纸袋要光滑结实且无纸屑、毛屑等污物。

（6）所制试样量应是实际使用量的 3~5 倍，以备复查；试样分析完后，剩余试样应按规定存放一定时间以备查。

3.3.3 金相检验

焊接接头的性能与它的化学成分、组织状态有密切的联系。当焊接接头的化学成分确定后，它的性能就取决于接头的组织状态。通过焊接接头的金相检验，可以了解焊接接头的组织状态，从而判断焊接接头的组织状态是否满足要求，判定所选用的焊接材料、焊接工艺是否合理，并且可以查明焊缝产生的缺欠。

焊接接头的金相检验包括焊接接头的宏观检验和显微组织检验。

3.3.3.1 宏观检验

焊接接头的宏观检验是指用目视或者借助 20 倍以下的放大镜来检查焊接接头的宏观组织和缺欠。宏观检验一般在焊缝的断口或制备的试样上进行。

3.3.3.2 显微组织检验

焊接接头的显微组织检验是利用金相显微镜在制备的金相试样上观察焊接接头上各区

域的金相组织。通过显微组织检验，可以确定焊接接头各区域的组织特性、晶粒大小、产生的显微缺欠（未焊透、裂纹、气孔、夹渣）和组织缺欠（如合金钢的淬火组织、铸铁中的白口等）。可根据显微检验的结果估计整个焊接接头的性能，从而确定所选用的焊接材料和焊接方法是否合理，焊接工艺是否正确，并提出相应的改进措施。

为了保证显微组织检验结果的准确性，必须制备一个高质量的金相试样。金相试样的制备包括试样的截取、镶嵌、磨制、抛光和组织显示。

（1）试样截取。焊接接头的金相试样应包括焊缝、热影响区和母材三部分。试样可以从试板或工件上截取，截取的部位应距引弧区和熄弧区一定距离，截取时最好采用机械加工的方法。不论采用何种方法，都要保证取样过程中不能有任何变形、受热，防止试样组织发生改变，内部缺欠扩展和失真。

（2）试样的镶嵌。如果金相试样很小、很薄或形状特殊而难以磨制，则须用镶嵌的方法将它们镶嵌成较大的、便于握持的磨片。试样镶嵌的方法很多，常用的镶嵌方法有塑料镶嵌法和机械镶嵌法。

塑料镶嵌法是利用嵌镶机来镶嵌试样。先将试样放在压模内，然后放入塑料（如胶木粉、聚氯乙烯等）加热、加压，冷却后脱模而成。机械镶嵌法是依照试样的外形，用夹具夹持试样，装夹时要求试样与夹具应紧密接触，薄板试样装夹时应采用硬度接近的金属片作为填片，以防止薄板试样在磨光、抛光时歪斜或出现边缘倒角。

（3）试样的磨制。试样磨制的目的是得到一个平整的磨面，一般须经过粗磨和细磨两个环节。

1）粗磨也称为磨平，一般在砂轮机上进行。粗磨时应通水冷却试样，防止组织发生变化。磨料磨粒的粗细影响磨削效率和试样表面粗糙度，软金属一般采用粗粒度硬砂轮，硬金属一般采用细粒度软砂轮。

2）细磨也称为磨光，粗磨后的金相试样表面仍然存在较深的磨痕，试样还需要通过不同粒度的金相砂纸，由粗到细磨制，逐渐减轻磨痕深度。磨制时用力要均匀，待磨面上旧磨痕消失、新磨痕均匀一致时，更换细一号砂纸，并且试样要旋转90°。

（4）试样的抛光。试样抛光的目的是除去细磨后留在金相试样磨面上的细微痕迹，使磨面平整光洁。金相试样的抛光方法有机械抛光、电解抛光和化学抛光。

1）机械抛光是在抛光机上完成的。将抛光织物（如呢料、金丝绒等）固定在抛光盘上，撒以抛光粉悬浮液，试样轻压于旋转的抛光盘上，利用嵌入抛光织物的抛光粉对试样表面的滚压和磨削作用，使金相试样的表面达到无划痕的光滑镜面。抛光粉是一种具有高硬度、粒度均匀、极细颗粒的磨料。常用的抛光粉有氧化铝、氧化铬、氧化镁和金刚石。氧化铝、氧化铬适用于黑色金属的抛光，氧化镁适用于铝、镁等有色金属的抛光。近年来，金刚石粉研磨抛光膏的应用比较广泛，它对软材料和硬材料都具有良好的切削作用，抛光效率高，试样表面抛光质量好。

2）电解抛光是利用电解抛光液的电化学溶解作用使试样表面抛光。在一定的电解条件下，磨面凸起部分的溶解比凹陷部分的溶解快，从而逐渐使磨面由粗糙变光洁。电解抛光速度快，试样一般经过粗磨就可以进行电解抛光。该方法适用于硬度低的金属、单相合金和极易加工变形的合金。常用的电解抛光液和规范见表3-5。

表 3-5 常用的电解抛光液和规范

抛光液名称	成　分	规范	应用范围
高氯酸—乙醇水溶液	乙醇（95%，体积分数）800mL，水 140mL，高氯酸（60%，质量分数）60mL	30~60V，15~60s	碳素钢、合金钢
高氯酸—乙醇溶液	乙醇（95%，体积分数）800mL，高氯酸（60%，质量分数）200mL	35~80V，15~60s	不锈钢、耐热钢
高氯酸—甘油溶液	乙醇（95%，体积分数）700mL，甘油 100mL，高氯酸（60%，质量分数）200mL	15~50V，15~60s	高合金钢、高速钢、不锈钢
磷酸水溶液	水 300mL，磷酸（85%，质量分数）700mL	1.5~2V，5~15s	铜及铜合金
磷酸—乙醇溶液	乙醇（95%，体积分数）200mL，水 400mL，磷酸（85%，质量分数）400mL	25~30V，4~6s	铝、镁、银合金

3）化学抛光是依靠化学药剂对试样表面的不均匀溶解而得到光亮的抛光面。磨面凸起部分溶解速度快，而凹下部分溶解速度慢，从而使磨面逐渐变得平整光洁。

（5）试样的显示。抛光后的试样表面在显微镜下一般看不到显微组织，只能看到夹杂物、裂纹、孔洞和石墨，必须采用适当的显示方法才能显示出金属的显微组织。显示焊接接头金相组织的方法有化学浸蚀显示法和电解浸蚀显示法。

1）化学浸蚀显示法是金相检验中常用的显示方法。它利用化学浸蚀剂对金属组织中各组成相的氧化作用，使磨面的不同相受到不同程度的氧化溶解，造成磨面凹凸不平，从而对入射光形成不同的反差，达到显示显微组织的目的。化学浸蚀剂的种类较多，可分为酸类、碱类和盐类，其中酸类浸蚀剂应用较多，常用的化学浸蚀剂见表 3-6。

抛光后的试样先用浸蚀剂浸蚀，浸蚀完毕后用水清洗，然后在腐蚀面上滴酒精并吹干，最后放到金相显微镜下观察。

表 3-6 常用金相化学浸蚀剂

浸蚀剂名称	成　分	应用范围
硝酸酒精溶液	硝酸（65%，质量分数）2~10mL，乙醇（95%，体积分数）100mL	碳素钢、低合金钢、铸铁等材料中的珠光体、马氏体、贝氏体
苦味酸酒精溶液	苦味酸 2~4g，乙醇（95%，体积分数）100mL	碳素钢、低合金钢等材料中的珠光体、马氏体、贝氏体及渗碳体颗粒
盐酸苦味酸酒精溶液	盐酸（36%，质量分数）5mL，苦味酸 2g，乙醇（95%，体积分数）100mL	回火马氏体及奥氏体颗粒
氧化铁盐酸水溶液	氧化铁 5g，盐酸（36%，质量分数）50mL，水 50mL	奥氏体-铁素体不锈钢、18-8 奥氏体不锈钢
混合酸甘油溶液	盐酸（36%，质量分数）30mL，硝酸（65%，质量分数）10mL，甘油 10mL	奥氏体不锈钢、镍基合金

2）电解浸蚀显示法的原理与电解抛光相似，将试样浸入电解液中，通上直流电，由于金属各相之间、晶粒与晶界之间的析出电位不同，在微弱电流作用下浸蚀的程度不同，从而显示出组织形貌。电解浸蚀显示法主要用于不锈钢和镍基合金等化学稳定性较好的一些合金。

本章小结

1. 焊接接头的常规检验主要包括外观检查、密封性检验和压力试验。
2. 焊接接头的破坏性检验包括焊接接头的力学性能试验、化学成分分析和金相检验。

自测题

3.1　选择题

（1）下列密封性试验的灵敏度最高的是（　　）。

A. 气密性试验　　B. 氨渗透试验　　C. 吹气试验　　D. 氦检漏试验

（2）下列密封性试验方法不适于敞口结构的是（　　）。

A. 吹气试验　　B. 冲水试验　　C. 氨渗透试验　　D. 载水试验

（3）金相试样的制备不包括（　）。

A. 试样的截取　　B. 试样的热处理　　C. 试样的磨制　　D. 试样的抛光

3.2　判断题

（1）焊缝完成无损检测、力学性能试验后就即可进行压力试验。（　　）

（2）压力试验中，试验压力比工作压力高且试验过程中必须逐级加压。（　　）

（3）焊接接头的横弯、纵弯和侧弯都包括正弯和背弯两种。（　　）

（4）焊缝金属化学成分分析试样须用专用工具制备，不能沾有油污、水分、氧化皮等污物。（　　）

3.3　简答题

（1）简述密封性试验都包括哪些方法。

（2）简述布氏硬度试验和维氏硬度试验的特点。

4 射线检测

导言

射线检测（radiographic testing，RT），是利用射线穿透物质，并使胶片感光，对被检物体中的信息进行采集并处理的无损检测方法。射线检测由于可以将检测结果长期保存，所以在工业生产中得到了广泛使用，尤其适用对产品质量要求较高的工况。本章将从射线检测的基本原理入手，介绍射线检测的原理、设备和操作流程。

4.1 射线的产生及射线检测的基本原理

4.1.1 射线的产生与性质

A X射线的产生

X射线是在X射线管中产生的，射线管是一个具有阴阳两极的真空管，阴极是钨丝，阳极是金属制成的靶。在阴阳两极之间加有很高的直流电压（管电压），当阴极加热到白炽状态时释放出大量电子，这些电子在高压电场中被加速，从阴极飞向阳极（管电流），最终以很大速度撞击在金属靶上，失去所具有的动能，这些动能绝大部分转换为热能，仅有极少一部分转换为X射线向四周辐射。对X射线管发出的X射线做光谱测定，可以发现X射线谱由两部分组成，一个是波长连续变化的部分，称为连续谱，又称为连续X射线或白色X射线，它的最短波长只与管电压有关；另一部分是具有分立波长的线状谱，它的谱峰所对应的波长位置完全取决于靶的材料，这部分谱线为标识谱，又称为特征谱。标识X射线谱重叠在连续谱之上，如同山丘上的宝塔。

B γ射线的产生

γ射线是放射性同位素发生α衰变或β衰变之后，在激发态向稳定态跃迁的过程中辐射出电磁波产生的，这一过程称为γ衰变，又称为γ跃迁。γ跃迁是核内能级之间的跃迁，与原子的核外电子的跃迁一样，可以放出光子，光子的能量等于跃迁前后两能级能值之差。不同的是，原子的核外电子跃迁放出的能量为几电子伏到千电子伏，而核内能级的跃迁放出的γ光子能量为千电子伏到十几兆电子伏。射线检测中采用的γ射线主要来自钴-60（^{60}Co）、铯-137（^{137}Cs）、铱-192（^{192}Ir）、铥-170（^{170}Tm）等放射性同位素源。

C 射线的性质

X射线和γ射线与无线电波、红外线、可见光、紫外线等同属于电磁波的范畴（见

图4-1)，其区别在于波长不同及产生的方法不同，因此，X射线和γ射线具有电磁波的共性，同时也具有不同于可见光和电磁波等其他电磁辐射的特性。

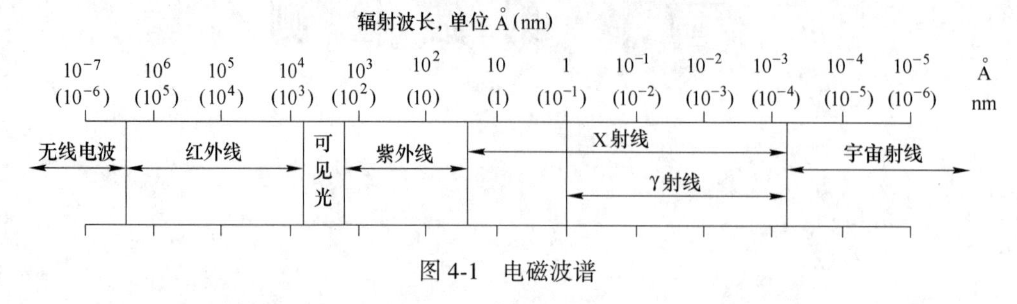

图4-1 电磁波谱

X射线和γ射线都是光子流，不带电，静止质量为零，具有波粒二象性，以光速直线运动。它们的性质可概括为：

(1) 在真空中以光速直线传播；

(2) 本身不带电，不受电场和磁场的影响；

(3) 在物质界面只能发生漫反射，折射系数接近于1，折射方向改变得不明显；

(4) 仅在晶体光栅中才产生干涉和衍射现象；

(5) 不可见，能够穿透可见光不能穿透的物质；

(6) 在穿透物体的过程中，与某些物质会发生复杂的物理和化学作用，例如电离作用、荧光作用、热作用和光化学作用；

(7) 具有辐射生物效应，能够杀伤生物细胞，破坏生物组织等。

4.1.2 射线与物质的相互作用

射线通过物质时，会与物质发生相互作用而强度减弱。导致强度减弱的原因可分为两类，即吸收与散射。吸收是一种能量转换，光子的能量被物质吸收后变为其他形式的能量；散射会使光子的运动方向改变，其效果等于在束流中移去入射光子。

在X射线和γ射线能量范围内，光子与物质相互作用时所发生的物理效应主要有光电效应、康普顿效应和电子对效应三种。光子与物质相互作用时所发生的以上三种效应与光子的能量有关系，当能量较低时，光电效应占主导地位；当能量增加到200keV以上时，康普顿效应就变得重要起来；当光子的能量进一步增加到大于1.022MeV时，电子对效应才开始变得显著起来。

射线通过物质时的强度衰减遵循指数规律，衰减情况不仅与吸收物质的性质和厚度有关，而且取决于辐射自身的性质。

4.1.3 射线检测的基本原理

由于射线具有穿透物体的性质，所以当射线照射物质时，物体对射线具有衰减作用和衰减规律。射线能使某些物质产生光化学作用和荧光现象。当射线穿过工件达到胶片上时，由于无缺欠部位和有缺欠部位的密度或厚度不同，射线在这些部位的衰减不同，因而射线透过这些部位照射到胶片上的强度不同，致使胶片感光程度不同，经暗室处理后就产了不同的黑度。根据底片上的黑度差，评片人员借助观片灯判断缺欠情况并评价工件质量。

这里仅就缺欠引起的射线强度差 ΔI 做定量分析。如图 4-2 所示，试件厚度为 T，射线衰减系数 μ；试件内部有一小缺欠，沿射线透过方向的尺寸为 ΔT，射线衰减系数为 μ'；入射射线强度为 I_0，一次透过射线强度分别是 I_P（完好部位）和 I'_P（缺欠部位），散射比为 n，透射射线总强度为 I，则有：

$$I = I_0 e^{-\mu T}(1+n) \tag{4-1}$$

$$I_p = I_0 e^{-\mu T} \tag{4-2}$$

$$I'_p = I_0 e^{-\mu(T+\Delta T)-\mu'\Delta T} \tag{4-3}$$

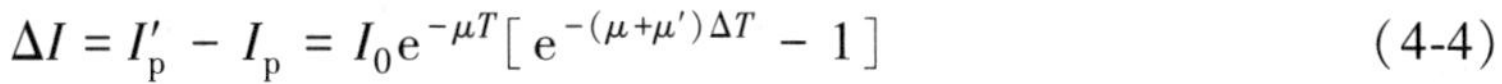

$$\Delta I = I'_p - I_p = I_0 e^{-\mu T}[e^{-(\mu+\mu')\Delta T} - 1] \tag{4-4}$$

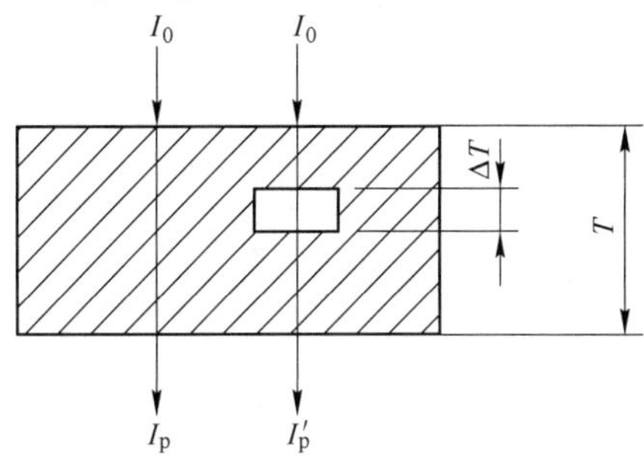

图 4-2　射线检测基本原理

ΔI 为缺欠与其附近的辐射强度差值，I 为背景辐射强度，取两者之比得：

$$\Delta I/I = I_0 e^{-uT}[e^{-(\mu+\mu')\Delta T} - 1] / I_0 e^{-\mu T}(1+n) \tag{4-5}$$

由于 $e^X \approx 1+X$，代入式（4-5）并化简得：

$$\Delta I/I = -(\mu+\mu')\Delta T/(1+n) \tag{4-6}$$

如果缺欠介质 μ' 值与 μ 相比极小，则 μ' 可以忽略，式（4-6）可写作：

$$\Delta I/I = -\mu\Delta T/(1+n) \tag{4-7}$$

式中　I——透射射线总强度；

ΔI——缺欠处与相邻母材的透过射线强度之差；

μ——工件材料的射线衰减系数；

ΔT——缺欠处和相邻母材在射线透过方向上的厚度差值，当缺欠中介质的衰减不计时，ΔT 本身是负值；

n——散射比。

因为射线强度差异是底片产生对比度的根本原因，所以将 $\Delta I/I$ 称为主因对比度。由式（4-7）可以看出，主因对比度取决于透照厚度差、射线衰减系数及散射比。

这里要说明的是：

（1）由式（4-1）可以看出，入射射线采用单色宽束射线的简化模式，推导出的主因对比度（亦称为工件对比度）公式中，μ 理解为平均衰减系数，可认为该公式适用于多色宽束射线。

（2）式（4-4）可以理解为缺欠尺寸 ΔT 与透过工件厚度 T 相比很小，缺欠的存在引起散射比 n 和衰减系数 μ 的改变可以忽略不计而做的简化处理。

（3）主因对比度公式 $\Delta I/I=-\mu\Delta T/(1+n)$ 与有些教材的主因对比度公式相比多一个

“-”号，这是因为在公式推导中，本教材将 ΔT 按负值代入，而有些教材将 ΔT 按正值代入所引起的。遇有这种情况，计算时要特别注意。

（4）式（4-6）中，本教材认为缺欠介质 μ' 很小而忽略不计，这对于气孔和夹渣等缺欠是可以的，ΔI 为正值，底片上的缺欠影像呈黑色。但对于钢焊缝中的夹钨等缺欠，$\mu' >> \mu$，若将钨对射线的吸收折算成焊材，相当于有缺欠部位的沿射线方向的总厚度大于 T，即 ΔT 为正值，则 ΔI 为负值，底片上的缺欠影像呈白色。再如，焊缝与母材厚度之差 ΔT 为正值，则 ΔI 为负值，底片上的焊缝影像和母材相比呈白色。

4.2 射线检测设备

4.2.1 X 射线机

X 射线机是高电压精密仪器，为了正确使用和充分发挥仪器的功能，顺利完成射线检测工作，应了解和掌握它的原理、结构及使用性能。

4.2.1.1 X 射线机的种类和特点

（1）X 射线机的分类。X 射线机按照其外形结构、使用功能、工作频率及绝缘介质等可分为以下几种：

1）按结构划分：

①携带式 X 射线机：这是一种体积小、重量轻、便于携带、适用于高空野外作业的 X 射线机。它采用结构简单的半波自整流路线，X 射线管和高压发生部分共同装在射线机头内，控制箱通过一根多芯的低压电缆将其与射线发生管连接在一起，其构成如图 4-3 所示。

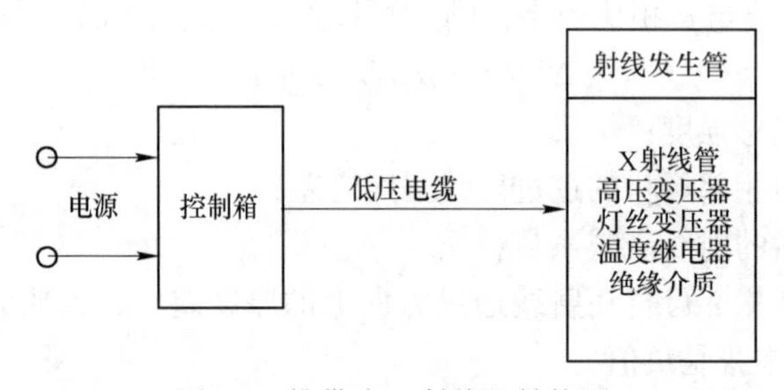

图 4-3 携带式 X 射线机结构图

②移动式 X 射线机：这是一种体积和重量都比较大，安装在移动小车上，用于固定或半固定场使用的 X 射线机。它的高压发生部分（一般是两个对称的高压发生器）和 X 射线管是分开的，其间用高压电缆连接，为了提高工作效率，一般采用强制油循环冷却。目前，管电压 400kV 以上的 X 射线机多为移动式 X 射线机，如图 4-4 所示。

2）按用途划分：

①定向 X 射线机：这是一种普及型、使用最多的 X 射线，其机头产生的 X 射线辐射方向为 40°左右的圆锥角，一般用于定向拍片。

②周向 X 射线机：这种 X 射线机产生的 X 射线束向 360°方向辐射，主要用于大口径管道、压力容器和锅炉环焊缝透照。

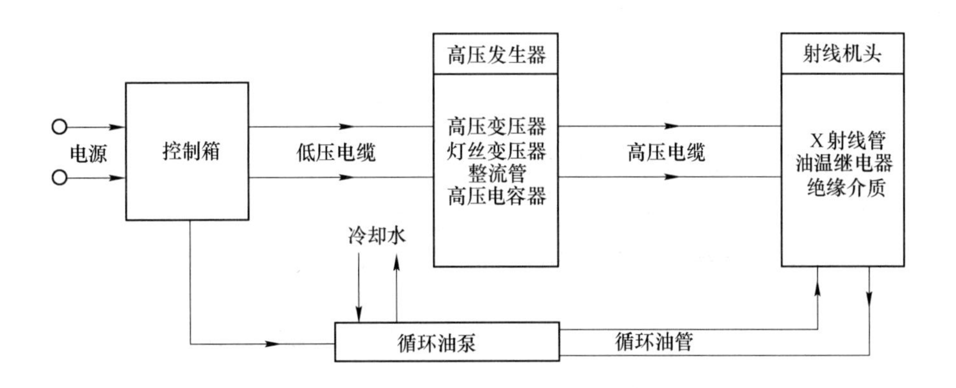

图 4-4 移动式 X 射线机结构图

③管道爬行器：这是为了解决很长的管道焊缝拍片而设计生产的一种装在爬行装置上的 X 射线机。该机在管道内爬行时，用蓄电池组提供电力和传输控制信号，利用焊缝外放置的一个指令源确定位置，使 X 射线机在管道内爬行到预定位置进行曝光，辐射角大多为 360°方向。

3）按频率划分：按供给 X 射线管高压部分交流电的频率划分，X 射线机可分为工频（50～60Hz）X 射线机和变频（300～800Hz）X 射线机及恒频（约 200Hz）X 射线机。在同样电流、电压条件下，恒频 X 射线机穿透能力最强、功耗最小、效率最高，变频 X 射线机次之，工频 X 射线机较差。

4）按绝缘介质划分：按绝缘介质划分，X 射线机可分为绝缘介质为变压器油的油绝缘 X 射线机和绝缘介质为六氟化硫（SF_6）的气绝缘 X 射线机。

4.2.1.2 X 射线机的特点

（1）X 射线机体积较大，不便于搬运。

（2）在某些特殊透照环境下，X 射线机不便于调整和固定检测机管头的位置，甚至无法透照。

（3）X 射线机发出射线的能量（单位：kV）可改变，因此对各种厚度的试件均可选择最适宜的能量。

（4）X 射线机可用开关切断高压，比较容易实施射线防护。

（5）X 射线机需电源，有些还需用水源。

4.2.1.3 X 射线机的基本结构

一般 X 射线机的结构由四部分组成：高压部分、冷却部分、保护部分和控制部分。本节以工频 X 射线机为例进行简单介绍。

（1）高压部分。X 射线机的高压部分包括 X 射线管、高压发生器（高压变压器、灯丝变压器、高压整流管和高压电容）及高压电缆等。

1）X 射线管：

①结构特点。X 射线管由阴极构件、阳极构件和套管构成。阴极构件由阴极（钨）、灯丝（钨丝绕成平面螺旋形可产生圆焦点，绕成螺旋管形可产生方形或矩形的线焦点；当有两组灯丝时，可产生两个大小不同的焦点，称为双焦点）和聚焦罩（纯铁或纯镍制

成凹面形）等组成；阳极构件由阳极（铜，导电和散热）和靶块（钨等）组成，如图4-5所示。

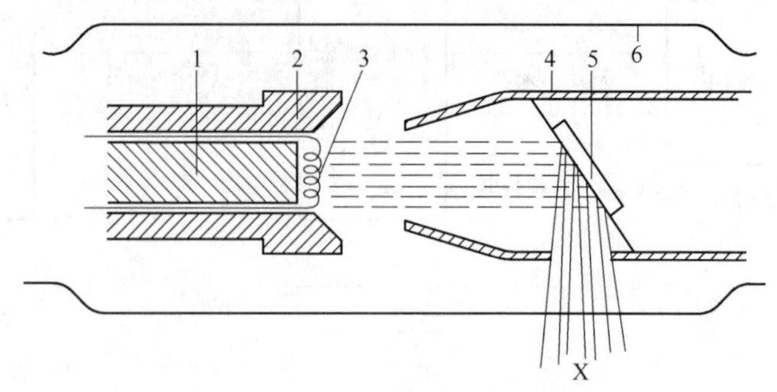

图4-5 X射线管结构示意图

1—阴极；2—聚焦罩；3—灯丝；4—阳极（壳）；5—靶；6—套管

②工作原理。当灯丝接低压交流电源（2~10V）通电（各种射线机管电流为2~30mA不变）加热至白炽时，其阴极周围形成电子云，聚焦罩的凹面形状使其聚焦。当在阳极与阴极间施以高压（各种射线机管电压为50~500kV不等）时，电子被阴极排斥而被阳极吸引，加速通过真空空间，高速运动的电子呈束状集中轰击靶子的一个小面积（几平方毫米左右，称为实际焦点），电子被阻拦、减速和吸收，其部分动能（约1%）转换为X射线。由于X射线管能力转换效率很低，靶块接收电子轰击的动能绝大部分转换为热能，因此，阳极的冷却至关重要。目前采用的冷却方式主要有辐射散热及冲油（水）冷却等。

③焦点。X射线管的焦点大小是其重要技术指标之一，会直接影响检测灵敏度。焦点尺寸主要取决于灯丝形状和大小，管电压和管电流也有一定的影响。靶块被电子轰击的部分叫实际焦点，又称为几何焦点。而实际焦点在垂直于射线束轴线的投影，或其在X射线传播方向经光学投影后的尺寸（面积）称为有效焦点。

2）高压发生器。高压变压器的作用是将几百伏的低电压通过变压器提升到X射线管工作所需的电压。它的特点是功率大（约几千伏安），输出电压很高，达几百千伏，因此高压变压器次级匝数多，线径细。这就要求高压变压器的绝缘性能高，不易过热而损坏。X射线机的灯丝变压器是一个降压变压器，其作用是把工频220V电压降到X射线管灯丝所需要的十几伏电压，并提供较大的加热电流（约为十几安）。由于灯丝变压器的次级绕组在高压回路里和X射线管的阴极连在一起，所以要采取可靠措施，确保次级和初级绕组间的绝缘。常用的高压整流管有玻璃外壳二级整流管和高压硅堆两种，其中使用高压硅堆可节省灯丝加热变压器，使高压发生器的重量和尺寸减小。高压电容是一种金属外壳、耐高压、容量较大的纸介电容。携带式X射线机没有高压整流管和高压电容，所有高压部件均在射线机头内。移动式X射线机有单独的高压发生器，内有高压变压器、灯丝变压器、高压整流管和高压电容等。

3）高压电缆。高压电缆是移动式X射线机用来连接高压发生器和X射线机头的电缆。

（2）冷却部分。冷却是保证X射线机正常工作和长期使用的关键。冷却不好，会造成X射线管阳极过热而损坏，还会导致高压变压器过热，绝缘性能变坏，耐压强度降低而被击穿。冷却效果还会影响X射线管的寿命。因此，X射线机在设计制造时需采取各种措施来保证冷却效率。

油绝缘携带式X射线机常采用自冷方式。它的冷却是靠机头内部温差和搅拌油泵使油产生对流，从而带走热量，再通过壳体把热量散发出去。

气体冷却X射线机用六氟化硫（SF_6）气体作绝缘介质，采用阳极接地电路，X射线管阳极尾部可伸到机壳外，其上装散热片，并用风扇进行强制风冷。阳极接地气体冷却X射线机的构造如图4-6所示。

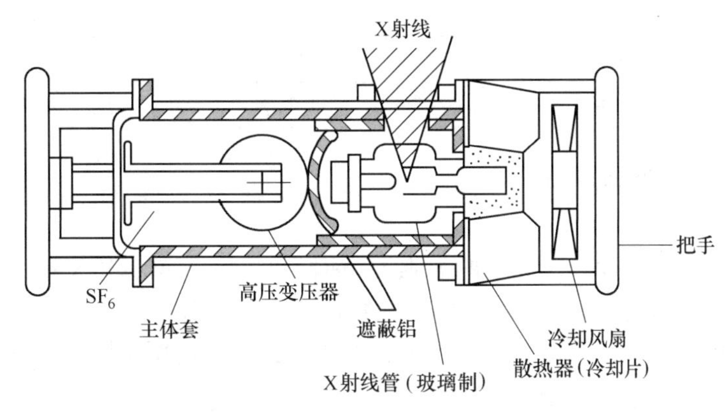

图4-6　阳极接地气体冷却X射线机

移动X射线机多采用循环油外冷方式。X射线管的冷却有单独用油箱，以循环水冷却油箱内的变压器油，再用一油泵将油箱内的变压器油按一定流量注入X射线管阳极空腔内以冷却靶子，将热量带走，其冷却效率较高。冷却系统由冷却水管、冷却油管、冷却油箱、搅拌油泵、循环油泵、油泵电机、保护继电器（油压和水压开关）七部分组成。

（3）保护部分。各种电气设备都有保护系统，X射线机的保护系统主要有：1）每一个独立电路的短路过流保护；2）X射线管阳极冷却的保护；3）X射线管的过载保护（过流或过压）；4）零位保护；5）接地保护；6）其他保护。

（4）控制部分。控制系统是指X射线管外部工作条件的总控制部分，主要包括管电压的调节、管电流的调节及各种操作指示。

4.2.2　γ射线机

4.2.2.1　γ射线源的主要特性参数

放射性同位素有2000多种，但只有那些半衰期较长、比活度较高、能量适宜、取之方便和价格便宜的同位素才能用于射线检测。目前工业射线检测常用的放射性同位素及其特性参数见表4-1。

表4-1　常用γ射线源的特性参数

γ射线源	^{60}Co	^{137}Cs	^{192}Ir	^{75}Se	^{170}Tm	^{169}Yb
主要能量/MeV	1.17，1.33	0.661	0.296，0.308，0.346，0.468	0.121，0.136，0.265，0.280	0.084，0.052	0.063，0.12，0.193，0.309
平均能量/MeV	1.25	0.661	0.355	0.206	0.072	0.156

续表 4-1

γ射线源		^{60}Co	^{137}Cs	^{192}Ir	^{75}Se	^{170}Tm	^{169}Yb
半衰期		5.27 年	33 年	74 天	120 天	128 天	32 天
K_r 常数	R·m^2/（h·Ci）	1.32	0.32	0.472	0.204	0.0014	0.125
	C·m^2/（kg·h·Bq）	9.2×10^{-15}	2.23×10^{-15}	3.29×10^{-15}	1.39×10^{-15}	0.0097×10^{-15}	0.87×10^{-15}
比活度		中	小	大	中	大	小
透照厚度（钢）/mm		40~200	15~100	10~100	5~40	3~20	3~15
价格		高	高	较低	较高	中	中

4.2.2.2 γ射线机的特点

（1）γ射线机的优点：

1）γ射线机探测厚度大，穿透能力强。对钢工件而言，400kV X射线机的最大穿透厚度为100mm左右，而^{60}Co γ射线机的最大穿透厚度可达200mm。

2）γ射线机体积小，重量轻，不用电，不用水，特别适用于野外作业和在用设备的检测。

3）γ射线机效率高，对环缝和球罐可进行周向曝光和全景曝光。同X射线机相比，γ射线机的效率大大提高。

4）γ射线机可以连续运行，且不受温度、压力、磁场等外界条件的影响。

5）γ射线机设备故障低，无易损部件。

6）与同等穿透力的X射线机相比，γ射线机的价格低。

（2）γ射线机的缺点：

1）γ射线源都有一定的半衰期，有些半衰期较短的射线源，如^{192}Ir更换频繁，给使用带来不便。

2）γ射线机射线源能量固定，无法根据试件厚度进行调节，当穿透厚度与能量不适配时，灵敏度严重下降。

3）γ射线机的放射强度随时间减弱，无法进行调节，当源强度较小时，会因曝光时间过长而感到不方便。

4）γ射线机的固有不清晰度比X射线机大，用同样的器材及透照技术条件，其灵敏度低于X射线机。

5）γ射线机对安全防护要求高，管理严格。

4.2.2.3 γ射线机的分类与结构

（1）γ射线机的分类。按所装放射性同位素的不同，γ射线机可分为^{60}Co γ射线机、^{137}Cs γ射线机、^{192}Ir γ射线机、^{75}Se γ射线机、^{170}Tm γ射线机及^{169}Yb γ射线机。

按机体结构，γ射线机可分为直通道形式和“S”通道形式。

按使用方式，γ射线机可分为便携式、移动式（能以适当专用设备移动）、固定式（固定安装或只能在特定工作区作有限移动）及管道爬行器。

工业γ射线检测主要使用便携式^{192}Ir γ射线机、^{75}Se γ射线机和移动式^{60}Co γ射线机；^{170}Tm γ 射线机及^{169}Yb γ 射线机在轻金属及薄壁工件的检测应用中具有优势；管道爬行器则专用于管道的对接焊缝检测。

（2）γ 射线机的结构。γ 射线机大体可分为五部分：源组件、检测机机体、驱动机构、输源管和附件，如图 4-7 所示。

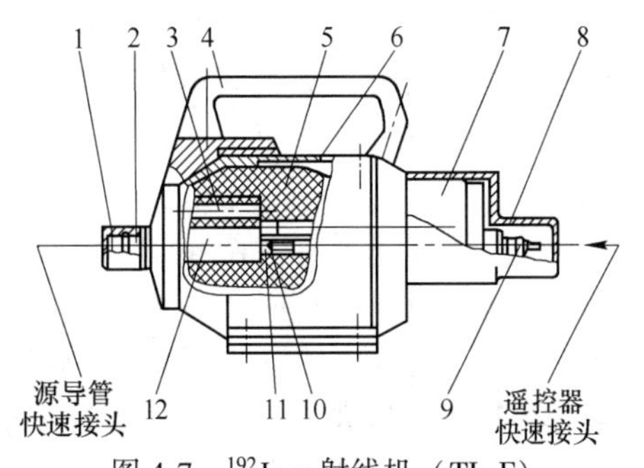

图 4-7 ^{192}Ir γ 射线机（TI-F）本体（工作容器）结构

1—前保护帽；2—前连接器；3—曝光通道；4—手柄；5—屏蔽（体）；6—外壳；7—快门环；8—后保护帽；9—后连接器；10—γ 放射源；11—源通道；12—偏心轮

1）源组件。源组件由放射源物质、包壳和源辫子组成。放射源物质装入源包壳内，包壳采用内外两层，里层是铝包壳，外层是不锈钢包壳，并通过等离子焊封口。源包壳与源辫子的连接多采用冲压方式，可以承受很大的拉力。

2）γ 射线机的机体。γ 射线机机体的主要部分是屏蔽容器，其内部通道设计有“S”形弯通道和直通道型两种。

屏蔽容器一般用贫化铀材料制作而成，比铅屏蔽体的体积和重量减小许多。

γ 射线机机体上设有各种安全联锁装置，可防止操作错误。例如，当射线源不在安全屏蔽中心位置时，锁就锁不上，这时需要用驱动器来调节源的位置使其到达屏蔽中心。因此，该装置能保证源始终处于最佳屏蔽位置。操作时如果控制缆与源辫子未连接好，则安全联锁装置可保证操作者无法将源输出，以避免源失落事故的发生。

3）驱动机构。驱动机构是一套用来将放射源从机体的屏蔽储藏位置驱动到曝光焦点位置，并能将放射源收回到机体内的装置。

4）输源管。输源管也称为源导管，是由一根或多根软管连接一个一头封闭的包塑不锈钢软管制成的。其用途是保证源始终在管内移动，其长度根据不同需要可以任意选用，使用时开口的一端接到机体源出口，封闭的一端放在曝光焦点位置。曝光时要求将源输送到输源管的端头，以保证源与曝光焦点重合。

5）附件。为了 γ 射线检测设备的使用安全和操作方便，通常配套一些设备附件。常用的附件有：

①各种专用准直器：用于缩小或限制射线照射场范围，减少散射线，降低操作者所受的照射剂量。

②γ 射线监测仪、个人剂量笔及音响报警器：用于确保操作人员的安全及确认放射源所在位置，防止放射事故的发生。

③各种定向架：用于固定输源管的照相头。定位架有多种形式，都有一定的调节范围并能固定准直器，从而保证放射源位于曝光焦点中心。

④专用曝光计算尺：可以根据胶片感光度、源种类、源龄、工件厚度、源活度及焦距，快速算出最佳黑度所需的曝光时间。

⑤换源器：因为 γ 射线源强度会随时间衰减，经过几个半衰期后，源的强度减小，曝光时间增加，工作效率下降，这时就需要换源。在换源过程中，须把旧源从 γ 射线机的机体内输送到换源器内，再把新源从换源器内送到 γ 射线机的机体内。换源器就是用来完成这一过程的设备。换源器是一个呈椭圆形、有两个 I 形孔道、由贫化铀为主要屏蔽材料制成的容器，重几十千克。换源器也可用于源的运输和储存。

4.2.3　加速器

加速器是带电粒子加速器的简称，是利用电磁场使带电粒子（如电子、质子、氘核、氦核及其他重离子）获得能量的装置。用于产生高能 X 射线（能量高于 1MeV 的 X 射线）的加速器主要有电子感应式、电子直线式和电子回旋式三种，目前应用最广的是电子直线加速器。

电子直线加速器（见图 4-8）的工作原理如下：利用高功率的微波装置，在波导管内向电子输送能量，当管内产生 60~100kV/cm 的微波电场时，灯丝发出的电子每前进 1cm 的距离，将获得 60×10^3eV 的能量。显然，波导管越长，电子获得的能量就越高，这些高能电子轰击 X 射线靶 2，则产生高能 X 射线，其转换效率可高达 40%~50%。这里的关键器件是波导管，它是由空心金属管 10 中装有许多带中心孔的圆片 7 组成，称为载有圆片的波导管。波长为 1~100cm 的高频微波可通过波导管传送，微波的传播速度取决于圆片之间的距离和圆片上中心孔的大小。由于这些波伴有电场，故可用来加速电子。

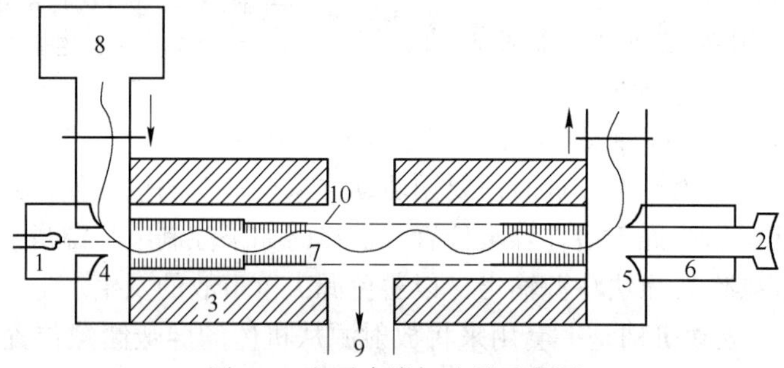

图 4-8　电子直线加速器示意图

1—电子源；2—X 射线靶；3—聚焦磁极；4—微波输入极；5—微波输出极；6—极式电子聚焦准直仪；7—空心圆片；8—磁控管；9—真空泵；10—空心金属管

加速器射线束能量、强度与方向均可精确控制，能量可高达 35MeV，检测厚度达 500mm（钢铁）；加速器射线焦点尺寸小（电子感应加速器一般在（0.1~0.2）mm×2mm，电子直线加速器的射线焦点尺寸略大），检测灵敏度高达 0.5%~1%。目前，加速器的应用已日益广泛，几种典型加速器的性能见表 4-2。

表 4-2　加速器主要性能

类型	型号	最大能量 /MeV	在 1m 处剂量率 /R·min^{-1}	在 1m 处照射直径/mm	焦点尺寸 /mm	最大穿透厚度钢铁/mm	灵敏度
电子感应加速器	25MeV	25	60	ϕ200	0.1×2	300	0.6%
	BR-25-500	5~25	500	250×300	0.1×2	300	0.4%
	KBC-8-25	25	400	ϕ240	1.5×0.3	560	0.1%~0.3%
电子直线加速器	ML-3R	1.5	50	ϕ300	ϕ1 以下	150	1%以下
	ML-10R	8	1500	ϕ300	ϕ1 以下	400	1%以下
	ML-15RⅡ	12	7000	ϕ300	ϕ1 以下	500	1%以下
电子回旋加速器	MД-10	10	2000	ϕ150	ϕ2~3		
	PMД-10T	8/12	1000/2000	ϕ150			
	RM-8	8	1500		ϕ2		1%

4.2.4 射线检测所用其他器材

(1) 黑度计（光学密度计）。黑度计是测量射线照相底片黑度的专用器具。早期使用的是模拟电路指针显示的光电直读式黑度计，因其黑度范围和精度不能满足要求，故已淘汰，此处不做介绍。

目前广泛采用的是数显式黑度计，其结构原理与指针式不同，该类仪器是将接收到的模拟光信号转换成数字电信号，进行数据处理后直接在数码显示器上显示出底片黑度数值。数显式黑度计有便携式和台式两种。

(2) 射线剂量仪。射线剂量仪是内置高灵敏度探测器，用于测量 X、γ 和硬 β 辐射的剂量的检测装置。作为辐射巡测仪，射线计量仪能显示工作场所的剂量当量率和记录累积剂量。工作人员可以任意设定剂量率报警值和累积剂量报警值，超阈值后自动发出声音报警。X、γ 辐射剂量率仪体积小、重量轻，携带方便，适用于核设施、核技术应用单位、科研院所、防化部队、加速器、同位素应用、工业 X 和 γ 无损检测、放射医疗、钴源治疗、γ 辐照、废钢铁、放射性实验室的辐射场调查及事故应急辐射测量。

(3) 标记板。标记板用长条形透明塑料贴合或热压而成，在其上插入产品编号、焊缝编号、部位编号（或片号）、透照日期、返修标记和扩探标记等。在中心插入中心标记，在一次透照长度的两端插入搭接标记（如为抽查，则为检查区段标记）。可将标记板长边的两侧粘上磁钢，这样可方便地按搭接标记放置要求，将标记板粘贴在被透照部位，这样透照时标记板同时照在底片上。如果对经常更换标记的部位粘贴一些塑料插口，则使用起来更方便。在制作标记板时，应使像质计粘贴在标记板的反面，而不要将像质计粘贴在标记板的正面，这样可使像质计较紧密地贴合在工件表面上，以免影响照相灵敏度。所有标记应摆放整齐，其在底片上的影像不得相互重叠，并离被检焊缝边缘 5mm 以上。

(4) 中心指示器。射线机窗口应装设中心指示器。

中心指示器上装有约 6mm 厚的铅光阑，可有效地遮挡非透照区的射线，以减少前方散射线；还装有可以拉伸、收缩的对焦杆，在对焦时，可将拉杆拨向前方，透照时则拨向侧面。利用中心指示器，可方便地指示射线方向，使射线束中心对准透照中心。

(5) 其他器件。射线检测辅助器材很多，除上述用品、设备、器材之外，为方便工作，还应备齐一些小器件，如卷尺、钢印、榔头、照明灯、电筒、各种尺寸的铅遮板、补偿泥、贴片磁钢、透明胶带、各式铅字、盛放铅字的字盘、划线尺、石笔、记号笔等。

4.3 射线照相法检测

射线检测工艺是指为达到预期的检测目的，对检测活动的方法、程序、技术参数和技术措施等做出的书面规定，或称为书面文件，包括通用工艺和专用工艺。由于不同企业的检测对象、检测环境、设备能力以及操作人员的素质等因素不同，对于相同的检测对象，不同企业编制的检测工艺可能不同。虽然如此，编制检测工艺必须遵循一定的原则：按现行射线检测标准编制，适用于本单位检测对象，满足相关的法规和标准的要求；满足技术上的先进性和经济上的合理性。

4.3.1 射线照相法的基本组成

射线检测系统的组成如图 4-9 所示。下面对检测系统的主要组成部分进行简单介绍。

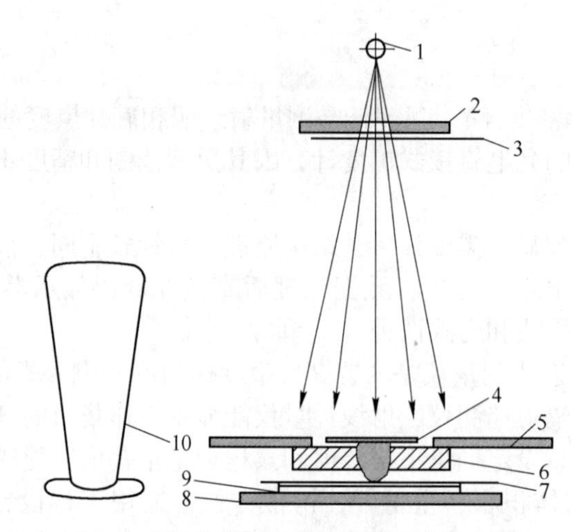

图 4-9 射线检测系统的基本组成示意图

1—射线源；2—铅光阑；3，7—滤板；4—像质计、标记带；5—铅挡板；6—工件；8—底部铅板；9—暗盒、胶片、增感屏；10—铅罩

4.3.1.1 射线源

射线源主要由 X 射线机、γ 射线机、加速器三种组成，实际检测过程中根据被检测材料的特点选取。

4.3.1.2 胶片

(1) 胶片的组成。射线胶片不同于一般的感光胶片，一般感光胶片只有胶片片基的一面涂布感光乳剂层，在片基的另一面涂布反光膜。射线胶片在胶片片基的两面均涂布感光乳剂层，目的是增加卤化银含量，以吸收较多的穿透能力很强的 X 射线和 γ 射线，从而提高胶片的感光速度，增加底片的黑度。射线胶片的结构如图 4-10 所示，在 0.25~0.3mm 的厚度中含有七层材料，其性能见表 4-3。

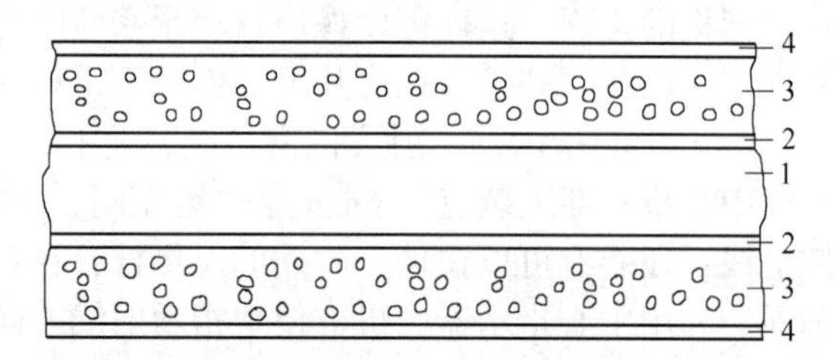

图 4-10 射线胶片的结构

1—片基；2—结合层；3—乳剂层；4—保护膜

表 4-3 胶片系统的主要特性指标

胶片系统类别	感光速度	特性曲线平均梯度	感光乳剂粒度	梯度最小值 G_{min}		颗粒度最大值 σ_{max}	(梯度/颗粒度)最小值 $(G/\sigma_0)_{min}$
				$D=2.0$	$D=4.0$	$D=2.0$	$D=2.0$
T1	低	高	微粒	4.3	7.4	0.018	270
T2	较低	较高	细粒	4.1	6.8	0.028	150
T3	中	中	中粒	3.8	6.4	0.032	120
T4	高	低	粗粒	3.5	5.0	0.039	100

注：表中的黑度 D 均指不包括灰雾度的净黑度。

1）片基。片基是感光乳剂层的支持体，在胶片中起骨架作用，厚度为0.175～0.20mm，大多采用醋酸纤维或聚酯材料（涤纶）制作。聚酯片基较薄，韧性好，强度高，适用于自动冲洗。为改善照明下的观察效果，通常射线胶片片基采用淡蓝色。

2）结合层（又称为黏合层或底膜）。结合层的作用是使感光乳剂层和片基牢固地黏结在一起，防止感光乳剂层在冲洗时从片基上脱下来。结合层由明胶、水、表面活性剂（润湿剂）、树脂（防静电剂）组成。

3）感光乳剂层（又称为感光药膜）。感光乳剂层每层厚度为10～20μm，通常由溴化银微粒在明胶中的混合体构成。乳剂中加入少量碘化银，可改善感光性能，碘化银含量一般不大于5%。卤化银颗粒大小一般为1～5μm。此外，乳剂中还加入防灰雾剂（羟基四氮唑、苯胼三氮唑）及某些稳定剂和坚膜剂。

明胶是用动物的皮、骨等组织中的纤维蛋白-骨胶原经处理后制成的。明胶可以使卤化银颗粒在乳剂中分布均匀，并对银盐也起一定的增感作用。明胶对水有极大的亲和力，使胶片在暗室处理时，药液能均匀地渗透到乳化剂内部并与卤化银粒子起作用。

在生产过程中，感光乳剂经化学熟化过程后还要进行物理熟化（二次成熟），以改变卤化银颗粒团的表面状况，并增加接受光量子的能力。感光乳剂中卤化银的含量、卤化银颗粒团的大小和形状，决定了胶片的感光速度。射线胶片中的Ag含量大致为10～20g/m^2。

4）保护层（又称为保护膜）。保护层是一层厚度为1～2μm、涂在感光乳剂层上的透明胶质。保护层可防止感光剂层受到污损和摩擦，其主要成分是明胶、坚膜剂（甲醛及盐酸萘的延生物）、防腐剂（苯酚）和防静电剂。为防止胶片粘连，有时在感光乳剂层上还涂布毛面剂。

（2）感光原理及潜影的形成。胶片受到可见光或X射线、γ射线的照射时，在感光乳剂层中会产生眼睛看不到的影像，即所谓的潜影。AgBr在光子的作用下形成Ag原子，进而在胶片上形成稳定的图像。

（3）底片黑度。射线穿透被检材料后照射在胶片上，使胶片产生潜影，经过显影、定影化学处理后，胶片上的潜影成为永久性的可见图像，称为射线底片（简称为底片）。底片上的影像是由许多微小的黑色金属银微粒所组成的，影像各部位黑化程度的大小与该部位含银量的多少有关，含银量多的部位比含银量少的部位难于透光。底片黑化程度通常用黑度（或称为光学密度）D表示。黑度D定义为入射光强与穿过底片的透射光强之比的常用对数值，即：

$$D = \lg \frac{L_0}{L} \tag{4-8}$$

式中 L_0——入射光强；

L——透射光强。

L_0/L又称为阻光率。

黑度D与入射光强和透射光强的关系如图4-11所示。

4.3.1.3 增感屏

射线底片上的影像主要是靠胶片乳剂层吸收射线产生光化学作用形成的。为了能吸收较多的射线，射线检测用的感光胶片采用了双面药膜和较厚的乳剂层，但即使如此，通常

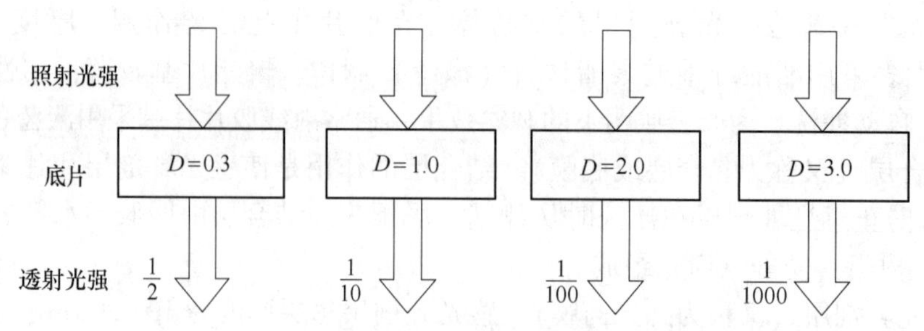

图 4-11　底片黑度不同时，透射光强与入射光强的关系

也只有不到1%的射线被胶片所吸收，而99%以上的射线透射过胶片被浪费掉。使用增感屏，可增强射线对胶片的感光作用，从而达到缩短曝光时间、提高工效的目的。

目前常用的增感屏有金属增感屏、荧光增感屏和金属荧光增感屏三种，其中以使用金属增感屏所得底片像质最佳，金属荧光增感屏次之，荧光增感屏最差，但增感系数以荧光增感屏最高，金属增感屏最低。

增感屏在使用过程中，其表面应保持光滑、清洁，无污秽、损伤、变形。装片后要求增感屏与胶片能紧密贴合，胶片与增感屏之间不能夹杂异物。

对于铅箔表面附着的污物，可用干净纱布蘸乙醚、四氯化碳擦去。对于铅箔增感屏上比较轻微的折痕、划痕和由黏合不良引起的鼓泡，可将铅箔增感屏放置在光滑的桌面上，用纱布将其抹平。

铅箔增感屏保管时要注意防潮，防止有害气体的侵蚀。铅箔增感屏保存时间不宜过长，否则会产生铅箔与基材之间的脱胶和合金成分锡、锑在表面呈线状析出的现象，此时，在增感屏表面出现黑线条，在底片上则产生白线条。

4.3.1.4　像质计

（1）像质计的作用与分类。像质计是用来检查和定量评价射线底片影像质量的工具，又称为影像质量指示器，或简称为IQI（image quality indicator）。

像质计通常用与被检工件材质相同或对射线吸收性能相似的材料制作。像质计中设有一些人为的有厚度差的结构（如槽、孔、金属丝等），其尺寸与被检工件的厚度有一定的数值关系。射线底片上的像质计影像可以作为一种永久性的证据，表明射线透照检验是在适当条件下进行的。但像质计的指示数值并不等于被检工件中可以发现的自然缺欠的实际尺寸。因为后者就缺欠本身来说，是缺欠的几何形状、吸收系数和三维位置的综合函数。

工业射线照相像质计大致有金属丝型、孔型和槽型三种。其中，金属丝型应用最广，中国、日本、德国、英国、美国以及国际标准均采用此种像质计。此外，美国采用平板孔型像质计，英国、法国还采用阶梯孔型像质计。如使用的像质计类型不同，即使照相方法相同，一般所得的像质计灵敏度也是不同的。

（2）丝型像质计的放置。像质计放置在工件表面对接接头的一端（在被检区长度的1/4左右位置），金属丝应横跨焊缝，细丝置于外侧。当一张胶片上同时透照多条对接接头时，像质计应放置在透照区最边缘的焊缝处。像质计处于较薄侧母材上的长度至少应为20mm，以确定像质计灵敏度。

1）双壁单影透照规定像质计放置在胶片侧。双壁双影透照规定像质计可放置在源侧，也可放置在胶片侧。

2）单壁透照规定像质计放置在源侧，如果像质计无法放置在源侧，允许放置在胶片侧，但应进行对比试验。对比试验方法是在射源侧和胶片侧各放一个像质计，用与工件相同的条件透照，测定出像质计放置在源侧和胶片侧灵敏度的差异，以此修正应识别像质计丝号，确保实际透照的底片灵敏度符合要求。

3）当像质计放置在胶片侧时，应在像质计上的适当位置放置铅字“F”作为标记，“F”标记的影像应与像质计的标记同时出现在底片上，且应在检测报告中注明。

4.3.1.5　暗袋（暗盒）

装胶片的暗袋可采用对射线吸收少而遮光性好的黑色塑料或合成革制作，要求材料薄、软、滑。用黑塑料制作的暗袋比较容易老化，天冷时发硬，热压合的暗袋边容易破裂，用黑色合成革缝制成的暗袋则可避免上述弊端。如采用以尼龙绸上涂布塑料的合成革缝制暗袋，由于暗袋内壁较为光滑，装片时，胶片、增感屏较易插入暗袋。

暗袋的尺寸，特别是其宽度要与增感屏、胶片尺寸相匹配，既能方便地出片、装片，又能使胶片、增感屏与暗袋很好地贴合。暗袋的外面画上中心标记线，可以在贴片时方便地对准透照中心。暗袋背面还应贴上铅质“B”标记（高 18mm，厚 1.6mm），以此作为监测背散射线的附件。由于暗袋经常接触工件，极易弄脏，因此要经常清理暗袋表面，如发现破损，应及时更换。

4.3.1.6　屏蔽铅板

为屏蔽后方散射线，应制作一些与胶片暗袋尺寸相仿的屏蔽板。屏蔽板由 1mm 厚的铅板制成。贴片时，将屏蔽铅板紧贴暗袋后面，以屏蔽后方散射线。

4.3.2　射线检测条件的选择

4.3.2.1　射线源、能量和胶片系统的选择

（1）射线源及能量的选择。选择哪种射线源和多大能量进行透照，一般应考虑的因素包括射线穿透能力和照相灵敏度。同时还应结合不同种类射线源设备的特点、检测环境条件等因素进行综合考虑，合理选择。

1）按穿透能力选择射线源和能量。选择射线源和能量需考虑的首要因素是足够的穿透能力。X 射线能量取决于管电压，随着管电压的升高，X 射线的平均波长变短，有效能量增大，线质变硬，穿透能力增强。对于 γ 射线来说，穿透力取决于放射线源的种类。由于放射性同位素发出的射线能量比较高，因此可以穿透很厚的材料。

2）按照相灵敏度选择射线源和能量。

照相灵敏度是选择射线源和能量需考虑的重要因素。选择过高的管电压，随着管电压的升高，衰减系数 μ 减小，对比度 ΔD 降低，固有不清晰度 U_i 增大，底片颗粒度也将增大，其结果是射线照相灵敏度下降。因此，从灵敏度角度考虑 X 射线能量选择的原则是：在保证穿透力的前提下，选择能量较低的管电压。

3）按射线机的特点选择。除穿透力和灵敏度外，X 射线检测机和 γ 射线检测机的其他不同特点也是需要考虑的因素。

（2）胶片系统的选择。胶片系统是指射线胶片、增感屏（材质和厚度）和冲洗条件（方式、配方、时间、温度）的组合。评价胶片的特性指标不仅与胶片有关，

还受增感屏和冲洗条件的影响。相对来说，冲洗条件的影响更大一些。冲洗应按胶片制造厂推荐的冲洗药品说明书进行。选择胶片系统，一方面要考虑射线检测达到的灵敏度要求，另一方面，当采用γ射线源对裂纹敏感性大的材料进行检测时，要考虑裂纹的检出率。

4.3.2.2 焦距的选择

焦距 F 等于透照距离 f 和工件至胶片距离 b 之和，即 $F=f+b$。在实际工作中，通常焦距的最小值采用计算或由诺模图查出。图 4-12 为《承压设备无损检测　第 2 部分：射线检测》（NB/T 47013.2—2015）（原 JB/T 4730.2—2005）标准给出的 AB 级射线检测技术确定焦点至工件表面距离 f 的诺模图。诺模图的使用方法如下：在 d 线和 b 线上分别找到有效焦点尺寸 d 和工件至胶片距离 b 对应的点，用直线连接这两个点，直线与 f 的交点即为透照距离 f 的最小值，而焦距最小值即为 $F_{min}=f+b$。

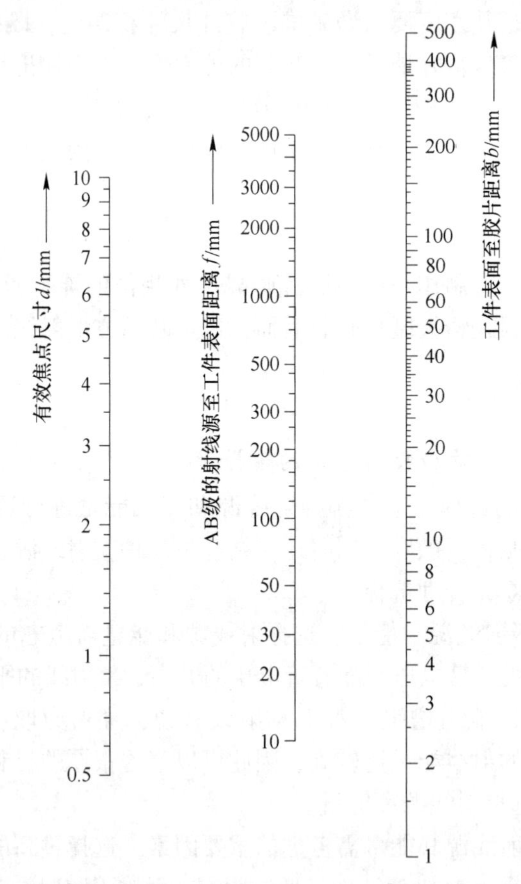

图 4-12　AB 级射线检测技术确定焦点至工件表面距离的诺模图

选择焦距的大小主要考虑的因素是焦距对几何不清晰度 U_g 的影响。一般实际透照采用的焦距应大于或等于最小焦距值，这是因为透照场的大小与焦距相关。焦距增大后，透照场范围增大，这样可以得到较大的有效透照长度，同时影像清晰度也进一步提高。

焦距的选择还与试件的几何形状及透照方式有关。例如，为得到较大的一次透照长度和较小的横向裂纹检出角，采用双壁单影法透照环缝时，往往选择较小的焦距；《承压设

备无损检测　第2部分：射线检测》（NB/T 47013.2—2015）标准规定，对环缝采用源在内中心透照法或源在内单壁透照法时，在保证底片黑度和像质计灵敏度符合要求的前提下，f值可分别减小规定值的50%和20%。这是因为源在内单壁透照比源在外单壁透照有更小的横向裂纹检出角和更大的一次透照长度，底片上的黑度也更均匀，这对照相灵敏度和缺欠检出是有利的。又因为单壁透照比双壁透照的灵敏度高得多，其灵敏度增量足以弥补因f值减小使几何不清晰度增大而造成的灵敏度损失。

4.3.2.3　曝光量的选择

曝光量可定义为射线源发出的射线强度与照射时间的乘积。对于X射线来说，曝光量是指管电流i与透照时间t的乘积（$E=it$）；对于γ射线来说，曝光量是指放射源活度A与照射时间t的乘积（$E=At$）。

曝光量是射线检测工艺中的一项重要参数。射线照相底片影像的黑度与胶片感光乳剂吸收的射线量有直接的关系。在透照时，如果固定射线源、试件厚度、焦距、胶片系统和给定的放射源或管电压，则底片黑度与曝光量有很好的对应关系，因此可以通过改变曝光量来控制底片黑度。X射线的总强度与管电压的平方成正比，采用较高的管电压进行透照，需要的曝光量必然较小。而管电压的提高直接影响影像的对比度、颗粒度，降低底片灵敏度。因此，为了保证X射线的照相质量，防止采用高电压短时间的曝光参数，《承压设备无损检测　第2部分：射线检测》（NB/T 47013.2—2015）标准推荐的曝光量值为：X射线照相，当焦距为700mm时，A级和AB射线检测技术不小于15mA·min，B级射线检测技术不小于20mA·min。当焦距改变时，可按平方反比定律进行换算。

4.3.2.4　透照方式的选择

对接焊接接头射线照相的基本透照方式如图4-13和图4-14所示，可分为10种。这些透照方式分别适用于不同的场合，其中单壁透照是最常用的透照方式。双壁透照一般用在射线源或胶片无法进入内部的小直径容器和管道的焊缝透照，双壁双影法一般只用于外直径D_o在100mm以下的小径管对接焊接接头射线照相。对T（壁厚）≤8mm且g（焊缝宽度）≤$D_o/4$的管子环焊缝，采用倾斜法透照；对T（壁厚）>8mm或g（焊缝宽度）>$D_o/4$的管子环焊缝，采用垂直法透照。

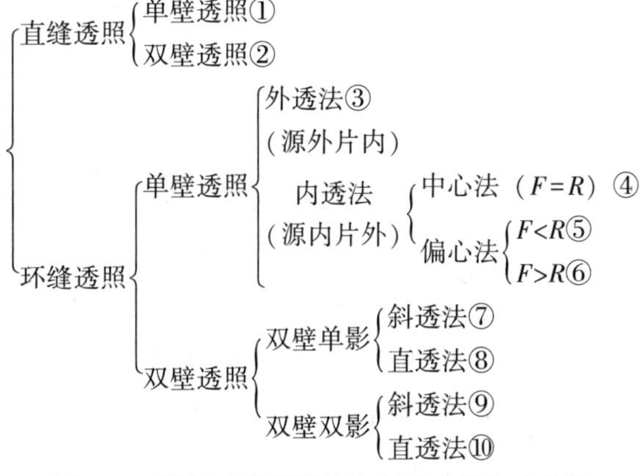

图4-13　常用对接焊接接头射线透照方式分类

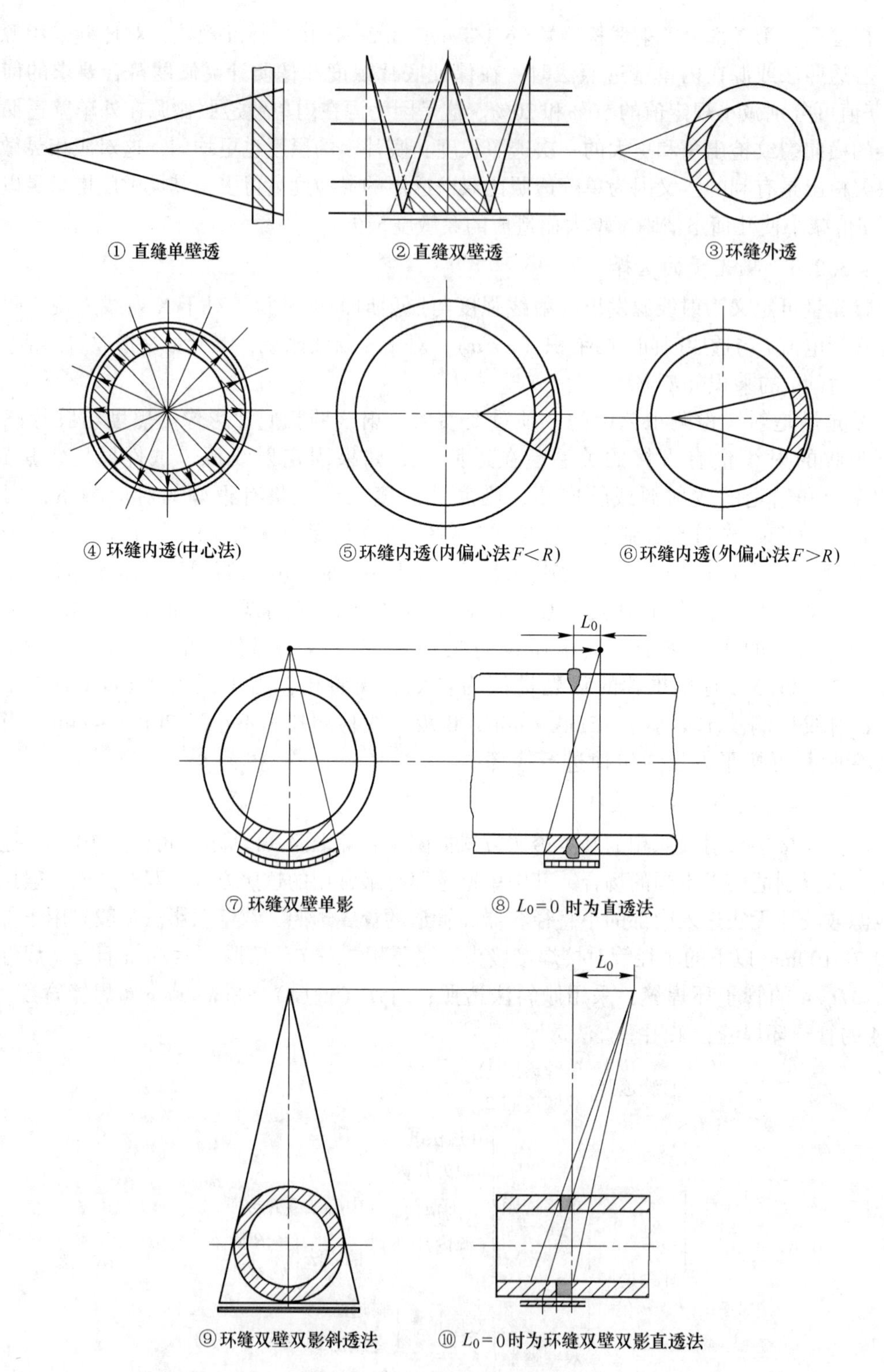

图 4-14 常用的对接焊缝透照方式

选择透照方式时，应综合考虑各方面的因素，权衡择优。有关因素包括：

(1) 照相灵敏度。在照相灵敏度存在明显差异的情况下，应选择有利于提高灵敏度的透照方式。例如，单壁透照的灵敏度明显高于双壁透照，在两种方式都能使用的情况下，无疑应选择前者。

（2）缺欠检出特点。有些透照方式特别适合于检出某些种类的缺欠，可根据检出缺欠的实际要求情况选择。例如，源在外的透照方式与源在内的透照方式相比，前者对容器内壁表面裂纹有更高的检出率；双壁透照的直透法比斜透法更容易检出未焊透或根部未熔合缺欠。

（3）透照厚度差和横向裂纹检出角。较小的透照厚度差和横向裂纹检出角有利于提高底片质量和裂纹检出率。环缝透照时，在焦距和一次透照长度相同的情况下，源在内透照法比源在外透照法具有更小的透照厚度差和横裂检出角，从这一点看，前者比后者优越。

（4）一次透照长度。各种透照方式的一次透照长度各不相同，选择一次透照长度较大的透照方式，可以提高检测速度和工作效率。

（5）操作方便性。一般来说，对容器透照，源在外的操作更方便一些。而球罐的 X 射线透照，上半球位置源在外、下半球位置源在内透照较方便。

（6）试件及检测设备具体情况。透照方式的选择还与试件及检测设备的情况有关。例如，当试件直径过小时，源在内透照可能不满足几何清晰度的要求，因而不得不采用源在外的透照方式。使用移动式 X 射线检测机，只能采用源在外的透照方式。使用 γ 射线源或周向 X 射线检测机时，选择源在内中心透照法对环焊缝周向曝光，更能发挥设备的优点。

值得强调的是，对环焊缝的各种透照方式中，以源在内中心透照周向曝光法为最佳。该方法透照厚度均一，横裂检出角为 0°，底片黑度、灵敏度俱佳，缺欠检出率高，且一次透照整条环缝，工作效率高，应尽可能选用。

4.3.3 焊缝射线检测的一般程序

透照操作应严格遵守工艺规定，具体操作程序、内容及有关要求简述如下。

A 试件检查及清理

试件上如有妨碍射线穿透或妨碍贴片的附加物，如设备附件、保温材料等，应尽可能去除。试件表面质量应经外观检查合格，如焊缝表面不规则状态可能掩盖或干扰底片上的缺欠图像时，应对表面进行打磨修整。

B 划线

按照工艺文件规定的检查部位、比例、一次透照长度，在工件上划线。采用单壁透照时，需要在试件两侧（射线侧和胶片侧）同时划线，并要求两侧所划的线段尽可能对准。采用双壁单影透照时，只需在试件一侧（胶片侧）划线。

C 像质计和标记摆放

按照标准和工艺的有关规定摆放像质计和各种铅字标记。

线型像质计应放在射线源线侧的工件表面上，位于被检焊缝区的一端（被检长度的 1/4 处），钢丝横跨焊缝，细丝置于外侧。单壁透照无法在射线源侧放置像质计时，可将其放在胶片侧，但必须进行对比试验，使实际能显示的像质计丝号达到规定要求。当像质计放胶片侧时，应在像质计上的适当位置加放“F”标记，以示区别。

当采用源在内（$F=R$）的周向曝光技术时，应至少在圆周上等间隔地放置3个像质计。

每张底片上的各种铅字标记应齐全，至少应包括中心标记、搭接标记（局部检测时称为有效区段标记）、产品（或工件）编号、焊缝编号、部位编号和透照日期。返修透照时，应加返修标记R。对余高磨平的焊缝透照，应加指示焊缝位置的圆点或箭头标记。

各种标记的摆放位置应距焊缝边缘至少5mm。

D 贴片

采用可靠的方法（磁铁、胶带等）将胶片（暗盒）固定在被检位置上，胶片（暗盒）应与工件表面紧密贴合，尽量不留间隙。

E 对焦

将射线源安放在适当位置，使射线束中心对准被检区中心，并使焦距符合工艺规定。

F 散射线遮挡

按照工艺的有关规定执行散射线遮挡措施。

G 曝光

在以上各步骤完成，并确定现场人员符合放射防护安全要求后，方可按照工艺规定的参数和仪器操作规则进行曝光。

曝光完成即为整个透照过程结束，曝光后的胶片应及时进行暗室处理。

H 显影

显影在整个胶片处理过程中具有特别重要的意义。即使是同一种胶片，如果采用不同的显影配方和操作条件，所表现的感光性能是不一样的，底片的主要质量指标，例如黑度、对比度、颗粒度等都受到显影的影响。

(1) 显影液的组成及作用。一般显影液中含有四种主要成分：显影剂、保护剂、促进剂和抑制剂。此外，有时还加入一些其他物质，例如坚膜剂和水质净化剂等。

1) 显影剂。显影剂的作用是将已感光的卤化银还原成金属银。常用的显影剂有米吐尔、菲尼酮、对苯二酚。它们各有不同的特点。显影配方通过选择不同的显影剂和不同的配比来调整显影性能。

2) 保护剂。保护剂的作用是阻止显影剂与进入显影液的氧发生作用，使其不被氧化。最常用的保护剂是亚硫酸钠。

显影剂在水溶液中，特别是在碱性溶液中很容易氧化，一旦氧化便失去显影能力。而产生的氧化物又会使溶液变黄，污染乳剂。亚硫酸钠具有更强的与氧化合的能力，因而能够优先与氧化合，减少显影剂的氧化。同时，亚硫酸钠能与显影剂的氧化产物作用，生成可溶的、无色的显影剂硫酸盐，从而延长显影液的使用寿命。

3) 促进剂。促进剂的作用是增强显影剂的显影能力和速度。各种有机显影剂的显影能力都随着溶液的pH增大而增强，因此大多数显影液都是碱性溶液。在显影过程中，每一个卤化银被还原成一个金属银原子时，就产生一个氢离子。为了不使pH局部降低而减缓显影速度，必须有足够的氢氧离子来中和氢离子。因此，显影液不仅要呈碱性，而且应具有保持碱性pH的良好的缓冲性能。通常使用的促进剂是一些强碱弱酸盐，如碳酸钠、硼砂，有时也用一些强碱，如氢氧化钠。

显影液的 pH 为 8~11，可通过改变促进剂的种类和数量来调节 pH。显影液中加入硼砂，pH 为 8.0~9.2；加入碳酸钠，pH 为 9.0~11.0；加入碳酸钠和氢氧化钠，pH 为 10.5~12.0。显影液的 pH 低，则显影速度较慢，所得影像颗粒较细，反差较小。显影液的 pH 高，则显影速度较快，所得影像颗粒较粗，反差较大，灰雾也增大。根据性质和作用，称硼砂为软性促进剂，碳酸钠为中性促进剂，氢氧化钠为硬性促进剂。

4）抑制剂。抑制剂的主要作用是抑制灰雾，常用的抑制剂包括溴化钾、苯丙三氮唑等。

不加抑制剂的显影液对已感光和未感光的溴化银颗粒的区别能力很小，从而有形成灰雾的倾向，在显影液中加入溴化钾后，离解出的溴离子会吸附在溴化银颗粒的周围，从而阻滞显影作用，但这种阻滞程度有所不同，对未感光的颗粒阻滞作用最大，而对已感光的溴化银颗粒阻滞作用最小，从而使显影灰雾降低。抑制剂在抑制灰雾的同时也抑制了显影速度，这样有利于显影均匀。此外，抑制剂对影像层次和反差也起着调节和控制作用。

（2）影响显影的因素。影响显影的因素很多，除配方外，显影时间、温度、搅动情况和显影液老化程度都对显影有明显影响。

1）时间对显影的影响。由于合适的显影时间与配方有关，所以配方都附有推荐的显影时间。对于手工处理，大多规定为 4~6min。显影时间进一步延长，虽然黑度和反差会增加，但影像颗粒和灰雾也将增大。而显影时间过短，将导致黑度和反差不足。图 4-15 反映了显影时间与反差和灰雾的关系。

2）温度对显影的影响。显影温度也与配方有关，手工处理的显影配方推荐的显影温度多在 18~21℃。温度高时，显影速度快；温度低时，显影速度慢。温度高时，对苯二酚显影能力增强，其结果使影响反差增大，同时灰雾也增大，颗粒变粗，此时药膜松软，容易划伤或脱落；温度低时，对苯二酚显影能力减弱，此时显影主要靠米吐尔作用，因此反差降低（见图 4-16）。

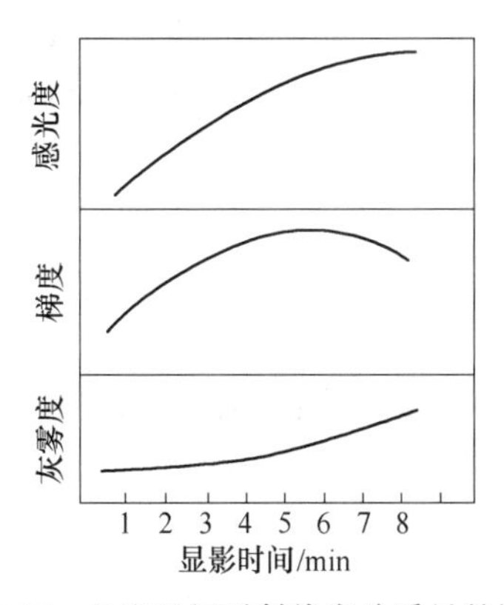

图 4-15　显影时间对射线底片质量的影响

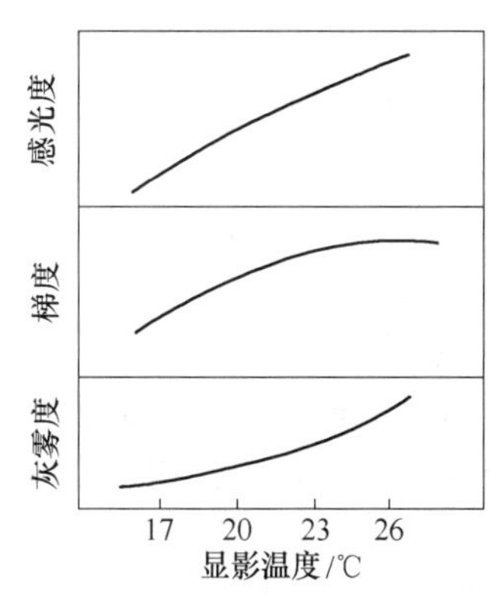

图 4-16　显影温度对射线底片质量的影响

3）搅动对显影的影响。在显影过程中进行搅动，可以使乳剂膜表面不断地与新鲜药液接触并发生作用，这样不仅使显影速度加快，而且保证了显影作用均匀。此外，由于感光多的部分显影反应迅速，与之接触的药液容易疲乏，不感光的部分显影作用少，药液较新鲜，故搅拌的结果是加速了感光多的部分的显影速度，从而提高了反差。

如果胶片在显影液中静止不动，则会使反应产生的溴化物无法扩散，造成显影不均匀的条纹。为保证显影均匀，应不断进行搅动操作，尤其是胶片进入显影液的最初一分钟的频繁搅动特别重要。

4）显影液活性对显影的影响。显影液的活性取决于显影剂的种类和浓度以及显影液的 pH。显影液在使用过程中，显影剂的浓度逐渐减少，显影剂氧化物逐渐增加，pH 逐渐降低，溶液中卤化物离子逐渐增加，将导致显影作用减弱，活性降低，这种现象称为显影液老化。使用老化的显影液，显影速度变慢，反差减小，灰雾增大。

为保证显影效果，可在活性减弱的显影液中加入补充液。补充液应具有比显影液更高的 pH 值，显影剂和亚硫酸盐浓度也应适度提高。补充液通常不含溴化物，如原配方中含有有机防灰雾剂，此时也应补充。每次添加的补充液最好不超过槽中显影液总体积的 2%或 3%，当加入的补充液达到原显影液体积的 2 倍时，药液必须废弃。

I 停显

从显影液中取出胶片后，一方面，显影作用并不立即停止，胶片乳剂层中残留的显影液还在继续显影，此时将胶片直接放入定影液，容易产生不均匀的条纹和两色性雾翳，两色性雾翳是极细的银粒沉淀，在反射光下呈蓝绿色，在透射光下呈粉红色；另一方面，如果胶片上残留的碱性显影液带进酸性定影液，则会污染定影液，并使 pH 升高，从而大大缩短定影液的寿命。因此，显影之后必须进行停显处理，然后进行定影。

停显液通常为 2%~3%的醋酸溶液，其他停显剂有酒石酸、柠檬酸、亚硫酸氢钠等。胶片放入停显液后，残留的碱性显影液被中和，pH 迅速下降至显影停止点，明胶的膨胀也得到控制。

停显时由于酸碱中和，乳剂层中产生的气泡从表面排出，故操作中应不停搅动。在热天或药液温度较高时，药膜极易损伤，可在停显液中加入坚膜剂——无水硫酸钠。

J 定影

显影后的胶片，其乳剂层中大约还有 70%的卤化银未被还原成金属银。这些卤化银必须从乳剂层中除去，才能将显影形成的影像固定下来，这一过程称为定影。在定影过程中，定影剂与卤化银发生化学反应生成溶于水的络合物，但对已还原的金属银则不发生作用。

（1）定影液的组成及作用。定影液包含有四种组分：定影剂、保护剂、坚膜剂、酸性剂。

1）定影剂。

定影剂是定影液的主要成分，常用的定影剂为硫代硫酸钠，又称为大苏打或海波，有时也使用硫代硫酸铵，后者有快速定影作用。

硫代硫酸根离子可与银离子反应生成多种形式的络合物并溶于水中，同时卤离子也进入溶液，但并不参与反应，这样卤化银就从乳剂层中除去而溶解在定影液中。

2）保护剂。硫代硫酸钠在酸性溶液中易发生分解析出硫而失效，需要使用保护剂来阻止这种现象的发生。常用的保护剂为无水亚硫酸钠，亚硫酸根离子能与氢离子结合，从而抑制硫代硫酸钠的分解。

3）坚膜剂。在定影过程中，胶片乳剂层吸水膨胀，易造成划伤和药膜脱落，因此需要在定影液中加入坚膜剂。另外，使用坚膜剂能降低胶片的吸水性，便于干燥。

常用的坚膜剂有硫酸铝钾（钾明矾）、硫酸铬钾（钾铬矾），后者的坚膜能力优于前者，两种坚膜剂都适用于酸性定影液，坚膜效果最佳的 pH 约为 4.3。

4）酸性剂。为中和停显阶段未除净的显影液碱性物质，通常将定影液配制成酸性溶液，加入的酸性物质通常是醋酸和硼酸。

醋酸在常温下呈白色晶体状，又称为冰醋酸。硼酸为无色的结晶透明晶粒。

定影液的 pH 一般控制在 4~6，若 pH 低于 4，则硫代硫酸钠易发生分解而析出硫；当 pH 高于 6 时，坚膜剂会发生水解而形成氢氧化铝沉淀。其中，硫酸铝钾比硫酸铬钾更易水解，单纯硫酸铝钾溶液在 pH 升至 4.2 时即开始水解。硼酸可抑制水解的发生，定影液中加入硼酸后，可将硫酸铝钾不发生水解的 pH 升高至 6.5。

（2）影响定影的因素。影响定影的主要因素有定影时间、定影温度、定影液老化程度及定影时的搅动：

1）定影时间。定影过程中，胶片乳剂膜的乳黄色消失，变为透明的现象称为“通透”，从胶片放入定影液直至通透的这段时间称为“通透时间”。通透现象出现意味着胶片乳剂层中未显影的卤化银已被定影剂溶解，但要使被溶解的银盐从乳剂中渗出进入定影液，还需要附加时间。因此，定影时间应明显多于通透时间。为保险起见，规定整个定影时间为通透时间的 2 倍。

定影速度因定影配方的不同而异，同时受以下因素的影响：卤化银的成分、颗粒大小，乳剂层厚度，定影温度，搅动，定影液老化程度。射线照相胶片在标准条件下，采用硫代硫酸钠配方的定影液，所需的定影时间一般不超过 15min。如采用硫代硫酸铵作定影剂，定影时间将大大缩短。

2）定影温度。温度影响定影速度，随着温度的升高，定影速度将加快。但如果温度过高，胶片乳剂膜过度膨胀，容易造成划伤或药膜脱落。因此，需要对定影温度作适当控制，通常规定为 16~24℃。

3）定影液的老化程度。在定影液的使用过程中，定影剂不断消耗，浓度变小，而银的络合物和卤化物不断积累，浓度增大，使得定影速度越来越慢，所需时间越来越长，此现象称为定影液的老化。老化的定影液在定影时会生成一些较难溶的银盐络合物，虽经过水洗，也难以除去，仍残留在乳剂层中，经过若干时间后，会分解出硫化银，使底片变黄，因此，对使用的定影液，当其需要的定影时间已长到新液所需时间的 2 倍时，即认为已经失效，需要换新液。

4）定影时的搅动。搅动可以提高定影速度，并使定影均匀。在胶片刚放入定影液中时，应做多次抖动。在定影过程中，应适当搅动，一般每两分钟搅动一次。

K 水洗

胶片在定影后，应在流动的清水中冲洗 20~30min，其目的是将胶片表面和乳剂膜内吸附的硫代硫酸钠及银盐络合物清除掉，否则银盐络合物会分解产生硫化银，硫代硫酸钠也会缓慢地与空气中的水分和二氧化碳作用，产生硫和硫化氢，最后与金属银作用生成硫化银。硫化银会使射线底片变黄，影像质量下降，为使射线底片具有稳定的质量，能够长期保存，必须进行充分的水洗。

推荐采用 16~22℃ 的流动清水冲洗底片。但由于冲洗用水大多为自来水，水温往往超出上述范围，当水温较低时，应适当延长水洗时间；当水温较高时，应适当缩短水洗时间，同时应注意保护乳剂膜，避免损伤。

L 干燥

干燥的目的是去除膨胀的乳剂层中的水分。

为防止干燥后的底片产生水迹，可在水洗后、干燥前进行润湿处理，即把水洗后的湿底片放入润湿液（浓度约为0.3%的洗洁精水溶液）中浸润约1min，然后取出，使水从胶片表面流光，再进行干燥。

干燥的方法有自然干燥和烘箱干燥两种。自然干燥时将胶片悬挂起来，在清洁通风的空间晾干。烘箱干燥是把胶片悬挂在烘箱内，用热风烘干，热风温度一般不应超过40℃。有条件的可采用干片机干燥。

4.3.4 焊缝射线底片的评定

4.3.4.1 评片基本知识

观察底片的操作可分为两个阶段，即通览底片和影像细节观察。

(1) 通览底片。通览底片的目的是获得焊接接头质量的总体印象，找出需要分析研究的可疑影像。通览底片时必须注意，评定区域不仅仅是焊缝，还包括焊缝两侧的热影响区，对这两部分区域都应仔细观察。

(2) 影像细节观察。影像细节观察是为了做出正确的分析判断。因细节的尺寸和对比度极小，故识别和分辨是比较困难的，为尽可能看清细节，常采用下列方法：

1）调节观片灯亮度，寻找最适合观察的透过光强。

2）用黑纸框等物体遮挡住细节部位邻近区域的透过光线，提高表观对比度（对显示缺欠不起作用的光线进入评片人眼中，使观察到的缺欠对比度 ΔD 下降至 ΔD_{α} 的对比度称为表观对比度）。

3）使用放大镜进行观察。

4）移动底片，不断改变观察距离和角度。

4.3.4.2 焊接缺欠影像分析

底片上的影像千变万化，形态各异，评片人员从底片上能获得的不仅仅是缺欠情况，还能了解到一些试件结构、几何尺寸、表面状态以及焊接和照相投影等方面的情况并进行综合分析，有助于做出正确的评定。

(1) 裂纹。底片上裂纹的典型影像是轮廓分明的黑线和黑丝，其细节特征包括：黑线有微小的锯齿，有分叉，粗细和黑度有时变化，有些裂纹影像呈较粗的黑线与较细的黑线相互交织在一起；线的端部尖细，端头前方有时有丝状阴影延伸。按其形态，裂纹可分为纵向裂纹、横向裂纹、弧坑裂纹和放射裂纹（星形裂纹）。裂纹可能发生在焊接接头的任何部位，包括焊缝和热影响区，如图4-17所示。

(2) 未熔合。未熔合可分为根部未熔合、坡口未熔合、层间未熔合。

1）根部未熔合。根部未熔合在底片上的特征是一条细直黑线，有时黑线靠母材一侧轮廓整齐且黑度较大，为坡口或钝边的痕迹，靠焊缝中心一侧轮廓可能较规则，也可能不规则，有时呈曲齿状。根部未熔合在底片上的位置一般处于焊缝中间，因坡口形状透照角度等原因也可能偏向一边，如图4-18所示。

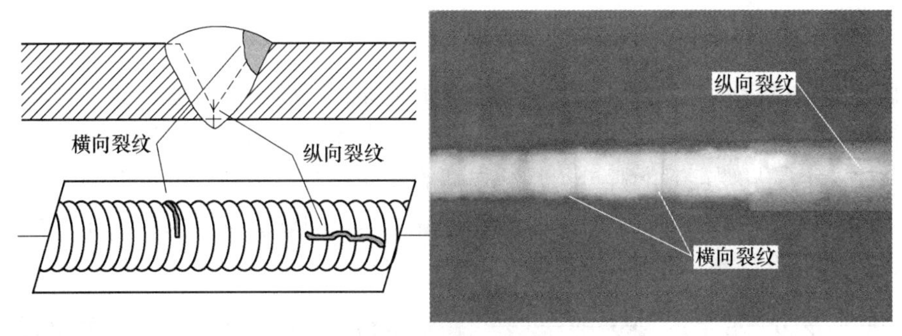

图 4-17 裂纹底片

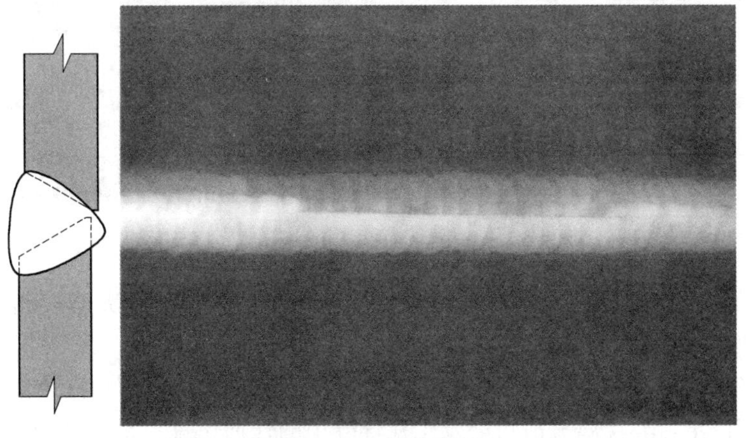
图 4-18 根部未熔合底片

2）坡口未熔合。坡口未熔合的影像特征呈月牙形，靠焊缝边缘一侧是连续或断续的黑直线，靠焊缝中心一侧轮廓不规则，由外向内宽度不一，黑度逐渐变淡。坡口未熔合在底片上的位置一般在焊缝中心至边缘的 1/2 处，沿焊缝纵向延伸，如图 4-19 所示。

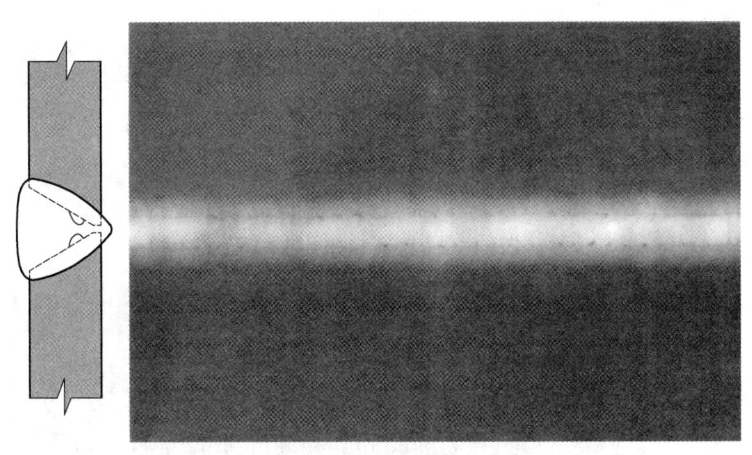
图 4-19 坡口未熔合底片

3）层间未熔合。层间未熔合的影像特征是黑度不大的片状影像，形状不规则，有时伴有夹渣，夹渣部位的黑度较大。

(3) 未焊透。按其焊接方法，未焊透可分为单面根部未焊透、双面焊坡口钝边处中心未焊透和带衬垫的根部未焊透。

未焊透的影像特征是黑直线，两侧轮廓都很整齐，宽度一般为坡口钝边间隙宽度，有时坡口钝边有部分熔化，影像轮廓变得不很整齐，直线宽度和黑度有局部变化，有时还伴有点状缺欠。但是只要能判断是处于焊缝根部的线性缺欠，仍判定为未焊透。未焊透呈断续或连续分布，有时能贯穿整张片，一般在焊缝中部，因透照角度或焊偏等原因也可能偏向一侧，如图 4-20 所示。

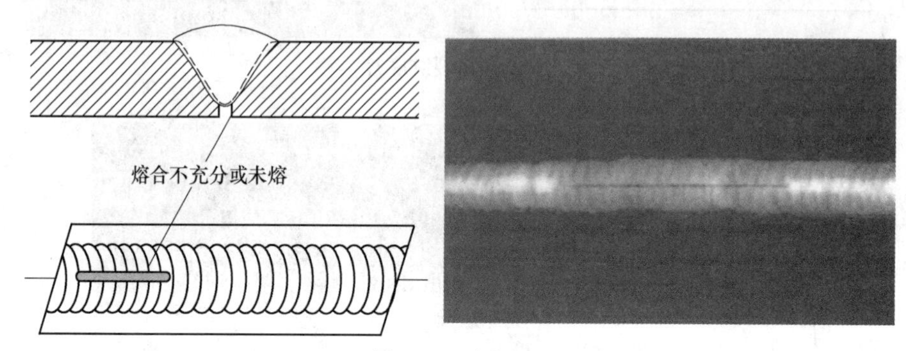

图 4-20 未焊透

(4) 夹渣。按其成分，夹渣可分为金属夹渣和非金属夹渣，夹渣按其形状可分为点状（块状）夹渣和条状夹渣。

非金属夹渣的影像特征是黑点、黑条和黑块，形状不规则，黑度变化无规律，轮廓不圆滑，有的带棱角。非金属夹渣可能发生在焊缝中的任何位置。条状夹渣的延伸方向多与焊缝平行，如图 4-21 所示，点状夹渣则多分布于坡口结合处，如图 4-22 所示。

钨夹渣只产生在非熔化极氩弧焊焊缝中，在底片上多呈现为白色亮点，尺寸一般不大，形状不规则，大多数情况是以单个形式出现，少数情况是以弥散状态出现，如图 4-23 所示。

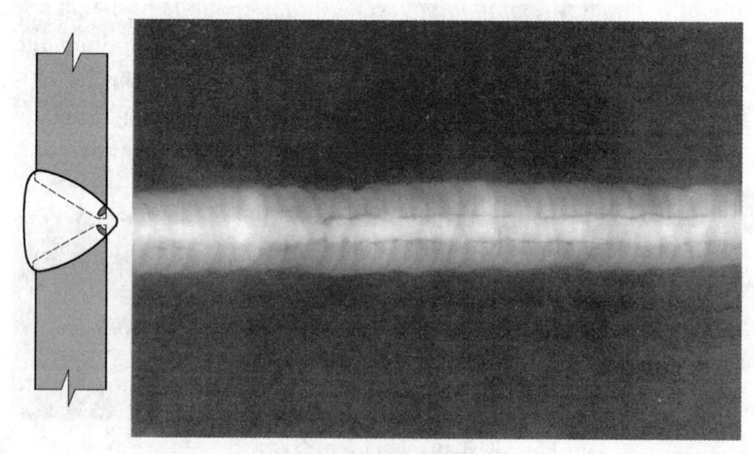

图 4-21 条状夹渣底片

(5) 孔穴。在焊缝中常见的气孔从形状上可分为球状气孔、条状气孔和其他形状不规则的气孔。按气孔的分布，气孔可分为密集、链状气孔和单个气孔，如图 4-24 和图

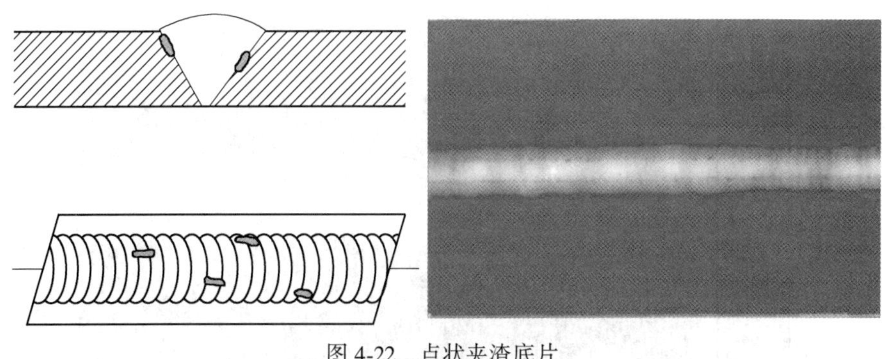

图 4-22　点状夹渣底片

图 4-23　钨夹渣底片

4-25所示。

气孔的影像特征是黑色圆点，也有呈黑线（线状气孔）或其他不规则形状的。气孔的轮廓比较圆滑，其黑度中心较大，边缘稍淡。气孔可以发生在焊缝的任何部位，手工单面焊的根部线状气孔、双面焊的链状气孔、焊缝中心线两侧的虫状气孔等，它们是气孔形状与产生部位有对应规律的例子。

针孔直径较小，但是影像黑度较大，一般发生在焊缝中心。夹珠是另一类特殊的气孔，它是由前一道焊接生成的气孔，被后一道焊接熔穿，铁水流进气孔的局部空间而形成的。夹珠在底片上的影像为黑色气孔中含着一个白色圆珠。

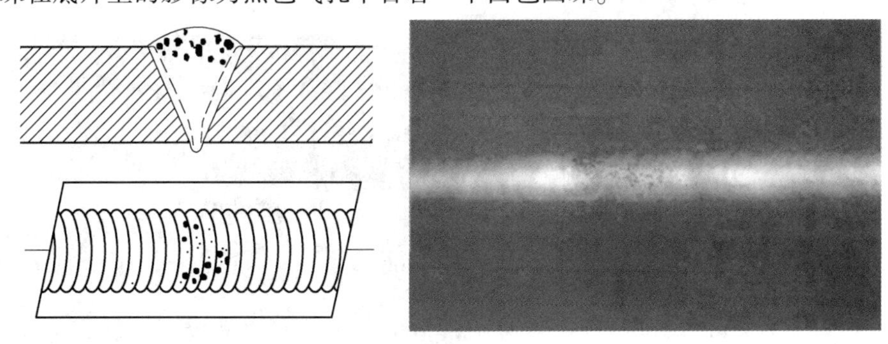

图 4-24　密集气孔

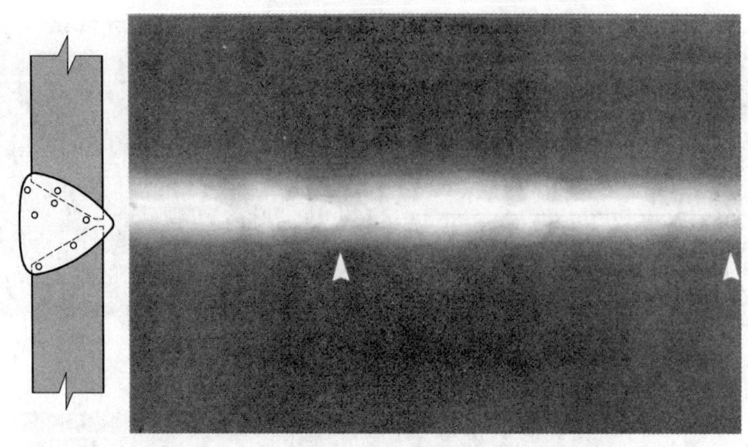

图 4-25　单个气孔

（6）咬边。咬边是沿焊趾的母材部位被电弧熔化时所形成的沟槽或凹陷。咬边有连续和断续之分。咬边在底片的焊缝边缘，靠母材侧呈现出粗短的黑色条状影像，黑度不均匀，轮廓不明显，形状不规则，两端无尖角。咬边可为焊趾咬边和根部（包括带垫板的焊根）咬边，如图 4-26 所示。

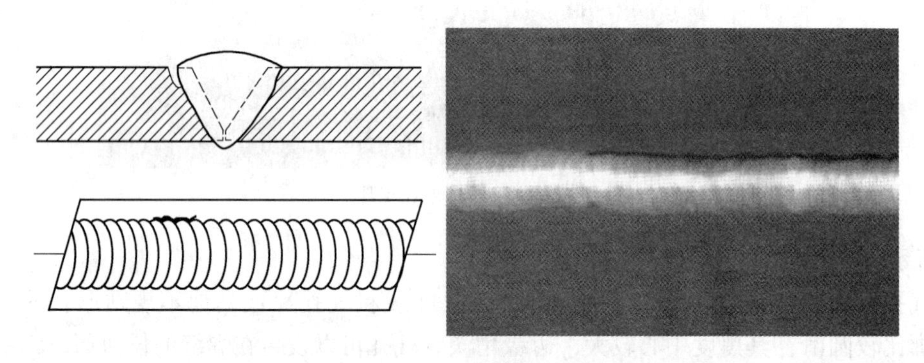

图 4-26　咬边

（7）内凹。内凹是单面焊焊缝根部所形成的低于母材的局部低洼部分，多出现在全位置焊的仰焊部位，它是在焊接过程中熔敷金属冷却下塌，在根部形成较圆滑的收缩沟。内凹在底片上的焊缝影像中多呈不规则的长形黑化区域，黑度由焊缝边缘向中心逐渐增大，轮廓不清晰，如图 4-27 所示。

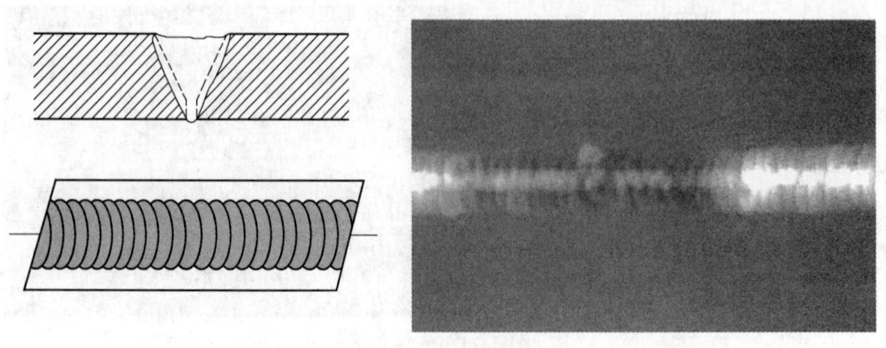

图 4-27　内凹

（8）收缩沟。收缩沟是在焊缝收缩过程中，沿背面焊道的两侧或中间形成的根部收缩沟槽或缩根。收缩沟在底片焊缝中呈两侧或焊道中间黑度不均匀、轮廓欠清晰、外形呈米粒状的黑色影像，如图4-28所示。

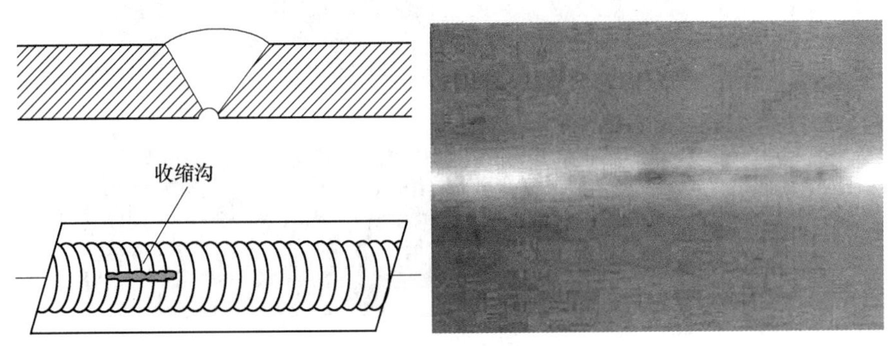

图4-28　收缩沟

（9）烧穿。烧穿是在焊接过程中，熔敷金属由焊缝背面流出后所形成的空洞。烧穿可分为完全烧穿（背面可见洞穴）和不完全烧穿（背面仅能见凹坑），烧穿大多伴随塌漏同生。在底片的焊缝影像中，烧穿形貌多为不规整的圆形，黑度大而不均匀，轮廓清晰，如图4-29所示。

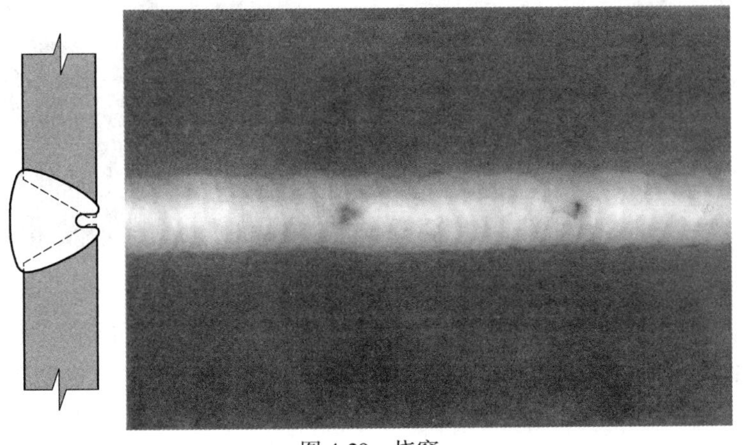

图4-29　烧穿

（10）焊瘤。熔敷根焊道时，因短暂的热量过度输入而引起的根部余高过大，形成的凸起称为焊瘤。焊瘤在焊缝底片上的影像多呈中间白、向外黑度逐渐加大的圆形或椭圆形，如图4-30所示。

（11）错边。错边是由于椭圆度差异或厚度不同而引起的，常发生在管道对接环缝中水平位置接头的对口上。错边在底片上的主要特征是在焊根的一侧出现黑直线，明显可见是钝边加工痕迹，轮廓清晰，黑度不均匀，从焊根的焊趾线向焊缝中心，黑度逐渐减小，直至边界消失。焊根形成的黑色是边蚀效应所致，如图4-31所示。

（12）常见伪缺欠影像及识别方法。伪缺欠是指由于照相材料、工艺或操作不当，在底片上留下的影像。常见的伪缺欠有以下几种：

1）划痕。划痕是指胶片被尖锐物体划过，在底片上留下的黑线，划痕细而光滑，十分清晰。划痕的识别方法主要是借助反射光线观察，可以看到底片上的药膜有划伤痕迹。

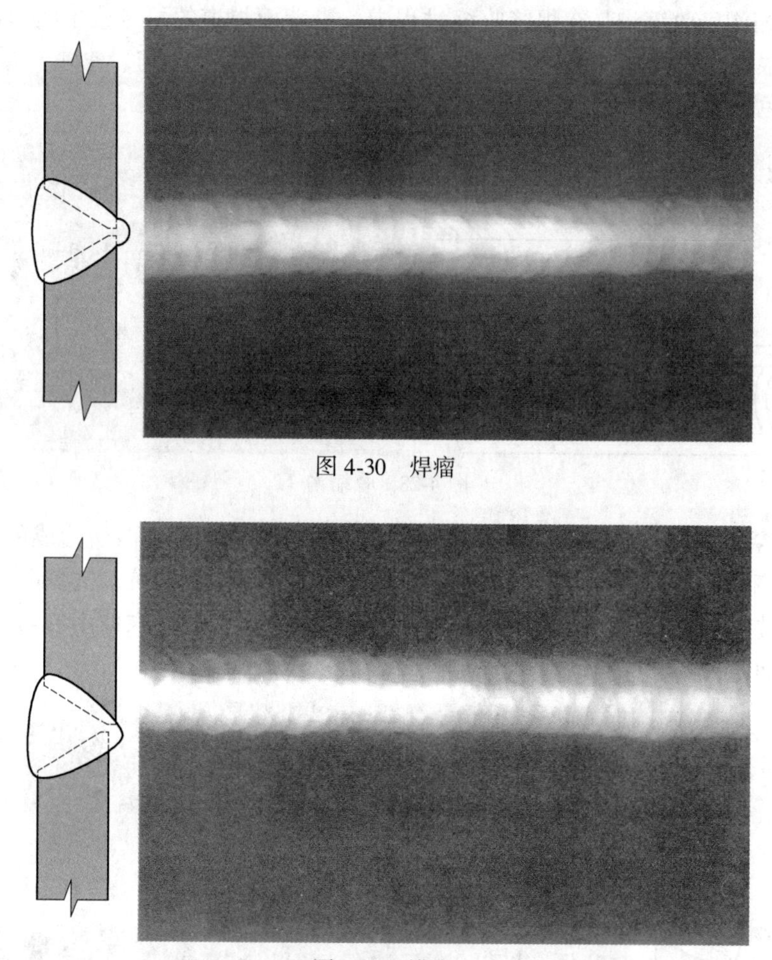

图4-30 焊瘤

图4-31 错边

2）压痕。胶片局部受压会引起局部感光，从而在底片上留下压痕。压痕是黑度很大的黑点，其大小与受压面积有关。借助反射光观察，可以看到底片上的药膜有压伤痕迹。

3）折痕。胶片受弯折，会发生减感或增感效应。曝光前受折，折痕为白色影像；曝光后受折，折痕为黑色影像。最常见的折痕形状呈月牙形。借助反射光观察，可以看到底片有折伤痕迹。

4）水迹。由于水质不好或底片干燥处理不当，会在底片上出现水迹，水滴流过的痕迹是一条黑线或黑带，水滴最终停留的痕迹是黑色的点或弧线。水迹可以发生在底片的任何部位，黑度一般不大，水流痕迹直而光滑，可以找到起点和终点。水珠痕迹形状与水滴一致，借助反射光观察有时可以看到底片上的水迹处药膜有污物痕迹。

5）静电感光。胶片在生产过程中切装片时，因摩擦产生的静电发生放电现象而使胶片感光，在底片上留下黑色影像，称为静电感光。静电感光影像以树枝状为最常见，也有点状或冠状斑纹影像。

6）显影斑纹。由于曝光过度，显影液温度过高，浓度过大而导致快速显影，或因显影时搅动不及时，均会造成显影不均匀，从而产生显影斑纹。

显影斑纹呈黑色条状或宽带状，在整张底片范围内出现，影像对比度不大，轮廓模糊，一般不会与缺欠影像混淆。

7）显影液沾染。显影操作开始前，胶片上沾染了显影液。沾上显影液的部位提前显影，黑度比其他部位大，影像可能是点、条或成片区域的黑影。

8）定影液沾染。显影操作开始前，胶片上沾染了定影液。沾上定影液的部位发生定影作用，使得该部位的黑度小于其他部位，影像可能是点、条或成片区域的白影。

9）增感屏伪缺欠。由于增感屏的损坏或污染使局部增感性能改变而在底片上留下的影像，称为增感屏伪缺欠。例如，增感屏上的折裂或划伤会在底片上造成黑色伪缺欠影像，而增感屏上的污物在底片上生成白色影像。增感屏引起的伪缺欠，在底片上的形状和部位与增感屏上完全一致。当增感屏重复使用时，伪缺欠会重复出现，避免此类伪缺欠的方法是经常检查增感屏，及时淘汰已损坏的增感屏。

底片上的其他伪缺欠还有：因胶片质量不好或暗室处理不当而引起的药膜脱落，网纹、指印、污染等，因胶片保存或使用不当而造成的漏光、霉点等。

4.3.4.3　底片质量等级评定

底片质量等级评定是X射线检测过程中最为重要的环节之一，它直接关系被检产品和结构的质量等级以及后续是否可以继续使用。因此，在X射线底片质量等级评定过程中技术人员应具有较好的专业基础和较强的技术水平。

下面参照《承压设备无损检测　第2部分：射线检测》（NB/T 47013.2—2015）的相关要求，对底片质量等级评定进行介绍。

A　质量分级一般规定

（1）Ⅰ级焊接接头内不允许存在裂纹、未熔合、未焊透和条形缺欠。

（2）Ⅱ级和Ⅲ级焊接接头内不允许存在裂纹、未熔合和未焊透。

（3）圆形缺欠评定区内同时存在圆形缺欠和条形缺欠时，应进行综合评级，即分别评定圆形缺欠评定区内圆形缺欠和条形缺欠的质量级别，将两者级别之和减1作为综合评级的质量级别。（当缺欠长轴与短轴比大于3时称为条状缺欠，当缺欠的长轴与短轴比小于或等于3时称为圆形缺欠。）

（4）除综合评级外，当各类缺欠评定的质量级别不同时，应以最低的质量级别作为焊接接头的质量级别。

（5）焊接接头中缺欠评定的质量级别超过Ⅲ级时一律定为Ⅳ级。

B　圆形缺欠的质量分级

圆形缺欠用圆形缺欠评定区进行质量分级评定，圆形缺欠评定区为一个与焊缝平行的矩形，其尺寸见表4-4。圆形缺欠评定区应是整个被检测产品或结构中缺欠最严重的区域，进而保证评定结果能代表整个产品的最大缺欠等级。在圆形缺欠评定区内或与圆形缺欠评定区边界线相割的缺欠均应划入评定区内，将评定区内的缺欠按表4-5的规定换算为点数，按表4-6的规定评定焊接接头的质量级别。

由于被检测产品的材质或结构等原因，进行返修可能会产生不利后续的焊接接头。因此，各级别的圆形缺欠点数可适当放宽1~2点。

对致密性要求高的焊接接头，底片评定人员应考虑将圆形缺欠的黑度作为评级的依据。通常将影像黑度大、可能影响焊缝致密性的圆形缺欠定义为深孔缺欠，当焊接接头存在深孔缺欠时，其质量级别应评为Ⅳ级。

表 4-4 钢、镍、铜制承压设备熔化焊焊接接头缺欠评定区 （mm）

母材公称厚度 *T*	≤25	>25~100	>100
评定区尺寸	10×10	10×20	10×30

表 4-5 钢、镍、铜制承压设备熔化焊焊接接头缺欠点数换算表

缺陷长径/mm	≤1	>1~2	>2~3	>3~4	>4~6	>6~8	>8
缺陷点数	1	2	3	6	10	15	25

表 4-6 钢、镍、铜制承压设备熔化焊焊接接头允许的圆形缺欠点数

评定区/mm^2	10×10			10×20		10×30
母材公称厚度 *T*/mm	≤10	>10~15	>15~25	>25~50	>50~100	>100
Ⅰ级	1	2	3	4	5	6
Ⅱ级	3	6	9	12	15	18
Ⅲ级	6	12	18	24	30	36
Ⅳ级	缺陷点数大于Ⅲ级或缺陷长径大于 *T*/2					

注：当母材公称厚度不同时，取较薄板的厚度。

当缺欠的尺寸小于表 4-7 的规定时，分级评定时不计该缺欠的点数。质量等级为Ⅰ级的焊接接头和母材公称厚度 *T*≤5mm 的Ⅱ级焊接接头，不计点数的缺欠在圆形缺欠评定区内不得多于 10 个，超过时该焊接接头质量等级应降低一级。

表 4-7 钢、镍、铜制承压设备熔化焊焊接接头不计点数的缺欠尺寸 （mm）

母材公称厚度 *T*	缺陷长径
T≤25	≤0.5
25<*T*≤50	≤0.7
T>50	≤1.4%·*T*

C 条形缺欠的质量分级

当缺欠的长轴与短轴的比值大于 3 时，此时的缺欠等级评定以条状缺欠为准，具体的质量等级评定依据见表 4-8。

表 4-8 钢、镍、铜制承压设备熔化焊焊接接头允许的条形缺欠长度 （mm）

级别	单个条形缺陷最大长度	一组条形缺陷累计最大长度
Ⅰ	不允许	
Ⅱ	≤*T*/3（最小可为 4）且≤20	在长度为 12*T* 的任意选定条形缺陷评定区内，相邻缺陷间距不超过 6*L* 的任一组条形缺陷的累计长度应不超过 *T*，但最小可为 4

续表 4-8

级别	单个条形缺陷最大长度	一组条形缺陷累计最大长度
Ⅲ	≤2T/3（最小可为 6）且≤30	在长度为 6T 的任意选定条形缺陷评定区内，相邻缺陷间距不超过 3L 的任一组条形缺陷的累计长度应不超过 T，但最小可为 6
Ⅳ	大于Ⅲ级	

注：1. L 为该组条形缺陷中最长缺陷本身的长度；T 为母材公称厚度，当母材公称厚度不同时取较薄板的厚度值。
2. 条形缺陷评定区是指与焊缝方向平行的、具有一定宽度的矩形区，T≤25mm，宽度为 4mm；25mm<T≤100mm，宽度为 6mm；T>100mm，宽度为 8mm。
3. 当两个或两个以上条形缺陷处于同一直线上、且相邻缺陷的间距小于或等于较短缺陷长度时，应作为 1 个缺陷处理，且间距也应计入缺陷的长度之中。

4.3.5 典型实例分析

有一台在用压缩机出口分液罐如图 4-32 所示，产品编号为 1402，容器类别为Ⅱ类，材料牌号为 Q245R，容器规格为 ϕ800mm×1500mm×12mm，其他工艺接管的规格尺寸及开孔方位如图 4-32 所示。该企业检验部门在对该台容器进行全面检验时，制定的检验方案中包括对该容器焊缝 B1 进行 100%射线检测，对其他各条对接焊缝（公称直径小于 250mm 的接管焊缝除外）进行不小于 20%的射线检测，并要求按《承压设备无损检测　第 2 部分：射线检测》（NB/T 47013.2—2015）的 AB 级评定，不低于Ⅲ级为合格（假设不考虑在用压力容器超出制造标准的缺欠允许适度放宽来划分安全状况等级的问题）。

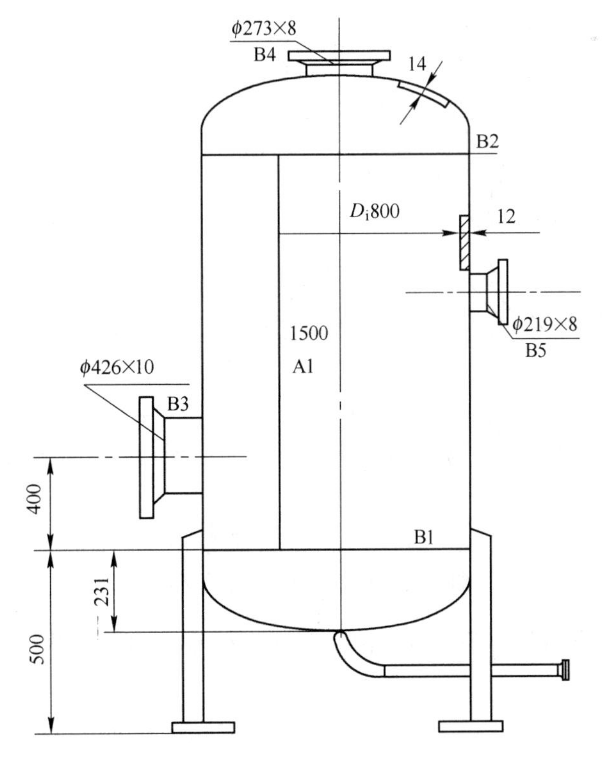

图 4-32　在用压缩机出口分液罐（单位：mm）

拥有的X射线检测机：型号250EG-S_3，焦点尺寸2mm×2mm，管电流5min；型号200EGB1C，焦点尺寸1.0mm×3.5mm，管电流5min。其曝光曲线分别如图4-33和图4-34所示。另有如下器材可供选择：胶片Agfa C7、天津Ⅲ型；规格360mm×80mm、240mm×80mm、180mm×80mm的增感屏：Pb 0.03mm；冲洗方式为手工冲洗。

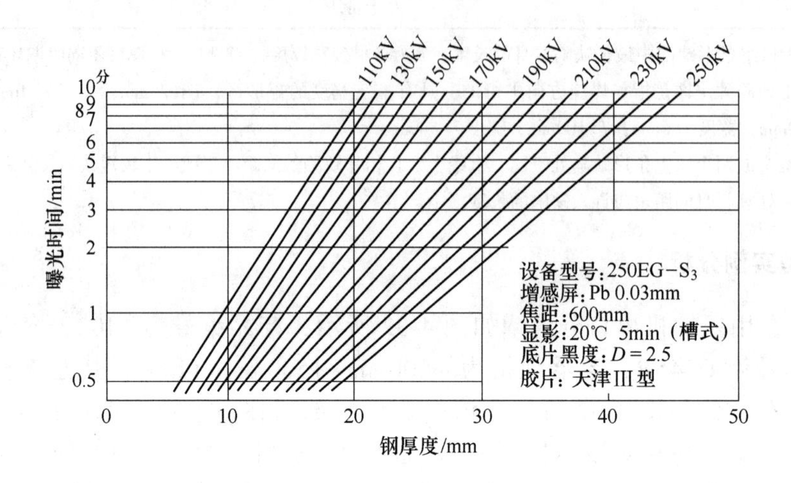

图4-33 250EG-S_3定向X射线检测机曝光曲线图

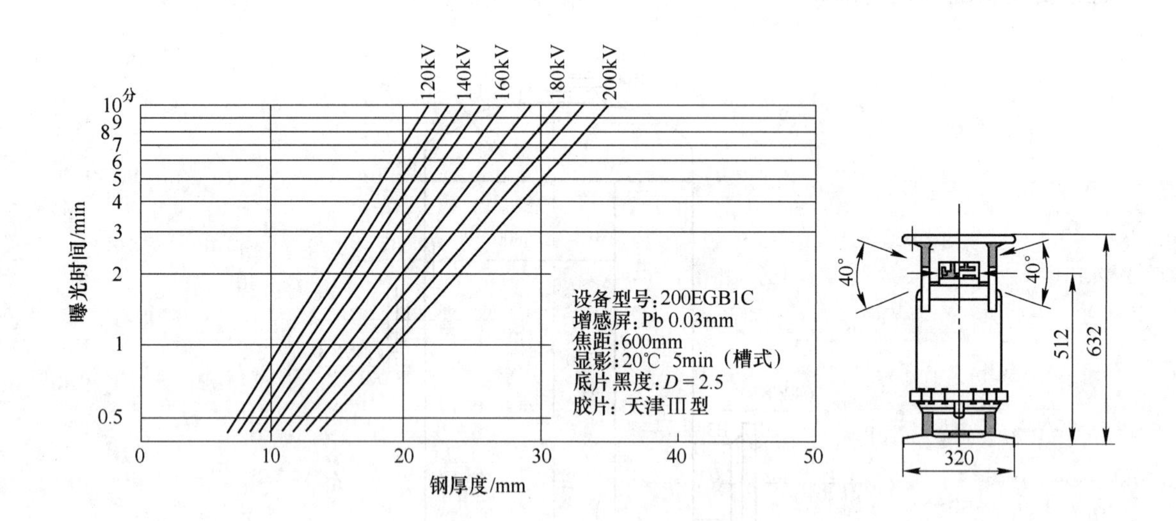

图4-34 200EGB1C周向X射线检测机曝光曲线及机头结构图（单位：mm）

编制一份该台容器焊缝射线检测工艺卡（编号××××），如表4-9所示。

表 4-9 射线检测工艺卡

工艺卡编号：1402 共 页 第 页

工件	产 品 名 称	压缩机出口分液罐	产品（制造）编号	××××
	材 料 牌 号	Q245R	规 格/mm	800×1500×12
器材	源 种 类	☑X ☐Ir192 ☐Co60	设 备 型 号	200EGB1C / 250EG-S_3
	焦 点 尺 寸/mm	1.0×3.5/2.5×2.5	胶 片 牌 号	天津Ⅲ型
	增 感 方 式 ☑Pb ☐Fe	前屏 0.03 mm 后屏 0.03 mm	胶 片 规 格 mm	360×80/240×80 /180 ×80
	屏 蔽 方 式	背衬薄铅板	冲 洗 方 式	☐自动 ☑手工
	显影液配方	胶片厂家配方	显 影 条 件	时间 4~8min 温度 18~21℃

检测工艺参数	焊 缝 编 号	A1	B1	B2	B3	B4
	板 厚/mm	12	12	12	10	8
	像质计型号	Fe10/16	Fe10/16	Fe10/16	Fe10/16	Fe10/16
	透 照 方 式	单壁外透	中心透照	单壁外透	中心透照	双壁单影
	f（焦距）/mm	(700)	(414)	(600)	(215)	(600)
	能 量/kV	120	120	120	120	140
	管电流/mA	5	5	5	5	5
	曝光时间/min	4	1.5	3	0.5	3
	应识别丝号	12	12	12	13	13F
	焊缝长度/mm	1500	2589	2589	1339	858
	一次透照长度/mm	342	324	210	320	150
	拍片数量/片	1	8	3	1	2
合格级别		Ⅲ	Ⅲ	Ⅲ	Ⅲ	Ⅲ
检测比例		≥20%	100%	≥20%	≥20%	≥20%

技术要求	1. 检测标准：NB/T 47013.2—2015； 2. 射线检测技术等级：AB 级； 3. 底片黑度范围 D：2.0~4.0； 4. 本工艺卡未规定事宜，按射线通用工艺规程执行； 5. 补充说明：透照 B1、B3 焊缝使用 200EGB1C 检测机，其他采用 250EG-S_3检测机。

透照部位示意图：

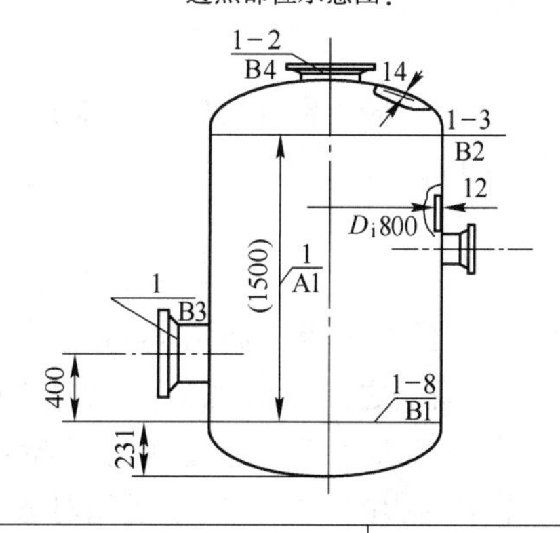

编制人（资格）：×× Ⅱ ××××年 ××月××日	审核人（资格）：×× Ⅱ （或Ⅲ）×××年 ××月××日

4.4 射线实时图像法检测

射线实时图像法检测与传统的射线照相法相比，具有实时、高效、不用射线胶片、可记录和劳动条件好等显著优点，是当前无损检测自动化技术中较为成功的方法之一。由于它多采用X射线源，故常称为X射线实时图像法检测。国内外主要将X射线实时图像法检测用于钢管、压力容器壳体焊缝检查，微电子器件和集成电路检查，食品包装夹杂物检查及海关安全检查等。

射线实时图像法检测，根据将X射线图像转换为可见光图像所用器件的不同，并依其发展进程分为以下几种。

4.4.1 荧光屏-电视成像法检测

荧光屏-电视成像法检测系统的基本组成如图4-35所示。其工作原理如下：当X射线照射到荧光物质上时会激发出可见荧光，荧光的强弱（明亮程度）与入射的射线强度成正比。利用荧光屏的上述性质，可将X射线透过物体后形成的射线图像转换为可见荧光图像，并利用闭路电视方法用可见光摄像机摄像并馈送至监视器，从而显示出焊接缺欠图像。

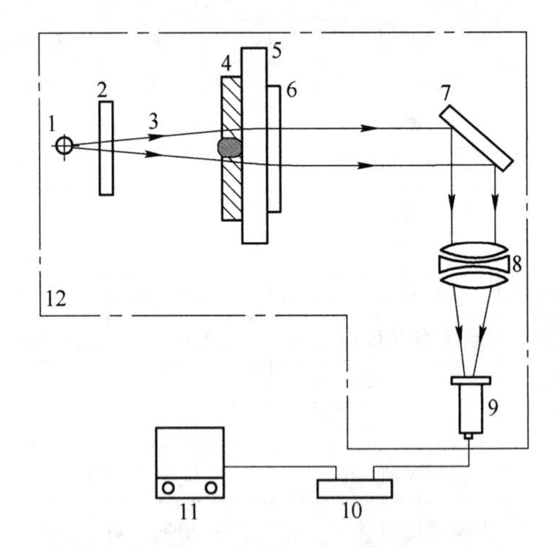

图4-35 荧光屏-电视成像法检测系统
1—射线源；2，5—电动光阑；3—X射线束；4—工件；6—荧光屏；7—反射镜；8—光学透镜组；9—电视摄像机；10—控制器；11—监视器；12—防护设施

检测系统中，电动光阑2为一可变快门，既可限制射线照射区域和得到合适的照射量，也是实现自动化的必需机构，用它可以自动进行X射线透照的开和关；电动光阑5与前者具有相同功能，并能提高成像质量；光学透镜组8主要起聚焦提高图像亮度和与摄像机适当耦合的作用；摄像机9通常采用高分辨率的超正析电视摄像机或光导电视摄像机。

荧光屏-电视成像法检测适用于中等厚度的轻合金（如铝、镁合金等）材料的缺欠检测，其最佳检测灵敏度可达3%~4%。

4.4.2 光电增强-电视成像法检测

光电增强-电视成像法检测系统的基本组成如图4-36所示。其显著特点，就是在荧光屏-电视成像法检测系统的光学透镜组之后、电视摄像机之前增加一微光增强器。同时，考虑到荧光屏仅适用于低能X射线检测系统，这是因为当X射线能量较高时，荧光物质的转换效率要降低，并且由于散射的影响，图像的干扰相对加强，从而图像质量下降。因此，在本系统中，用光纤闪烁屏代替了荧光屏，以适应高能X射线检测。光纤闪烁屏是由许多很细的具有一定长度的光导纤维平行排列并相互熔合而成板状，它将高能X射线转换成可见光，并对可见光起准直作用，具有很高的转换效率和分辨率，而且制造简单、成本较低、结实耐用。微光增强器可对图像亮度进行光学增强处理。目前采用的是性能优良的微通道板图像增强器，它是由许多根有二次电子倍增效果的细管平行熔合而成，每根细管就是一只通道式电子倍增管。这种结构是一种紧凑、结实耐用、工作电压低、画面无晕影的微光增强器，可将图像亮度增强几千到几万倍。

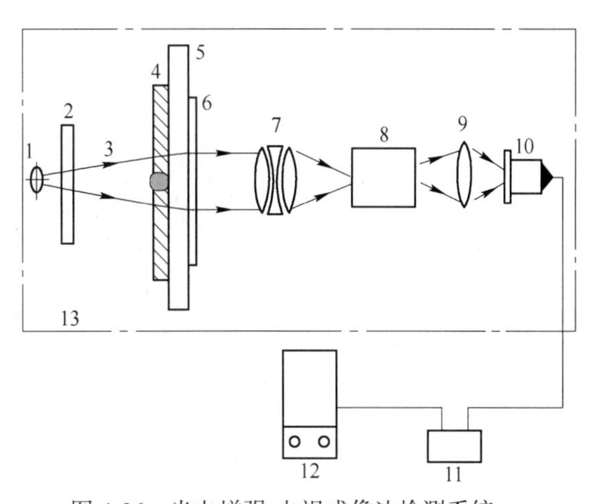

图4-36　光电增强-电视成像法检测系统

1—射线源；2，5—电动光阑；3—X射线束；4—工件；6—光纤闪烁屏；7—光学透镜组；8—微光增强器；9—光学透镜；10—电视摄像机；11—控制器；12—监视器；13—防护设施

目前，光电增强-电视成像法检测灵敏度已达2%~3%。

4.4.3　X光图像增强电视成像法检测

X光图像增强-电视成像法检测在国内外均获得广泛的应用，其检测灵敏度已高于2%，并可与射线照相法相媲美。通常所说的工业X射线电视检测即指该方法，其主要部件是图像增强器。

图像增强器又称为X光荧光图像增强管，是该检测系统的关键部件，它是一种特殊设计的复杂真空电子器件。图像增强器能将输入的X射线图像转换为可见荧光图像输出，并使其输出面的亮度比输入面的亮度增强1万倍以上。

X光图像增强-电视成像法检测系统的基本组成如图4-37所示，实物图如图4-38所示。

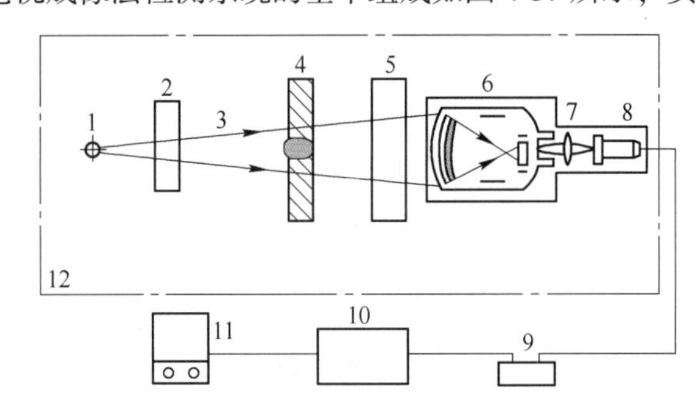

图4-37　X光图像增强-电视成像法探伤系统

1—射线源；2—电动光阑；3—X射线束；4—工件；5—电动光阑；6—图像增强器；7—耦合透镜组；8—电视摄像机；9—控制器；10—图像处理器；11—监视器；12—防护设施

4.4.4　X射线光导摄像机直接成像法检测

图4-39为X射线光导摄像机直接成像法检测系统。X射线光导摄像机是该检测系统的关键部件，它具有将入射到X射线光导摄像管靶面上的X光信号转换为电信号的功能，

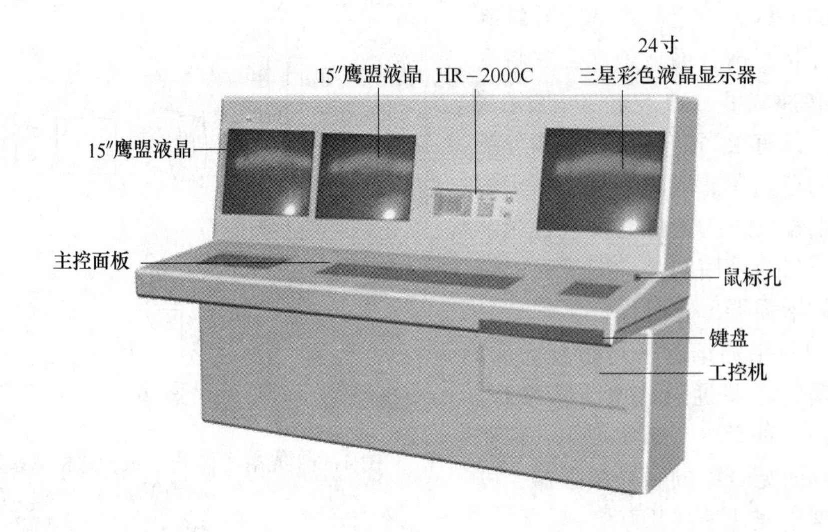

图 4-38 X 光图像增强-电视成像机

输出的电信号大小与靶面上接收到的 X 光射线强度成正比。利用摄像机的扫描技术，可将 X 射线图像转换为标准的视频信号，然后馈送给监视器，从而显示出该图像。由于 X 射线光导摄像管在设计时已经考虑了射线能谱和电离特性，并采用了先进的光导技术，同时，检测系统中采用了微机图像处理器。因此，X 射线光导摄像机直接成像法检测系统检测灵敏度高，图像传输损失小，整个系统的中间转换器件也大为减少。

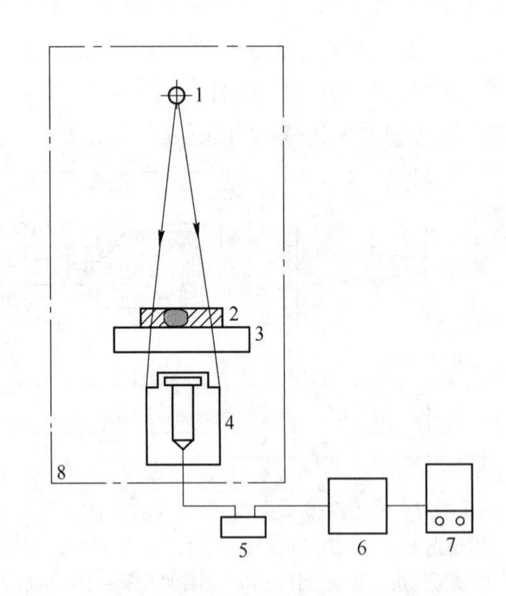

图 4-39 X 射线光导摄像机直接成像法检测系统

1—射线源；2—工件；3—*x-y* 工作台；4—X 射线光导摄像机；
5—控制器；6—图像处理器；7—监视器；8—防护设施

4.5 射线的安全防护

4.5.1 射线对人体的危害

A 确定性效应及随机性效应

确定性效应是指在通常情况下，存在剂量阈值的一种辐射效应。超过阈值时，剂量越高，则效应的严重程度越大。

随机性效应是指发生概率与剂量成正比而严重程度与剂量无关的辐射效应。一般认为，在辐射防护感知的低剂量范围内，这种效应的发生不存在剂量阈值。

对于随机性效应，可以用平均剂量来指示。这主要是基于这样一种关系，即诱发某一效应的概率与剂量的关系是线性的，这在有限的剂量范围内是合理的。但对确定性效应，剂量与效应的关系不是线性的，所以除非剂量在整个器官或组织内分布相当均匀，否则把平均吸收剂量直接用于确定性效应是不妥帖的。

B 辐射损伤的机理

辐射损伤是一个复杂的过程，它与许多因素，如辐射性质、剂量率、照射方式、机体的生理状态等有关。

射线照射生物体时，射线与肌体细胞、组织、体液等物质相互作用，引起物质的原子或分子电离，因而可以直接破坏机体内的某些大分子结构。另外，射线可以通过电离生物体内广泛存在的水分子，形成一些自由基，间接通过这些自由基的作用来损伤机体，就是损伤的原发作用。射线照射还可以引起机体继发性的损伤，进而使机体组织发生一系列的生物化学变化、代谢紊乱、机能失调以及病理形态等方面的改变。

电离辐射的生物作用也是一个包含一系列矛盾的非常复杂的过程，机体从吸收能量到引起损伤有其特有的反应过程。它要经历许多性质不同而又相互联系的变化，在作用时间上从 10^{-16}s 延伸至数年或更长。复杂的机体又存在对损伤进行修复的能力，损伤和修复又是同时进行的，无论是大分子损伤或是自由基的产生，体内都有相应的修复能力和机制，损伤因素一旦解除，肌体在一定时期即可恢复。当然此作用过程还与许多外界的影响因素有关。

C 影响辐射损伤的因素

影响辐射损伤的因素包括辐射性质、剂量、剂量率、照射方式、照射部位、照射面积等。

4.5.2 射线辐射的监测

4.5.2.1 辐射监测的内容及分类

辐射监测是放射防护的一项重要技术，其主要目的是保护工作人员和居民免受辐射的有害影响。因此，辐射监测的内容包括辐射测量和参照放射卫生防护标准对测定结果进行卫生学评价两方面。

工业射线照相一般使用 X 射线和 γ 射线，工作人员处于辐射场中，主要受外照射，所以辐射监测的主要内容是防护监测，按监测的对象可分为工作场所辐射检测和个人剂量监测两大类。

辐射防护监测的实施包括辐射监测方案的制订、现场测量、照射场测量、数据处理、结果评价等。在监测方案中，应明确监测点位、监测周期、监测仪器与方法，以及质量保证措施等。辐射防护监测特别强调质量保证措施，监测人员应经考核持证上岗，监测仪器要定期送计量部门检定，对监测全过程要建立严格的质量控制程序。

（1）工作场所辐射检测。工作场所辐射检测指现场检测时控制区和管理（监督）区剂量场的分布测定、有固定曝光室周围环境的剂量场分布测定及操作室的剂量场分布测定，以便改善防护条件，保障射线检测人员和公众的安全。

（2）个人剂量监测。个人剂量监测是测量被射线照射的个人所接受的剂量，这是一种控制性的测量。它可以告知在辐射场工作的人员直到某一时刻已经接受了多少剂量，由此可以控制以后的照射。个人剂量监测不仅有助于分析超剂量的原因，还可以为医生治疗被照射者提供有价值的数据。当然，个人剂量监测和工作场所检测是相辅相成的，并且个人剂量监测对加强管理、积累资料、研究剂量与效应关系有很大的作用。

4.5.2.2　辐射监测仪器

（1）工作场所监测仪器。用于工作场所辐射监测的仪器按体积重量和结构可分为携带式和固定式两类。携带式仪器体积小、重量轻，具有合适的量程，便于个人携带使用。固定式监测装置一般由安装在操作室的主机和通过电缆安装在监测处的探头两部分组成（如伦琴计），有的还采用带有音响或灯光信号的报警装置，若场所的剂量水平超过某一预定阈值时，仪器即自动给出信号。

现场常用仪器有气体电离探测器（电离室巡测计、G-M 巡测计）、闪烁探测器、半导体探测器等。

理想的测量仪器应该是不论射线能量大小，只要照射量相同，其仪器的响应就应该相同。然而事实上，仪器的响应总是随能量的不同而产生一定的差异，这种差异越小，仪器的能量响应越好。对剂量率仪表，一般要求与 Cs137 相比，在 50keV～3MeV 内的能量响应差异不大于±30%。但对 100kV 以下的光子，就需要注意仪器的能量响应性能与被测光子的能量相适应。

（2）个人剂量监测仪器。个人剂量监测仪的探测器件通常佩戴在人体身上，以监测个人受到的总照射量或组织的吸收剂量。因此，探测元件或仪器必须非常小巧、轻便、牢固、容易使用、佩戴舒适，而且能量响应要好，且不受所辐射以外的因素干扰。

常用的个人剂量监测仪有电离室式剂量笔、胶片剂量计，以及属于固体剂量仪的玻璃剂量仪和热释光剂量仪，目前使用较多的是固体剂量仪。

4.5.3　射线辐射的防护

4.5.3.1　辐射防护的目的和基本原则

（1）辐射防护的目的：

1）防止有害的确定性效应；

2）限制随机性效应的发生率，使之达到被认为可以接受的水平。

（2）辐射防护的三个基本原则：

1）辐射实践的正当化。即辐射实践所致的电离辐射危害同社会和个人从中获得的利益相比是可以接受的，这种实践具有正当理由，获得的利益超过付出的代价。

2）辐射防护的最优化。即应当避免一切不必要的照射。在考虑经济和社会因素的条件下，所有的辐射照射都应保持在可合理达到的尽可能低的水平。直接以个人剂量限值作为设计和安排工作的唯一依据不恰当，设计辐射防护的真正依据应是防护最优化。

3）个人剂量限值。即在实施辐射实践的正当化和辐射防护的最优化原则的同时，对个人所受的照射剂量加以限制，使之不超过规定。

辐射防护的三个基本原则是一个有机的统一整体，在实际工作中，应同时予以考虑，以保证辐射防护正常合理地进行。

4.5.3.2 辐射防护剂量限值规定

我国现行放射防护标准《电离辐射防护与辐射源安全基本标准》（GB 18871—2002）规定的剂量限值如下：

（1）职业照射剂量限值。对任何工作人员的职业照射水平进行控制，使之不超过下述限值：

1）由审管部门决定的连续 5 年的年平均有效剂量（但不可做任何追溯性平均），20mSv。

2）任何一年中的有效剂量，50mSv。

3）眼睛体的年当量剂量，150mSv。

4）四肢（手和足）或皮肤的年剂量当量，500mSv。

（2）特殊情况。在特殊情况下，可依据标准中有关“特殊情况的剂量控制”的规定，对剂量限值进行临时变更：

1）依照审管部门规定，可将剂量平均期由 5 个连续年延长为 10 个连续年；且此期间，任何人所接受的年平均有效剂量不超过 20mSv；任何单一年份不应超过 50mSv；此外，当任何工作人员自延长期开始所接受的剂量累计达到 100mSv 时，应予以审查。

2）剂量限值的临时变更应遵循审管部门的规定，但任何一年内不得超过 50mSv，临时变更的期限不得超过 5 年。

4.5.3.3 公众照射剂量限值

实践使公众中关键人群组的成员所受到的平均剂量估计值不应超过下述限值：

（1）年有效剂量，1mSv；

（2）特殊情况下，如果 5 个连续年的年平均剂量不超过 1mSv，则某一单一年份的有效剂量可提高到 5mSv；

（3）眼睛体的年剂量当量，15mSv；

（4）皮肤的年剂量当量，50mSv。

4.5.3.4 射线辐射的防护方法

为使工作场所的剂量水平降到允许水平之下可采用以下防护措施。

A 距离防护

在野外或流动性探伤时，利用距离防护射线是极为经济而有效的方法。正常情况下，射线剂量率与距离平方成反比。增大距离，对该处的剂量率的降低是十分明显的。因此，在没有防护物或防护层厚度不够时，利用距离增大的方法同样能够达到防护的目的。

在实际探伤中，究竟采用多大的距离安全，应当用剂量仪进行测量。

B 时间防护

在可能的情况下，尽量减少接触射线的时间也是主要防护方法之一，因为人体所接受的总剂量是与辐射源接触的时间成正比。即：

$$H = P_1 t$$

式中 H——总剂量当量，mSv；

P_1——剂量率，mSv/h；

t——接触时间，h。

如果要保证探伤人员每人每天实际接受剂量不大于20mSv《电离辐射防护与辐射源安全基本标准》（GB 18871—2002），显然，P_1大，时间t就应该小，即在一天内实际工作时间要短。如果我们在较大的剂量情况下拍片，可以用控制拍片张数来保证探伤人员在一天内不超过规定的最大允许剂量当量。

C 屏蔽防护

屏蔽防护就是在射线源与探伤人员及其他邻近人员之间加上有效合理的屏蔽物来防止射线的一种方法。屏蔽防护应用很广，如射线探伤机体衬铅、射线发生器用遮光器，现场使用流动铅房和建立固定曝光室的钡水泥墙壁等。应注意探伤室的门缝及孔道的泄露是实际中比较普遍存在的问题，必须妥善处理，原则上不留直缝、直孔，采用阶梯不要太多。有关屏蔽防护的具体设计、计算可查阅有关资料。

同时，应该注意，为了更好地防护射线，实际探伤中往往是三种防护方法同时使用。

本章小结

1. 射线检测根据射线源的特性分为X射线检测、γ射线检测和加速器三种，它们的功率不同，使用范围不尽相同。

2. 射线检测是利用射线穿透试件并使试件侧的胶片感光，进而保留试件内部的信息，实现对试件的无损检测，并可对检测结果进行实物保存。

3. 由于射线具有的生物效应，射线检测过程中会对操作人员带来损伤。因此，射线操作人员必须掌握射线防护知识及相关的应急措施，确保安全生产。

自测题

4.1 选择题

(1) X射线是电子撞击（　）产生的。

A. 阴极　　B. 阳极　　C. 工件　　D. 胶片

(2) X射线穿透物质后，其强度将减弱，物质的原子序数（　），密度（　），衰减越大。

A. 高、大　　B. 高、小　　C. 低、大　　D. 低、小

(3) 射线胶片由（　）部分组成。

A. 2　　B. 3　　C. 4　　D. 5

(4) 像质计的摆放位置应是射线透照区内灵敏度显示（　　）的部位，摆放时，像质计应横跨焊缝并与焊缝方向（　　），细丝应置于（　　）。

A. 最高、垂直、内侧　　B. 最高、垂直、外侧

C. 最低、垂直、外侧　　D. 最低、垂直、内侧

(5) 透照距离是指（　　）的距离。

A. 焦点至射线源侧工件表面　　B. 焦点至胶片

C. 焦点至胶片侧工件表面　　D. 胶片与工件

(6) 在射线照相底片上所能发现的工件或焊缝沿射线穿透方向上的最小缺欠尺寸称为（　　）。

A. 黑度　　B. 几何不清晰度　　C. 绝对灵敏度　　D. 相对灵敏度

4.2　判断题

(1) X 射线机的有效焦点尺寸越大，灵敏度越高。（　　）

(2) 像质计一般选用和被透照材料相同的材料制成。（　　）

(3) 显影液配制可以在任何容器内进行。（　　）

4.3　简答题

(1) 简述射线照相检测的原理。

(2) 简述射线检测的一般流程。

5 超声波检测

导　　言

超声波检测（Ultrasonic Testing，UT），是一种利用超声波穿透试件来检查试件内部是否存在缺欠的无损检测方法。超声波检测对人体损伤小，适于中厚板的检测，已在工业生产中得到了广泛使用。本章将从超声波检测的基本原理入手，介绍超声波特点、超声波检测设备、超声波检测工艺及操作流程。

5.1　超声波检测基本原理

5.1.1　超声波的产生与接收

人们在日常生活中听到的声音是由各种声源产生的机械波传播到人耳所引起的耳膜振动，能引起人耳听觉的机械波的频率范围为 20～20kHz。超声波是频率高于 20kHz 的机械波。

产生超声波的方法很多，如热学法、力学法、静电法、电动法、激光法和压电法等。目前，在超声波检测中应用最普遍的是压电法。能够采用压电法产生超声波的材料称为压电晶体。这种晶体切出的晶片具有压电效应，即当压电晶体片受拉应力或压应力的作用产生变形时，会在晶体表面出现电荷；反之，其在电荷或电场作用下，在其厚度方向上会发生变形。前者称为正压电效应，后者称为逆压电效应，如图 5-1 所示。

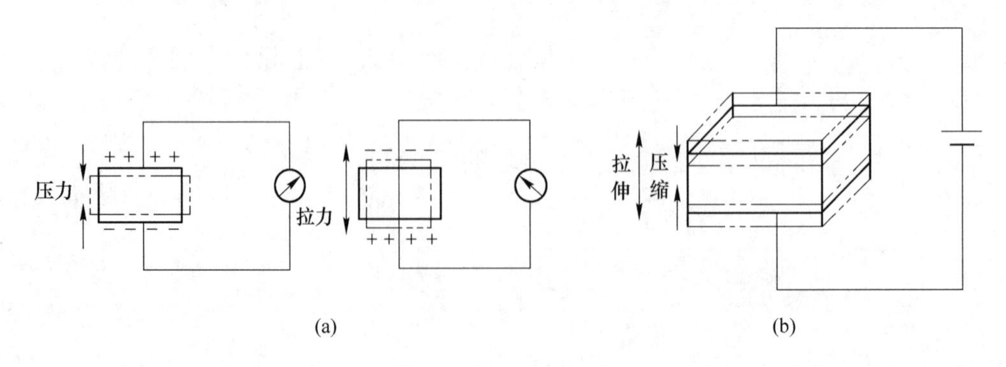

图 5-1　压电效应

（a）正压电效应；（b）逆压电效应

超声波的产生和接收是利用超声波探头中压电晶体片的压电效应来实现的。

A 超声波的产生过程

由超声波检测仪产生的电振荡，以高频电压形式加载于探头中的压电晶体片的上、下表面上，由于逆压电效应的结果，压电晶体片会在厚度方向上产生持续的伸缩变形，形成机械振动。若压电晶体片与工件表面有良好的耦合，则机械振动就会以超声波的形式传播并进入被检工件。这个过程利用了压电材料的逆压电效应将电能转变为超声波能。

B 超声波的接收过程

当压电晶体片受到超声波作用而发生伸缩变形时，正压电效应的结果会使压电晶体片上、下表面产生具有不同极性的电荷，形成超声频率的高频电压，以电信号的形式经检测仪显示。这个过程利用了压电材料的正压电效应将超声波能转变为电能。

5.1.2 超声波的主要特征参数

5.1.2.1 超声波的定义

次声波、声波和超声波都是在弹性介质中传播的机械波，它们在同一介质中的传播速度相同，其区别主要在于频率不同。人们把能引起听觉的机械波称为声波，频率为20~20000Hz；频率低于20Hz的机械波称为次声波，频率高于20000Hz的机械波称为超声波。次声波、超声波人耳不可闻。

5.1.2.2 超声波的分类

超声波的分类方法很多，下面简单介绍几种常见的分类方法。

（1）根据质点的振动方向分类。根据波动传播时介质质点的振动方向相对于波的传播方向的不同，可将超声波分为纵波、横波等。

1）纵波L。介质中质点的振动方向与波的传播方向互相平行的波，称为纵波，用L表示，如图5-2所示。凡能承受拉伸或压缩应力的介质都能传播纵波。固体介质能承受拉伸或压缩应力，因此固体介质可以传播纵波。液体和气体虽然不能承受拉伸应力，但能承受压应力而产生容积变化，因此液体和气体介质也可以传播纵波。

2）横波S。介质中质点的振动方向与波的传播方向互相垂直的波称为横波，又称为切变波，用S表示，如图5-3所示。因固体介质能够承受剪切应力，所以固体介质中能够传播横波。而液体和气体介质不能承受剪切应力，因此横波不能在液体和气体介质中传播。横波只能在固体介质中传播。

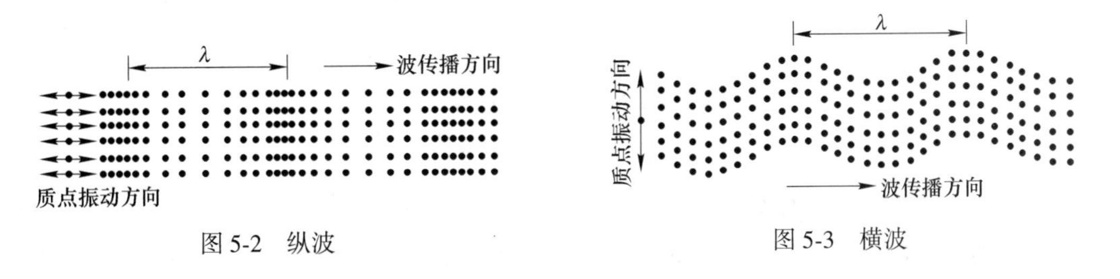

图5-2 纵波　　图5-3 横波

（2）按波的形状分类：

1）平面波。波阵面为互相平行的平面的波称为平面波。平面波的波源为一个平面，如图 5-4 所示。尺寸远大于波长的刚性平面波源在各向同性的均匀介质中辐射的波可视为平面波。平面波波束不扩散，平面波各质点的振幅是一个常数，不随距离而变化。

2）柱面波。波阵面为同轴圆柱面的波称为柱面波。柱面波的波源为一条线，如图 5-5 所示。

长度远大于波长的线状波源在各向同性的介质中辐射的波可视为柱面波。柱面波波束向四周扩散，柱面波各质点的振幅与距离的平方根成反比。

3）球面波。波阵面为同心圆的波称为球面波。球面波的波源为一点，如图 5-6 所示。尺寸远小于波长的点波源在各向同性的介质中辐射的波可视为球面波。球面波波束向四面八方扩散，实际应用的超声波探头中的波源近似活塞振动，在各向同性的介质中辐射的波称为活塞波。当距离源的距离足够大时，活塞波类似于球面波。

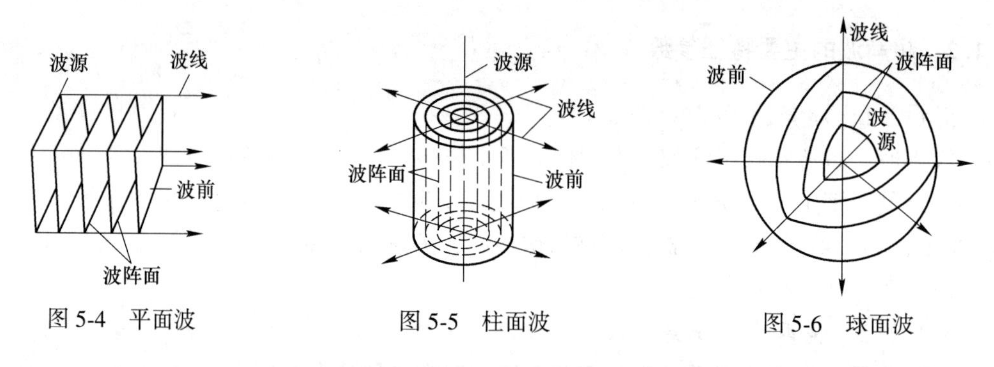

图 5-4　平面波　　图 5-5　柱面波　　图 5-6　球面波

（3）按振动的持续时间分类。根据波源振动的持续时间的长短，将超声波分为连续波和脉冲波。

1）连续波。波源持续不断地振动所辐射的波称为连续波，如图 5-7（a）所示。超声波穿透法检测常采用连续波。

2）脉冲波。波源振动持续时间很短（通常是微秒数量级，$1\mu s=10^{-6}s$），间歇辐射的波称为脉冲波，如图 5-7（b）所示。目前超声波检测中广泛采用的就是脉冲波。

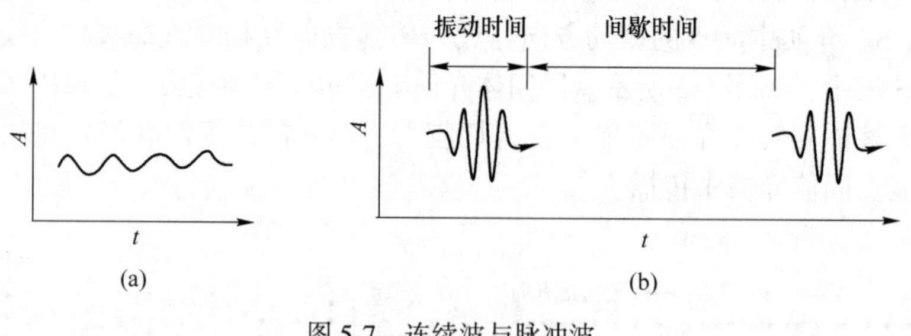

图 5-7　连续波与脉冲波

（a）连续波；（b）脉冲波

5.1.2.3　超声场的特征值

充满超声波的空间或超声振动所波及的部分介质，称为超声场。超声场具有一定的空间大小和形状，只有当缺欠位于超声场内时，才有可能被发现。描述超声场的特征值（即物理量）主要有声速、声压、声阻抗和声强。

（1）声速。超声波在介质中的传播速度称为声速，用 C 来表示。超声波、次声波和声波的实质一样，都是机械波，它们在同一介质中的声速相同。声速与介质的弹性模量和密度有关。对特定的介质，弹性模量和密度为常数，故声速也是常数。不同的介质，有不同的声速。超声波波型不同时，介质弹性变形的形式不同，声速也不一样。声速是表征介质声学特性的重要参数。

（2）声压。超声场中某一点在某一时刻所具有的压强 P_1 与没有超声波存在时的静态压强 P_0 之差，称为该点的声压，用 P 表示。

（3）声阻抗。超声场中任一点的声压与该处质点振动速度之比称为声阻抗，常用 Z 表示。声阻抗是表征介质声学性质的重要物理量，一般材料的声阻抗随温度升高而降低。同一介质中，Z 为常数，其大小等于介质的密度与波速的乘积。由 $u=P/Z$ 可以看出，在同一声压 P 下，声阻抗 Z 增加，质点的振动速度 u 下降。因此，声阻抗 Z 可理解为介质对质点振动的阻碍作用。这类似于电学中的欧姆定律 $I=U/R$，电压一定，电阻增加，电流减少。

（4）声强。单位时间内垂直通过单位面积的声能称为声强，常用 I 表示，单位是瓦/平方厘米（W/cm^2）或 焦耳/（平方厘米·秒）（$J/(cm^2 \cdot s)$）。

（5）声强级。通常规定引起听觉的最弱声强 $I_1=10\sim16W/cm^2$ 作为标准声强，另一声强 I_2 与标准声强 I_1 之比的常用对数称为声强级，单位为贝尔（Bel）。在实际应用中，贝尔这个单位太大，一般用分贝作为声强级的单位。

在超声波检测中，当超声波检测仪的垂直线性较好时，仪器示波屏上的波高与回波声压成正比。这时有：

$$\Delta = 20\lg P_2/P_1 = 20\lg H_2/H_1 \tag{5-1}$$

这里声压基准 P_1 或波高基准 H_1 可以任意选取。

当 $H_2/H_1=1$ 时，$\Delta=0dB$，说明两波高相等时，两者的分贝差为零。

当 $H_2/H_1=2$ 时，$\Delta=6dB$，说明 H_2 为 H_1 的两倍时，H_2 比 H_1 高 6dB。

当 $H_2/H_1=1/2$ 时，$\Delta=-6dB$，说明 H_2 为 H_1 的 1/2 时，H_2 比 H_1 低 6dB。

用分贝值表示反射波幅度的相互关系，不仅可以简化运算，而且在确定基准波高以后，可直接用仪器衰减器的读数表示缺欠波相对波高。因此，分贝概念的引用对超声波检测有很重要的实用价值。

5.1.3 超声波的性质

超声波的性质如下：

（1）超声波方向性好：超声波像光波一样具有良好的方向性，可以定向发射，准确地在被检材料中发现缺欠。

（2）超声波能量高：超声波检测频率远高于声波，而能量（声强）与频率的平方成正比。因此，超声波的能量远大于声波的能量。

（3）超声波能在界面上产生反射、折射和波形转换：超声波在传播过程中，如遇异质界面，可产生反射、折射和波型转换。

（4）超声波穿透能力强：超声波在大多数介质中传播时，传播能量损失小，传播距离大，穿透能力强，在一些金属材料中其穿透能力可达数米，这是其他检测手段所无法比拟的。

5.1.4 超声波检测方法

超声波检测是利用材料及其缺欠的声学性能差异对超声波传播波形反射情况和穿透时间的能量变化来检验材料内部缺欠的无损检测方法。它可以检测金属材料、部分非金属材料的表面和内部缺欠，如焊缝中的裂纹、未熔合、未焊透、夹渣和气孔等缺欠。超声波的检测方法很多，各种方法的原理不尽相同。根据具体的原理不同，超声波检测可以分为穿透法、共振法和脉冲反射法三种。

穿透法是将两个探头分别放置在被检试件的两侧，超声波先从发射探头发出并穿透试件，再被试件另一侧的接收探头接收，通过分析所接收超声波能量的大小来判断工件内部有无缺欠。

共振法是采用材料的固有频率进行入射检测，当此频率超声波入射试样时，试样将发生共振，以此来检测材料内部的缺欠。共振法主要用于检测工件的厚度。

脉冲反射法是超声波检测中应用最广泛的一种方法。此法是采用一定频率的超声波入射试件，并检测反射波，通过对反射波的分析，确定试件中是否含有缺欠。在脉冲反射法超声波检测中，回波的显示方式有 A 型显示、B 型显示、C 型显示、3D 显示四种。

5.2 超声波检测设备及器材

5.2.1 超声波检测仪

超声波检测仪是超声波检测的主体设备。它的主要功能是产生超声频率的电振荡信号，并以此来激励探头发生超声波，同时它又将探头接收到的回波电信号进行放大和处理并以一定的方式显示出来。

数字式超声波检测仪是计算机技术和超声波检测仪技术相结合的产物。它是在传统的超声波检测仪的基础上，采用数字式控制技术升级而成。数字式超声波检测仪的主要性能参数包括：

（1）脉冲重复频率。脉冲重复频率是单位时间内仪器完成超声波检测的有效次数，即实现独立判定缺欠报警的次数。一般手持式数字式超声波检测仪均做到脉冲重复频率和视频同步，使每次超声波检测反射波被显示出来，这与模拟式超声波检测仪一致，但重复频率被降到 50~60Hz，在快速扫查和自动检测时性能不好。因此，有的检测仪包括一些国外的仪器，采用了较高的重复频率，即 500Hz~2000kHz，先进行高速数据处理以自动捕获最大缺欠波，再以视频显示出来，故兼顾了显示性能和扫查性能。

（2）分辨力。超声波检测仪的波形分辨力受发射波的宽窄、接收匹配阻抗的高低和放大器带宽性的影响。数字式超声波检测仪的波形显示使波形在水平方向分布有限个集合（200~500），每个点代表附近波形的典型值，为了保证检测效果，一般取峰值，所以会把标识分辨力的谷值抛弃，从而使测试分辨力降低。而模拟式超声波检测仪的波形是连续的，谷值能一直保持，反映真正分辨力，所以在测试数字式超声波检测仪的分辨力时，要将波形适当拉宽，即缩小水平扫描范围，测试到真正的分辨力。为了符合现行标准，就要选择更高分辨力的探头。

（3）水平线性。数字式超声波检测仪的水平线性相对误差取决于波形分辨力，绝对误差取决于采样频率（40~200MHz）。数字式超声波检测仪是以帧采样时钟显示和读取水平延时数据的，排除了模拟式超声波检测仪由锯齿放大失真引起的线性误差和荧屏分辨力误差。

（4）垂直线性。数字式超声波检测仪的垂直线性误差有三个因素：第一个因素是数字化分辨力，一般为8位256级，或7位128级（数字双向检波检测1位），垂直线性误差是0.4%~0.8%；第二个因素是数字控制放大器的精度；第三个因素是接收放大器的线性误差，采用集成化的数字控制放大器，线性误差可以控制到很小，排除了模拟式超声波检测仪的衰减器误差、视频放大器线性误差和荧屏分辨力误差。

（5）采样频率。数字化采样频率影响超声波检测波形的真实信息保留，根据奈奎斯特定理，数字化采样频率必须高于信号频率或带宽的两倍，才能还原出模拟波形的任意一点信号，但一般超声波检测的数据处理需要很强的实时性，不采用算法进行还原，所以采样频率应远高于采样定律规定的数值。

最低采样频率应使超声波信号峰值在采样间隔内起伏变化误差小于允许误差。例如，允许波幅读数误差4%，对于一个频率为 F 的正弦波，最低采样频率应高于 $11\times F$。由于超声波信号是脉冲信号，所以 F 应取频率范围内的最高值。

5.2.2　探头

在超声波检测过程中，超声波的发射和接收是通过探头来实现的。探头的性能直接影响超声波的特性，影响超声波的检测能力。

5.2.2.1　探头的结构和各部分的作用

超声波检测用探头的种类很多，根据波形不同分为纵波直探头、横波斜探头、表面波、板波探头等。根据耦合方式，超声波检测用探头分为接触式探头和液（水）浸探头。根据波束，超声波检测用探头分为聚焦探头和非聚焦探头。根据晶片数不同，超声波检测用探头分为单晶探头、双晶探头等。此外，还有高温探头、微型探头等特殊用途探头。下面介绍几种典型探头：

（1）直探头（纵波直探头）。直探头用于发射和接收纵波，故又称为纵波直探头。直探头主要用于检测与检测面平行的缺欠，如板材、锻件检测等。直探头的结构如图5-8所示，主要由压电晶片、阻尼块（或吸收块）、保护膜、电缆接头和外壳等部分组成。

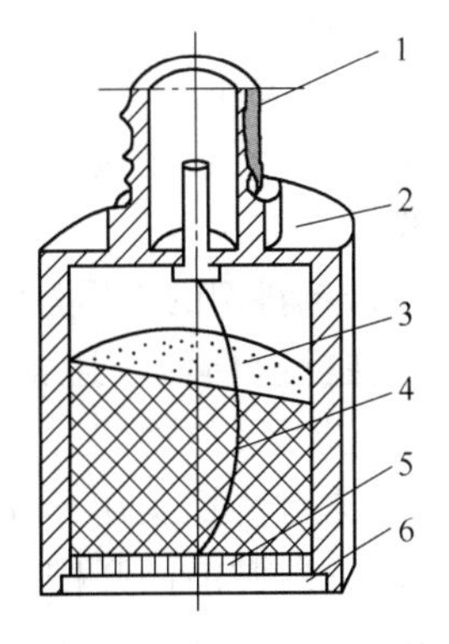

图5-8　直探头的结构
1—接头；2—外壳；
3—阻尼块；4—电缆线；
5—压电晶片；6—保护膜

1）压电晶片。压电晶片是以压电效应发射并接收超声波的元件，是探头中最重要的元件。晶片的性能决定探头的性能。晶片的尺寸和谐振频率决定发射声场的强度、距离幅度特性与指向性。晶片可制成圆形、方形或矩形。有些柔性材料的晶片还可直接制成曲面晶片，以产生聚焦声束。晶片的两面需敷上银层（或金层、铂层）作为电极，以使晶片上的电压能均匀分布。

2）阻尼块（或吸收块）。阻尼块是由环氧树脂和钨粉等按一定比例配成的阻尼材料，粘附在晶片或楔块后面。阻尼块的作用一是对压电晶片的振动起阻尼作用；二是吸收晶片向其背面发射的超声波；三是对晶片起支撑作用。

3）保护膜。压电陶瓷晶片通常都很脆，在用与试件直接接触的方式沿试件表面进行扫查时，晶片很容易损坏。为此，常在晶片前面粘附一层薄保护膜，以保护晶片和电极层不被磨损或碰坏，在某些情况下，也能改善探头与试件的耦合效果。保护膜有硬保护膜和软保护膜两类。硬保护膜适用于探测表面较平滑的试件。对于表面粗糙的试件的检测，常采用聚氨酯塑料等材料制成的可更换的保护膜，以改善耦合效果。

保护膜会使始波宽度增大，分辨力变差，灵敏度降低。在这方面，硬保护膜比软保护膜更严重。由于石英晶片不易磨损，石英晶片探头可以不加保护膜。

4）外壳。外壳的作用在于将各部分组合在一起并保护。纵波直探头的主要参数是频率和晶片大小，按晶片类型、保护膜的软硬、外形尺寸和电缆接头等分为不同的系列。

5）电缆接头。电缆接头是实现电源连接的必需原件，一端连到设备上，一端连到电源，一般采用快换接头形式。

（2）斜探头。斜探头可分为横波斜探头、纵波斜探头、表面波（瑞利波）斜探头、兰姆波接头及可变角探头。其共同特点是，压电晶片贴在一有机玻璃斜楔上，晶片与探头表面（声束射出面）成一定的倾角。晶片发出的纵波倾斜入射到有机玻璃与试件的界面上，经折射与波形转换，在试件中产生传播方向与表面成预定角度的一定波形的声波。根据斯奈尔定律，对给定材料，斜楔角度的大小决定产生的波形与角度；对同一探头，被检材料的声束不同，也会产生不同的波形与角度。

横波斜探头是利用横波检测，入射角在第一临界角与第二临界角之间且折射波为纯横波的探头，主要用于检测与检测面垂直或成一定角度的缺欠，广泛用于焊缝、管材、锻件的检测中。

纵波斜探头是入射角小于第一临界角的探头。纵波斜探头检测的目的是利用小角度的纵波进行缺欠检验，或在横波衰减过大的情况下，利用纵波穿透能力强的特点进行纵波斜入射检验。使用时需注意试件中同时存在的横波的干扰。

斜探头的结构如图 5-9 所示。由图 5-9 可知，横波斜探头实际上是由直探头加透声斜楔组成。由于晶片不直接与工件接触，因此这里的直探头没有保护膜。

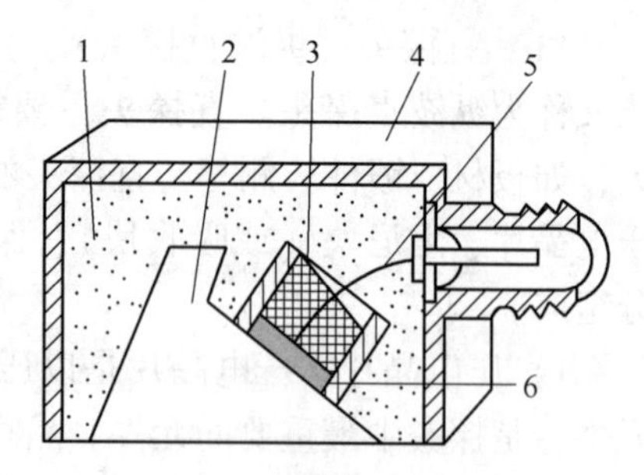

图 5-9 斜探头的结构

1—吸声材料；2—斜楔；3—阻尼块；4—外壳；5—电缆线；6—压电晶片

透声斜楔的作用是实现波形转换，使被检工件中只存在折射横波。通常要求透声斜楔的衰减系数适当，且耐磨、易加工。一般透声斜楔由有机玻璃制成（近年来有些探头用尼龙等其他新材料做斜楔，效果不错）。斜楔前面开槽，可以减少反射杂波。还可将斜楔做成牛角形，使反射波进入牛角出不来，从而减少杂波。折射角正切值 K 值与入射角 α_L、折射角 β_s 的换算关系见表 5-1。注意，表 5-1 只适用于有机玻璃/钢界面。国产横波斜探头上常标有工作频率、晶片尺寸和 K 值。

表 5-1 常用 K 值对应的 β_s 和 α_L（有机玻璃/钢）

K 值	1.0	1.5	2.0	2.5	3.0
β_s	45	56.3	63.4	68.2	71.6
α_L	36.7	44.6	49.1	51.6	53.5

（3）双晶探头（分割探头）。双晶探头有两块压电晶片，一块用于发射超声波，另一块用于接收超声波。根据入射角 α_L 的不同，双晶探头分为纵波双晶直探头和横波双晶斜探头。

（4）聚焦探头。聚焦探头的种类较多。根据焦点形状的不同，聚焦探头分为点聚焦和线聚焦。点聚焦的理想焦点为一点，其声透镜为球面；线聚焦的理想焦点为一条线，其声透镜为柱面。根据耦合情况的不同，聚焦分为水浸聚焦与接触聚焦。水浸聚焦以水为耦合介质，探头不与工件直接接触，聚焦是探头通过薄层耦合介质与工件接触。

5.2.2.2 探头的型号标识方法

（1）探头型号的组成项目。根据《无损检测仪器　超声波探头命名方法》JB/T 11276—2012 中相关规定，探头型号的组成项目及排列顺序如下：工作频率、晶片材料、晶片尺寸、探头种类、探头特征。

工作频率：用阿拉伯数字表示，单位为 MHz。

晶片材料：用化学元素缩写符号表示，见表 5-2。

晶片尺寸：用阿拉伯数字表示，单位为 mm。其中，圆晶片用直径表示；方晶片用长×宽表示；分割探头用分割前的尺寸表示。

探头种类：用汉语拼音的缩写字母表示，见表 5-3。直探头也可不标出。

探头特征：斜探头钢中的折射角正切值（K 值）用阿拉伯数字表示。低碳钢和低合金钢中折射角用阿拉伯数字表示，单位为度。

表 5-2 晶片材料代号

压电材料	代号
锆钛酸铅陶瓷	P
钛酸钡陶瓷	B
钛酸铅陶瓷	T
铌酸锂单晶	L
碘酸锂单晶	I
石英单晶	Q
其他压电材料	N

表 5-3 探头种类代号

种类	代号
直探头	Z
斜探头（折射角表示）	K
分割探头	FG
水浸探头	SJ
表面波探头	BM
可变角探头	KB

（2）探头的型号标识举例（见图 5-10）。

5.2.3 试块

为保证检测结果的准确性与可重复性、可比性，必须采用具有简单几何形状人工反射体的试样，通常称为试块，用于对检测系统进行调节与校准。试块是超声波检测系统中的

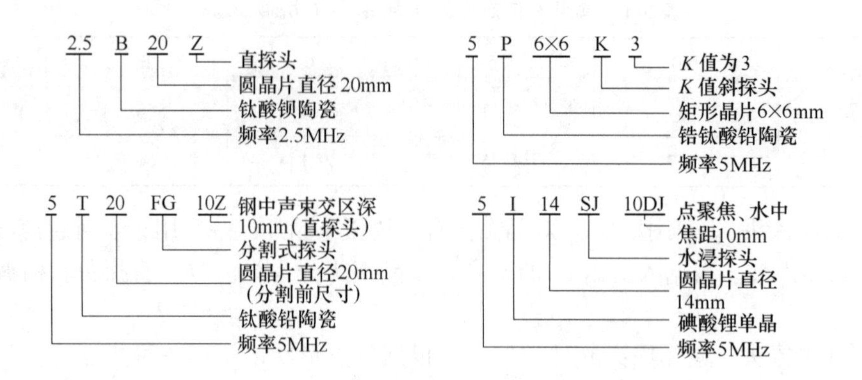

图 5-10 探头型号标识举例

重要工具。

5.2.3.1 试块的作用

(1) 确定检测灵敏度。超声波检测灵敏度是一个重要参数，因此，在超声波检测前，常用试块上某一特定的人工反射体来调整检测和校验灵敏度。

(2) 测试仪器和探头的性能。超声波检测仪和探头的一些重要性能，如垂直线性、水平线性、动态范围、灵敏度余量、分辨力、盲区、探头的入射点、K 值等都是利用试块来测试的。

(3) 调整扫描速度。利用试块可以调整仪器示波屏上刻度值与实际声程之间的比例关系，即扫描速度，以便对缺欠进行定位。

(4) 评判缺欠的大小。利用某些试块绘出的距离-波幅-当量曲线（实用 AVG 曲线）来对缺欠进行定量检测是目前常用的定量方法之一。此外，还可利用试块来测量材料的声速、衰减性能等。

5.2.3.2 试块的分类

(1) 标准试块。标准试块是由权威机构制定的试块，试块材质、形状、尺寸及表面状态都由权威部门统一规定。标准试块的材料、热处理状态、表面粗糙度、形状和尺寸均有严格要求。标准试块应采用与被检工件声学性能相同或相近的材料制成，制作时应确认材质均匀、无杂质、无影响使用的缺欠。

试块中的平底孔、横孔应经直径、孔底表面粗糙度、平面度检验等。检验后，平底孔应清洗干燥后进行永久性封堵。对于标准试块，还应检测其声学性能。对于试块，声学性能包括声速、衰减系数等；对于铝合金平底孔标准试块，声学性能检测结果包括对材质均匀性进行检查的底波距离幅度曲线和平底孔距离幅度曲线。

(2) 焊接接头常用标准试块举例：CSK-ⅠA、CCSK-ⅢA。

CSK-ⅠA 试块是《承压设备无损检测 第3部分：超声检测》（NB/T 47013.3—2015）中规定使用的，其规格、形状如图 5-11 所示。CSK-ⅠA 试块的主要用途有：

1) 校验超声波检测仪的水平线性、垂直线性和动态范围：用 25mm 或 100mm 尺寸测定。

2) 调节时基线比例和范围：用 25mm 和 100mm 尺寸测定。

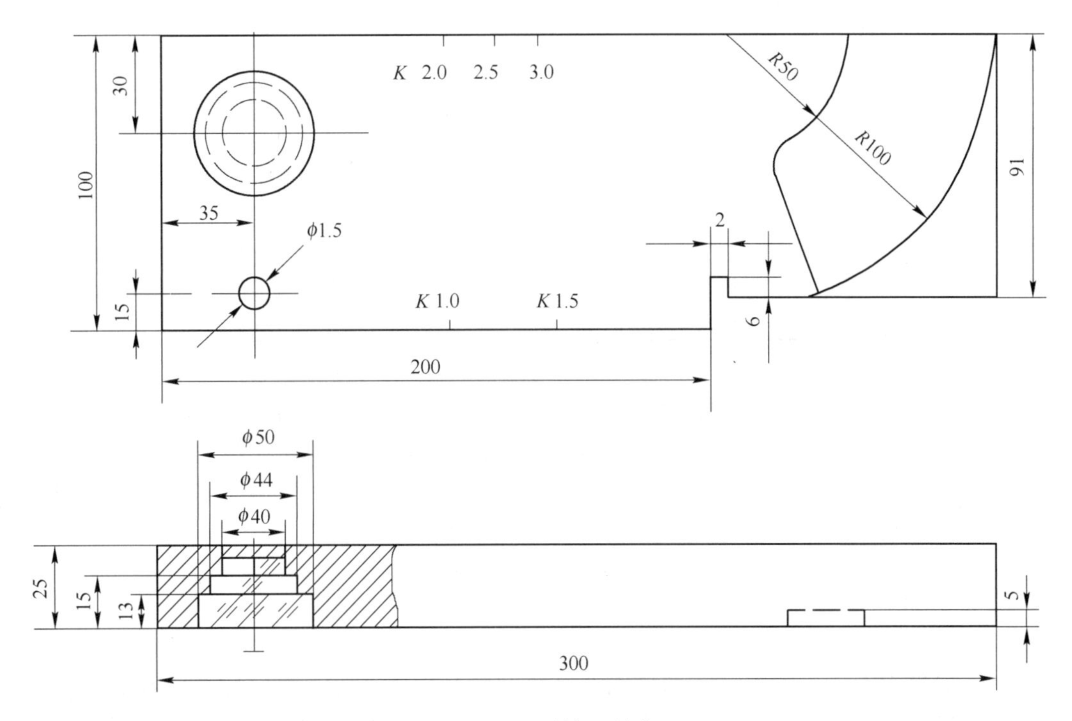

图 5-11 CSK-ⅠA 试块（单位：mm）

3）测定直探头与超声波检测仪组合的远场分辨力：用 85mm、91mm、100mm 尺寸测定。

4）测定直探头与超声波检测仪组合的盲区：用 ϕ50mm 有机玻璃圆弧面至两侧距离 5mm 和 10mm 的位置测定。

5）测定直探头与超声波检测仪组合的最大穿透能力：用 ϕ50mm 有机玻璃底面的多次反射波测定。

6）测定斜探头的入射点：用 R50mm、R100mm 圆弧面测定。

7）测定斜探头的折射角或 K 值：用 ϕ50mm 或 ϕ1.5mm 孔测定。

8）测定斜探头的声束偏斜角：用直角棱边测定。

9）用 R50mm、R100mm 阶梯圆柱面测定，以便同时获得两个反射波，用来调节横波时基线比例。

10）用 ϕ40mm、ϕ44mm、ϕ50mm 台阶圆柱孔测定斜探头在深度方向的分辨力。

CSK-ⅢA 试块，其规格、形状如图 5-12 所示。CSK-ⅢA 试块的人工反射体为 $\phi1\times6$ 短横孔。CSK-ⅢA 试块的主要用途是：

1）调节时基线比例；

2）用 $\phi1\times6$ 短横孔测定斜探头 K 值；

3）制作距离-波幅曲线；

4）调节检测灵敏度；

5）进行缺欠定量。

CSK-ⅢA 试块上的 $\phi1\times6$ 短横孔钻在弧面上是为避开侧面及端面反射时对短横孔回波的影响。

（3）对比试块。对比试块材料的透声性、声速、声衰减等应尽可能与被检件相同或

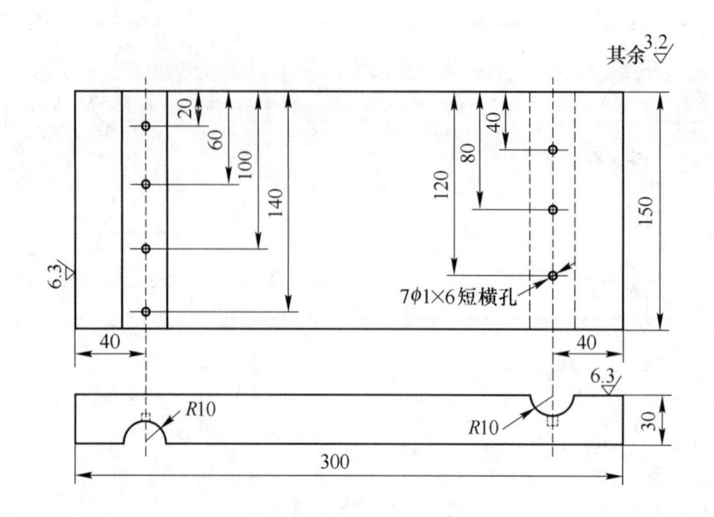

图 5-12 CSK-ⅢA 试块（单位：mm）
（尺寸误差不大于±0.05mm）

相近。一般情况下，不同牌号变形的铝合金之间的声性能相差不大。用 7A09-T6 铝合金制作对比试块，可用于一般铝合金检测。各种低合金钢、碳钢及工具钢间的声性能相差也不大。用 40CrNiMoA 钢来制作对比试块基本可以代用。但不锈钢、镍基合金、钴基合金应采用本身的材料来制作，钛合金挤压件往往要采用同工艺的材料来制作。制作时应保证材质均匀、无杂质、无影响使用的缺欠。

对比试块的外形应尽可能简单，并能代表被检测部位的特征。对比试块中，人工缺欠的形状应按其使用目的选择，尽可能与需检测的缺欠特征接近。常用的人工缺欠有平底孔、横孔、V 形槽、U 形槽等。其中，平底孔常用于纵波内部缺欠的检测，横孔常用于横波检测。V 形槽、U 形槽则多用于横波、表面波对表面缺欠的检测。人工缺欠在试块上的位置（埋深、平面分布）应按其使用目的配置。

加工好的试块应测试其外形尺寸公差，并采用硅橡胶覆型的方法观测孔的形状与尺寸误差。对于成套距离幅度试块，也需要测试其距离幅度曲线。

5.2.4 耦合剂

超声耦合是指超声波在探测面上的声强透射率。为了提高耦合效果，在探头与工件表面之间施加的一层透声介质称为耦合剂。耦合剂的作用在于排除探头与工件表面的空气，使超声波能有效地传入工件，达到检测的目的。此外，耦合剂还有减少摩擦的作用。

甘油声阻抗高，耦合性能好，常用于一些重要工件的精确检测，但价格较贵，对工件有腐蚀作用。水玻璃的声阻抗较高，常用于表面粗糙的工件检测，但清洗不太方便，且对工件有腐蚀作用。水的来源广，价格低，常用于水浸检测，但易使工件生锈。机油和变压器油的黏度、流动性、附着力适当，对工件无腐蚀、价格也不贵，因此是目前应用最广的耦合剂。此外，近年来化学浆糊也常用来做耦合剂，耦合效果比较好。

5.3 直接接触法超声波检测

5.3.1 超声波检测技术等级的确定

超声波检测技术等级分为A、B、C三个级别，检验的完善程度A级最低，B级一般，C级最高。超声波检测技术等级的选择应符合制造、安装等有关规范、标准及设计图样规定。

不同检测技术等级的要求如下。

5.3.1.1 A级检测

A级检测适用于母材厚度为6~40mm焊接接头的检测。可用一种折射角（*K*值）斜探头采用直射波法和一次反射波法在焊接接头的单面双侧进行检测。如受条件限制，也可以选择双面单侧或单面单侧进行检测。一般不要求进行横向缺欠的检测。

5.3.1.2 B级检测

（1）适用于厚度为6~200mm焊接接头的检测。

（2）焊接接头一般应进行横向缺陷检测。

（3）对于要求进行双面双侧检测的焊接接头，如受几何条件限制或由于堆焊层（或复合层）的存在而选择单面双侧检测时，还应补充斜探头作近表面缺陷检测。

5.3.1.3 C级检测

采用C级检测时，应将焊接接头的余高磨平。

（1）母材厚度为6~46mm时，一般用两种*K*值探头采用半波程法和全波程法在焊接接头的单面双侧进行检测。两种探头的折射角相差应不小于10°，其中一个折射角应为45°。

（2）母材厚度为46~500mm时，一般用两种*K*值探头采用半波程法在焊接接头的双面双侧进行检测。两种探头的折射角相差应不小于10°。对于单侧坡口角度小于5°的窄间隙焊缝，如有可能，应调整检测方法，使其可以检测与坡口表面平行缺欠。

（3）检测横向缺欠时，将探头放在焊缝及热影响区上沿着焊缝做两个方向的平行扫查。

（4）对于C级检测，斜探头扫查声束通过的母材区域，应先用直探头检测，以便检测是否有影响斜探头检测结果的分层或其他种类缺欠的存在。该项检测仅作记录，不属于对母材的验收检测。母材检测的要点如下：

检测方法：接触式脉冲反射法，采用频率为2~5MHz的直探头，晶片直径为10~25mm。

检测灵敏度：将无缺欠处第二次底波调节为荧光屏满刻度的100%。凡缺欠信号幅度超过荧光屏满刻度20%的部位，应在工件表面做出标记，并予以记录。

5.3.2 检测面及检测方法的选定

5.3.2.1 检测面的选择与准备

检测面是指探头在工件上的扫查面。因为在检测过程中，超声波检测探头要进行移动，所以必须保证检测面表面具有良好的光洁度。对于粗糙的表面或者局部脱落的氧化皮，应采用机械打磨处理，直到露出金属光泽和表面平整光滑（新轧制的钢板氧化皮没有脱离，可以不用打磨），以使探头能平滑地移动。

在此必须强调指出，不允许采用提高表面粗糙度而提高补偿量的办法来达到检测目的。因为如果表面太粗糙、坑洼不平，则超声波有可能不能透声于金属内部，而在表面的坑坑洼洼处反射。在此种情况下检测，无法保证质量，不管如何认真地去提高补偿量，都可能变得毫无意义。另外，有了适宜的表面粗糙度，还要采用声阻抗较大、黏度较大的耦合剂，如甘油、机油等。当探头做任何姿势的移动检测时，在探头与被探测面之间始终要有耦合剂存在。

5.3.2.2　检测方法的选择

超声波检测方法根据不同的分类标准可有不同的表述，下面对其进行简单介绍。

（1）根据检测时探头与试件的接触方式，超声波检测方法可以分为直接接触法与液浸法。

1）直接接触法。在探头与试件检测面之间涂有很薄的耦合剂层，可以看作两者直接接触，这种检测方法称为直接接触法。此方法操作方便，检测图形较简单，易于判断，缺欠检出灵敏度高，是实际检测中应用最多的方法。但是，直接接触法检测的试件，要求检测面粗糙度较高。

2）液浸法。将探头和工件浸于液体中以液体作为耦合剂进行检测的方法，称为液浸法。耦合剂可以是水，也可以是油。当以水为耦合剂时，称为水浸法。由于液浸法检测，探头不直接接触试件，所以此方法适用于表面粗糙的试件，探头不易磨损，耦合稳定，检测结果重复性好，便于实现自动化检测。液浸法按检测方式的不同又分为全浸没式和局部浸没式，如图 5-13、图 5-14 所示。

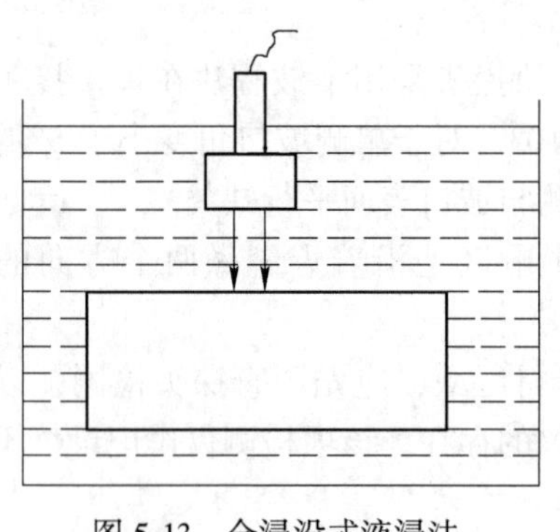
图 5-13　全浸没式液浸法

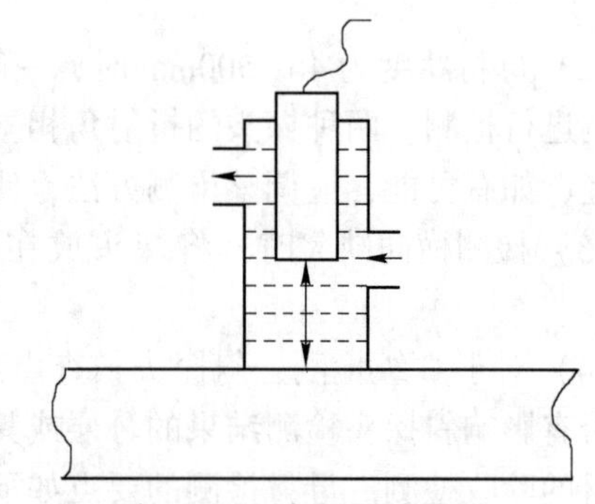
图 5-14　局部浸没式液浸法

（2）按波形分类。根据检测采用的波形，超声波检测方法可分为纵波法、横波法、表面波法、板波法、爬波法等。

1）纵波法。纵波检测法，就是使用超声纵波进行检测的方法，包括垂直入射法，小角度的单、双斜探头的斜入射法。

①垂直入射法：简称垂直法。由于直探头发射的超声波垂直检测面射入被检工件，因而该方法对与波束相垂直的缺欠检测效果好，同时该方法的缺欠定位也很方便，主要用于

铸、锻、压、轧材料和工件的检测。但受盲区和分辨力的限制，垂直入射法只能检查较厚的材料或工件。

②斜入射法：指超声波以一定的倾斜角度（3°~14°）射入工件中，利用双斜探头分别发射和接收超声波的检测法。当一个探头发射的声波入射角很小时，在工件内主要产生折射纵波，用另一个探头接收来自缺欠和底面的反射纵波。用双斜探头检测时通常没有始波，因此，可以检查近表面的缺欠，可用于较薄工件的检测。该方法根据两探头相互倾斜的角度，使发现和接收的焦点落在离检测面一定深度的位置上，使处于焦点处的缺欠波高最大，而其他位置的缺欠波高急剧降低。斜入射法特别适用于某些特定条件下的检测。

2）横波法。当纵波的入射角大于第一临界角而小于第二临界角时，则在第二种介质内只有折射横波。在实际检测中，将纵波通过斜块、水等介质倾斜入射至试件检测面，利用波型转换得到横波进行检测的方法，称为横波法。由于透入试件的横波束与探测面成锐角，所以该方法又称为斜射法。横波法主要用于管材、焊缝的检测。其他试件检测时，横波法则作为一种有效的辅助手段，用以发现垂直检测法不易发现的缺欠。

（3）按操作方式分类。超声波检测方法按操作方式分有手工检测法和自动检测法。

1）手工检测法。用手直接持探头进行检测的方法，称为手工检测法。显然，手工检测比较经济，简单易行，所用设备不多，是一种常用的主要检测法。但手工检测速度慢，劳动强度较大，检测结果受人为因素的影响大，重复性差。

2）自动检测法。用机械装置持探头自动进行检测的方法，称为自动检测法。自动检测法检测速度快，灵敏度高，重复性好，人为因素影响小，是一种比较理想的检测方法。但自动检测比较复杂，成本高，设备笨重，不易随意移动，多用于生产线上的自动检测，并且只能检测形状规则的工件。

检测方法的选择须充分考虑工件的结构特征以及可能存在的缺欠形式，并依据相关的标准来选择并确定。

5.3.3 检测条件的选择

5.3.3.1 仪器选择

（1）仪器的性能、仪器与探头的组合性能等，必须符合《承压设备无损检测 第3部分：超声检测》（NB/T 47013.3—2015）标准及《A型脉冲反射式超声波探伤仪 通用技术条件》（JB/T 10061—1999）标准的规定。

（2）超声波检测仪的几个主要指标，如水平线性、垂直线性、动态范围等，应按标准进行定期校验，并经检定合格，发现故障要及时予以修理，使仪器始终保持良好的工作状态。

5.3.3.2 探头的选择

（1）探头频率的选择。频率是超声波检测中一个很重要的参数。焊接接头超声波检测选用何种频率，要考虑下述因素：被检测面的粗糙度、材质、晶粒大小、超声的穿透能力、分辨力、检测精确度、检测速度等。

关于焊接接头检测频率的推荐值可参见表5-4。

表 5-4　焊接接头检测推荐频率

母材厚度/mm	焊接接头检测频率/MHz
t≤50	5 或 2.5
50<t≤75	5 或 2.5
t>75	2.5
晶粒粗大的铸件和奥氏体钢焊缝	1.0，2.0，4.0

（2）探头晶片的选择。中厚板、厚板焊接接头检测，若被探测面很平整，使用大晶片探头进行检测也能达到良好的接触，则在此种情况下，为了提高检测速度，可以使用晶片尺寸较大的探头。对于板较薄且变形较大，或者具有一定弧度的结构件焊接接头检测，为了使探头与被探测面之间很好地接触，以达到良好的耦合，应选择晶片尺寸较小的探头。

（3）探头 K 值的选择。探头 K 值的选择应遵循以下三方面原则：

1）使声束能扫查到整个焊缝截面；

2）使声束中心线尽量与主要缺欠垂直；

3）保证有足够的灵敏度。

焊接接头超声波检测要求探头声束指向性好、灵敏度高、始波占宽小、杂波少、探头的前沿尺寸（L_0值）小以及具有合适的 K 值。为保证声束能扫查到整个焊缝截面，当探头前沿紧贴焊缝边缘时，主声束应扫查到远离探头的焊缝下焊脚，如图 5-15 所示。

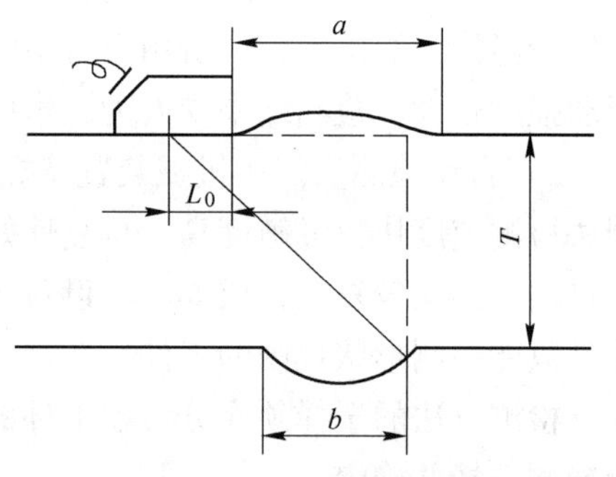

图 5-15　探头扫描示意图

K 值可根据工件的厚度来选择。薄板焊接接头超声波检测为避免近场区的影响，提高定位定量精度，一般采用大 K 值探头。大厚度焊接接头检测为缩短声程、减少衰减、提高检测灵敏度及减少打磨宽度，一般采用 K 值较小的探头。但大量实践证明，低合金高强钢大厚度焊缝中的裂纹，采用较大和较小的两种 K 值探头分别检测，尽管两者检测的灵敏度完全相同，但 K 值较小的探头很难甚至根本发现不了此种裂纹，很容易漏检。因此，尽管焊缝母材很厚，但在条件允许的情况下，也应尽量采用 K 值大的探头，或者同时采用较大和较小的两种 K 值探头联合探测。表 5-5 为焊接接头检测探头 K 值的推荐值。

表 5-5　斜探头的推荐 K 值

板厚 T/mm	K 值
≥6 ~ 25	3.0 ~ 2.0（72°~ 63°）
>25 ~ 40	2.5 ~ 1.5（68°~ 56°）
> 40~ 120	2.0 ~ 1.0（63°~ 45°）

5.3.3.3　检测区域的确定

检测区的宽度应是焊缝本身，再加上焊缝两侧各相当于母材厚度 30% 的一段区域，这个区域最小为 10mm，最大为 20mm，如图 5-16 所示。

5.3.3.4 探头移动区域的确定

检测面表面应平整，便于探头的扫查，其表面粗糙度 Ra 值应小于或等于 6.3μm，一般应进行打磨至光滑无棱。去除余高的焊缝，应将余高打磨到与邻近母材平齐。保留余高的焊缝，如果焊缝表面有咬边、较大的隆起和凹陷等，也应进行适当的修磨，并做圆滑过渡，以免影响检测结果的评定。

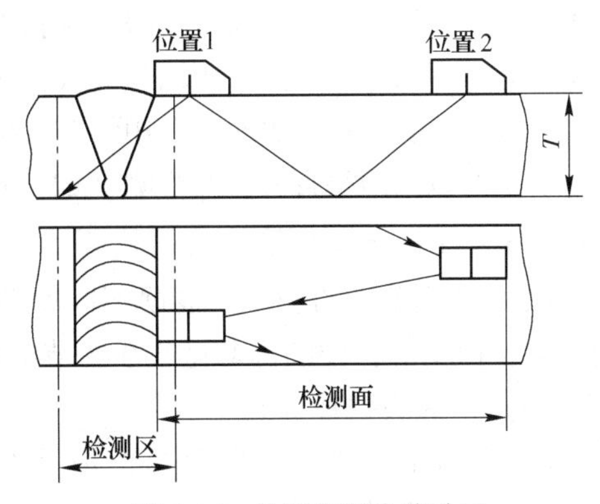

图 5-16 检测和探头移动区

(1) 采用一次反射法检测时，探头移动区应大于或等于 1.25P：

$$P = 2KT \tag{5-2}$$

或

$$P = 2T\tan\beta \tag{5-3}$$

式中 P——跨距，mm；

T——母材厚度，mm；

K——探头 K 值；

β——探头折射角，(°)。

(2) 采用直射法时，探头移动区应或等于 0.75P。

5.3.3.5 检测时机的确定

焊接接头区域的危害性缺欠，特别是延迟裂纹，是构件在焊后冷却到室温时所产生的裂纹，有的具有延迟现象，它并不是在构件焊后立即产生，通常是在焊后数小时或者更长时间内产生。而检测必须在延迟裂纹产生后进行。因此，把握好焊后的检测时机，对防止延迟裂纹的漏检是十分重要的。

对于一般材质的焊接接头，检测时间可以规定在焊后进行。但如果焊接接头很厚，刚度和焊接应力比较大，则检测时间应适当延长；低合金高强钢焊接构件，检测时间一般规定在焊完的 24h 以后；对于强度很高的低合金高强钢焊接构件，或者刚度和焊接应力极大的焊接构件，检测时间可以延长至 5 天以后。

注：上述规定也适合于焊缝返修以后的检测。

5.3.3.6 耦合剂的选择

耦合剂一般有甘油、机油、浆糊等。上述耦合剂都具有一定的黏度，有利于粗糙面和曲面的检测。从超声波的传播特性来看，使用甘油效果比较好；机油和浆糊差别也不大，不过后者有较好的黏性，可以用于任意姿势的检测，并且同甘油一样具有水洗性。在检测过程中，要防止耦合剂过快地干燥，以保证探头与被探测面之间始终有湿润的耦合剂，以便取得良好的声耦合。

5.3.4 各种焊接接头的检测

根据焊接工艺的要求，焊接接头必须留有一定的余高，这就给超声波检测带来了一定的难度。由于焊缝余高的存在，使得焊接接头表面凸凹不平，若用垂直入射法（直探头）进行检测时，探头难以放置，所以只能放置在焊缝两侧进行检测。此外，焊接接头中最危险的缺欠一般都垂直于焊缝表面，采用斜探头检测更容易，下面主要介绍这一方法。当然，在某些场合也可以采用垂直入射法检测（如T形接头腹板和翼板间未焊透等的检测）。

5.3.4.1 平板对接接头的检测

（1）检测条件的选择。根据不同检测等级和板厚范围来选择检测面、检测方法、检测区域、探头等，详细可参见5.3.3节的相关要求。

（2）单探头扫查方式：

1）锯齿形扫查。锯齿形扫查是手工超声波检测中最常用的扫查方法，主要用于焊缝的粗检测，通过锯齿形扫查初步确定焊缝中可能存在的缺欠位置，以便后期进行细致检测。锯齿形扫查的操作手法见图5-17。

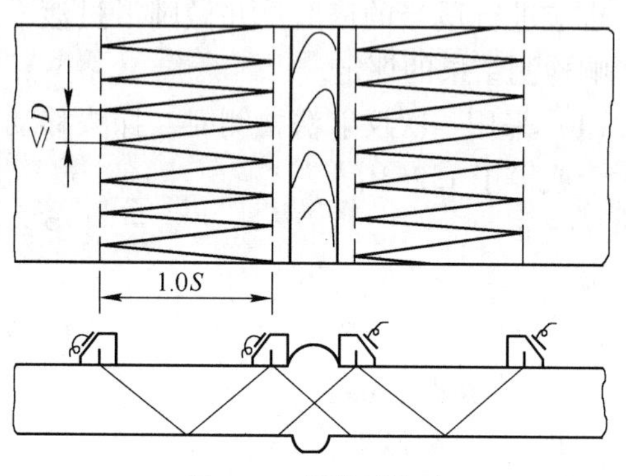

图5-17 锯齿形扫查

2）基本扫查。经锯齿形扫查确定缺欠后，要采用基本扫查做进一步精扫查，如图5-18所示。基本扫查包括四种操作手法：前后、左右、转角和环绕。其中，前后扫查估判缺欠形状和缺欠高度；左右扫查可区分点缺欠和条状缺欠；转角扫查适于裂纹的判断；环绕扫查估判点缺欠形状。

3）平行扫查。平行扫查是在焊缝边缘或焊缝上（C级检验，焊缝余高已磨平）做平行于焊缝的移动扫查，如图5-19所示，此法可检测焊缝及热影响区的横向缺欠。

4）斜平行扫查。斜平行扫查是指探头与焊缝方向成一定夹角（$\alpha=10°\sim45°$）的平行扫查，如图5-20所示。斜平行扫查法有助于发现横向裂纹。为保证夹角α及与探头与焊缝之间的距离Y的稳定，需使用钢直尺和夹具等。

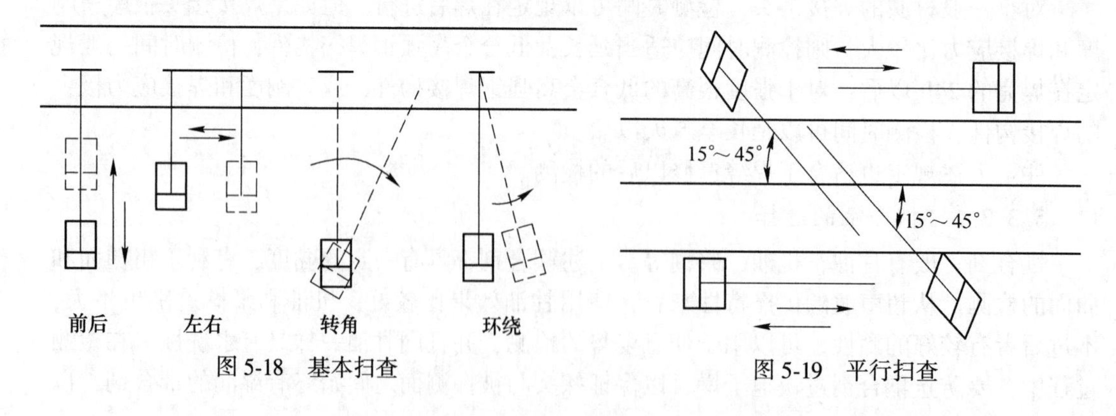

图5-18 基本扫查

图5-19 平行扫查

（3）双探头扫查方式。双探头扫查是采用两个探头，一个用于发射超声波，另一个用于接收超声波。根据不同的检测目的，可采用不同的扫查方法，下面对常用的扫查方法进行简介。

1）串列扫查。将两个斜探头垂直于焊缝前后布置进行横方形或纵方形扫查，如图5-21所示。此法主要用于检测平行于焊缝表面的竖直面状缺欠，如未熔合、未焊透。

2）交叉扫查。两个探头置于焊缝的同侧或两侧且成60°~90°，探头平行于焊缝移动，实现对横向或纵向面状缺欠的检测，如图5-22所示。

3）V形扫查。将两探头分别放置在焊缝两侧，可检测与探测面平行的面状缺欠，如图5-23所示。

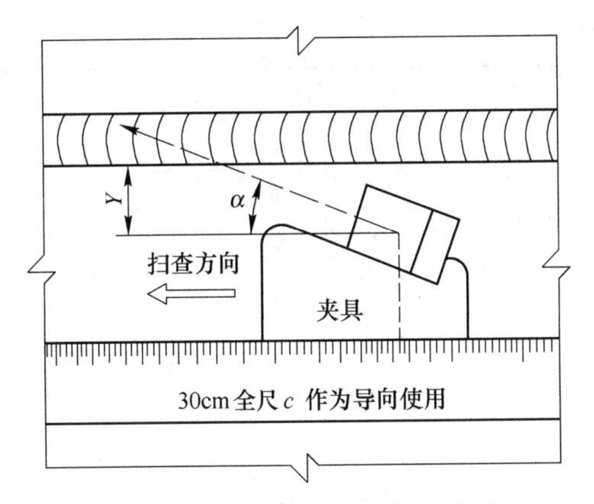

图5-20　斜平行扫查和扫查夹具

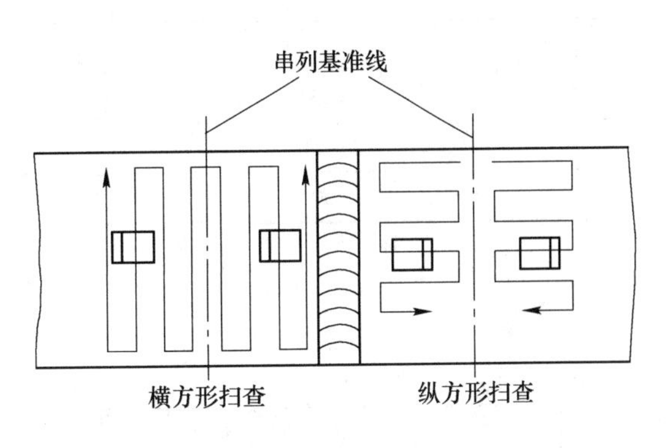

图5-21　横方形扫查及纵方形扫查

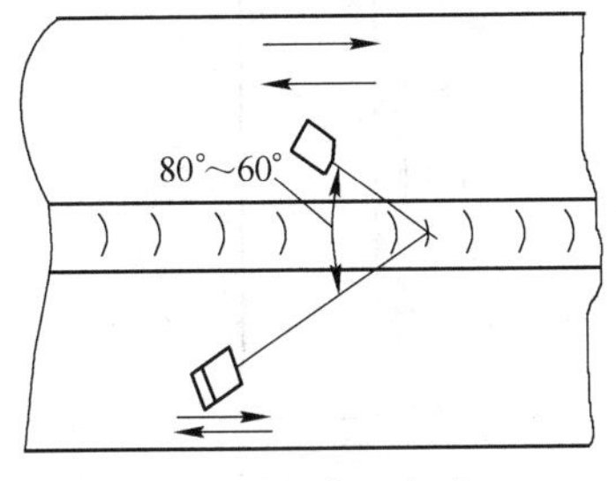

图5-22　交叉扫查

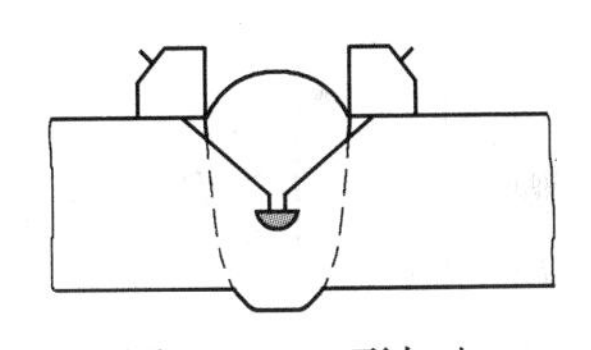

图5-23　V形扫查

5.3.4.2　曲面工件对接接头的检测

（1）曲率半径 $R>W^2/4$（W 为探头接触面宽度）时，检测方法同平板对接接头的检测方法。

（2）曲率半径 $R \leqslant W^2/4$ 时：

1）试块。纵缝采用与 R 相同的对比试块，环缝的对比试块为（0.9~1.5）R。

2）探头。探头楔块应修成与 R 一致，根据曲面工件 R 和厚度选择探头角度。

3）定位修正。在平板对接焊缝检测中，缺欠位置由埋藏深度和水平距离确定。而曲面工件检测中，由于曲率的存在，缺欠位置由埋藏深度和水平距离弧长来决定，若不修正，将会使定位产生很大误差。

5.3.4.3　其他结构焊接接头的检测

（1）T形接头的检测：

1）腹板厚度不同时，选用的斜探头角度或 K 值如表5-6所示。斜探头在腹板一侧做一次反射法检测，如图 5-24 位置 2 所示。

2）检测腹板和翼板间未焊透或翼板侧焊缝下层撕裂状等裂纹，可采用直探头或斜探头在翼板外侧检测（见图 5-24 位置 1），或采用 K_1 斜探头在翼板内侧做一次反射法检测（见图 5-24 位置 3）。

3）检测焊缝及腹板侧热影响区的裂纹，可采用 K_1（45°）探头在腹板一侧做直射法和一次反射法探测，如图 5-25 所示。直探头、斜探头的频率通常为 2.5MHz。

表 5-6 探头角度选用

腹板厚度/mm	折射角 γ/（°）
<25	70°（$K_{2.5}$）
25~50	80°（$K_{2.5}$，$K_{2.0}$）
>50	45°（K_1，$K_{1.5}$）

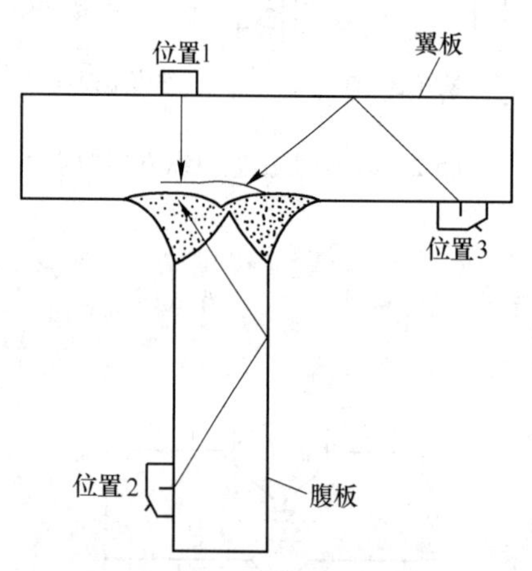

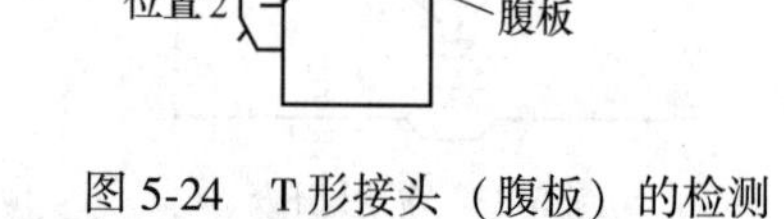

图 5-24 T 形接头（腹板）的检测

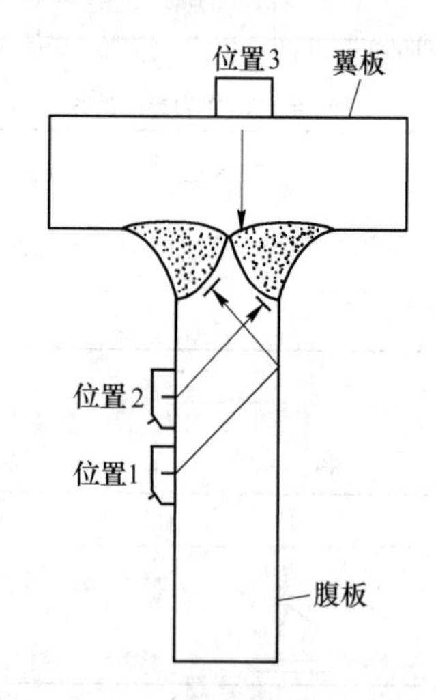

图 5-25 T 形接头（焊缝及腹板热影响区）的检测

（2）角接接头的检测。角接接头的检测面和探头角度一般按表 5-6 和图 5-26 选择。

（3）管座角焊缝的检测。管座角焊缝以直探头为主，斜探头为辅。根据焊缝的结构形式选择检测方式。

1）在接管内壁采用直探头检测，如图 5-27 位置 1 所示；

2）在容器内壁采用直探头检测，如图 5-28 位置 1 所示；

3）在接管内壁采用斜探头检测，如图 5-27 位置 3 和图 5-28 位置 3 所示；

4）在接管外壁采用斜探头检测，如图 5-28 位置 2 所示；

5）在容器外壁采用斜探头检测，如图 5-26 位置 2 所示。

5.3.5 超声波检测工艺及一般程序

超声波检测工艺是根据被检对象的实际情况，依据现行检测标准，结合本单位的实际情况，合理选择检测设备、器材和方法，在满足安全技术规范和标准要求的情况下，正确完成检测工作的书面文件。它由通用工艺和专用工艺两部分组成。

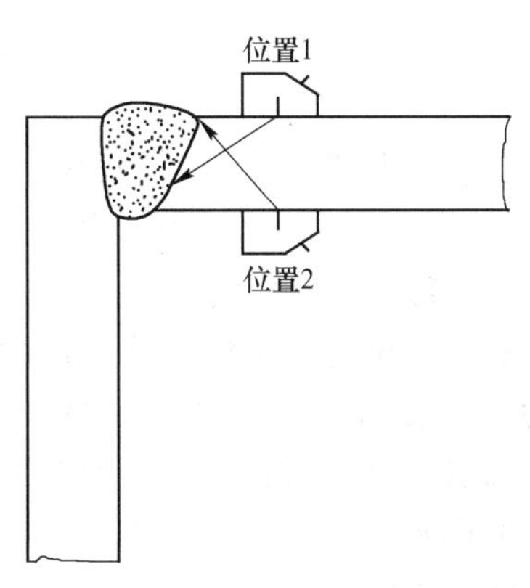

图 5-26 角接接头的检测

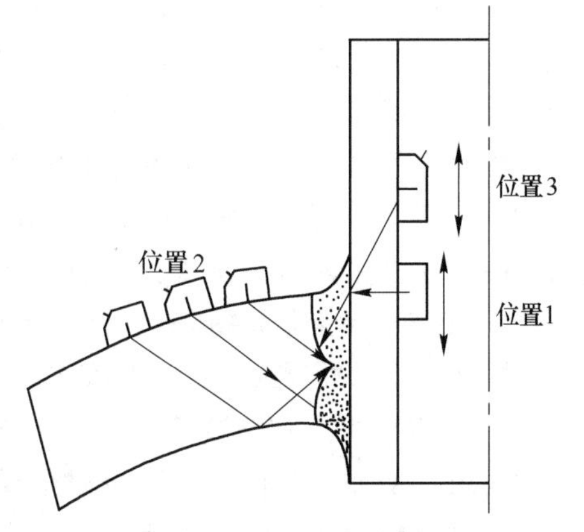

图 5-27 插入式管座角焊缝的检测

5.3.5.1 超声波检测通用工艺

超声波检测通用工艺是本单位超声波检测的通用工艺要求，应涵盖本单位全部检测对象。以特种设备超声波检测为例，按照《特种设备无损检测人员考核与监督管理规则》规定，超声波检测通用工艺应由Ⅲ级超声波检测人员编制，无损检测责任师审核，单位技术负责人批准。

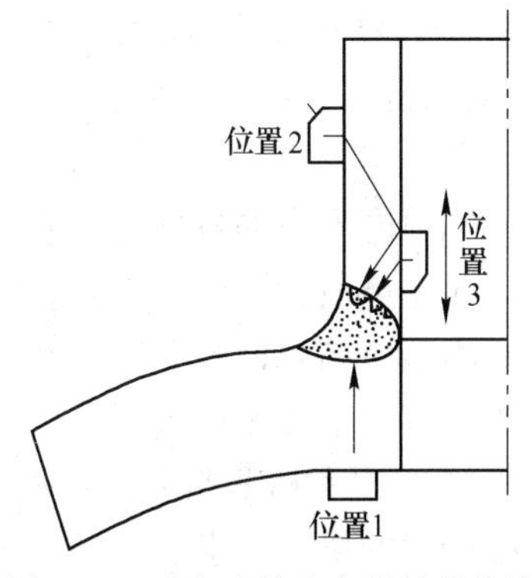

图 5-28 骑座式管座角焊缝的检测

（1）超声波检测通用工艺的主要内容和适用范围：

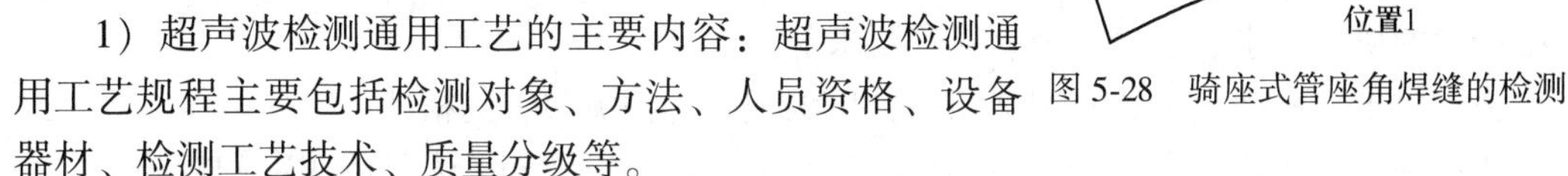

1）超声波检测通用工艺的主要内容：超声波检测通用工艺规程主要包括检测对象、方法、人员资格、设备器材、检测工艺技术、质量分级等。

2）超声波检测通用工艺的适用范围：

①适用范围内的材质、规格、检测方法和不适用的范围。

②编制依据标准，满足的安全技术规范和标准要求。

③明确通用工艺规程与工艺卡的关系及工艺卡的编制原则。

④本工艺文件审批和修改程序，工艺卡的编制规则。

（2）通用工艺的编制依据（引用标准、法规）。依据被检对象选择现行的安全技术规范和产品标准，设计文件、合同、委托书等也应作为编制依据写入特种设备超声波检测通用工艺中，并在超声波检测通用工艺中得到严格执行。

（3）对于检测人员的要求。超声波检测通用工艺中应当明确对检测人员的持证要求以及各级持证人员的工作权限和职责，下面是现行法规对检测人员的要求：

1）检测人员应按照《特种设备无损检测人员考核与监督管理规则》的要求取得相应超声波检测资格。

2）取得不同级别超声波检测资格的检测人员只能从事与其资格相适应的检测工作并承担相应的技术责任。

Ⅰ级超声波检测人员可在Ⅱ、Ⅲ级超声波检测人员的指导下进行超声波检测操作、记录检测数据、整理检测资料。

Ⅱ级超声波检测人员可编制一般的超声波检测程序，按照超声波检测工艺规程或在Ⅲ级超声波检测人员的指导下编写超声波检测工艺卡，并按超声波检测工艺独立进行超声波检测，评定检测结果，签发检测报告。

Ⅲ级超声波检测人员可根据标准编制超声波检测工艺，审核或签发检测报告。

（4）设备、器材。超声波检测通用工艺应当明确所用的设备、试块、探头的使用型号、适用条件、方法和内容。例如，《承压设备无损检测　第3部分：超声检测》（NB/T 47013.3—2015）标准规定每隔三个月至少对仪器的水平线性和垂直线性进行一次测定，测定方法按《A型脉冲反射式超声波探伤仪 通用技术条件》（JB/T 10061—1999）的规定。

（5）技术要求。超声波检测通用工艺应明确超声波检测的时机，并符合相关规范和标准的要求。例如，锻件超声波检测在原则上应于最终热处理后、粗加工前进行，超声波检测工艺应该明确各部分的检测比例、验收级别、返修复检要求、扩检要求。这些技术要求有的可以放到专用工艺中。

（6）检测方法。依据《承压设备无损检测　第3部分：超声检测》（NB/T 47013.3—2015）标准说明超声波检测的方法：检测表面的制备、仪器调节、扫描速度调节、灵敏度调节、扫查方式、缺欠的测定和记录、质量评定规则、灵敏度的复验要求、补偿等。

本项内容中的各项内容应当完整、具体，具有可操作性。

对超声波检测中的工艺参数要做出具体、详细的规定或做成图表的形式供检测人员使用。本项应结合检验单位和被检对象的实际情况编写，对没有涉及或不具备条件的检测方法等内容，不要写到超声波检测工艺中。

（7）技术档案要求。超声波检测通用工艺应当对超声波检测中的技术档案做出规定，包括档案的格式要求、传递要求、保管要求等。

格式要求：明确超声波检测工艺卡、检测记录、检测报告的格式。

传递要求：明确各个档案的传递程序、时限、数量以及相关人员的职责和权限。

保管要求：工艺中应该规定技术档案的存档要求，以及“保存期不少于7年，7年后若用户需要，可转交用户保管的要求”。

5.3.5.2　超声波检测专用工艺编制

超声波检测专用工艺是通用工艺的补充，是针对特定的检测对象，明确检测过程中各项具体技术参数的工艺。超声波检测专用工艺一般由Ⅱ级或Ⅲ级超声波检测人员编制，用来指导检测人员进行检测工作。当通用工艺未涵盖被检对象或用户有要求及检测对象重要时，应编制专用工艺规程或工艺卡。超声波检测的检测人员必须按照专用工艺进行检测操作。工艺卡的编制较为简单。这里以被检对象检测执行《承压设备无损检测　第3部分：超声检测》（NB/T 47013.3—2015）标准为例说明工艺卡主要项目填写的要求。

（1）工艺卡编号。工艺卡编号一般为单位内部编号，但应具有唯一性。

（2）产品名称和产品编号。产品名称和产品编号按照图样或工艺文件填写，对于板材和锻件还没有产品名称和编号时，填写材料名称及材料编号。

（3）工件部分：

1）规格：按受检对象图样和工艺文件规定的尺寸填写。产品及零部件用直径×长度×板厚表示，板材用长×宽×板厚表示，锻件按外形尺寸用直径×长度或长×宽×厚表示。

2）厚度：按焊缝检测区主体材料的厚度填写，其他检测对象划杠。

3）材料牌号：按照图样或工艺文件规定受检对象的主体材料填写。

4）表面状态：指被检对象检测面要求制备的表面状态。

5）检测时机：按产品标准、安全技术规范、图样或工艺文件规定的检测时机填写。

（4）器材及参数：

1）仪器型号：指工艺规定使用的超声波探伤仪的型号，例如“HS600”、“PXUT-240B”、“CTS-3020”、“CTS-22”等。

2）探头规格：指工艺规定采用的探头参数。

3）试块：指检测时用来调整仪器和检测灵敏度所用的试块型号。例如，焊缝可填写“CSK-ⅠA、CSK-ⅢA”，锻件可填写“CSⅠ”或“CSⅡ”，用大平底确定检测灵敏度时划杠；板材按厚度填写，当$T\leqslant 20$mm时填写“CBI”，当$T>20$mm时填写“CBⅡ”。像CSⅠ、CSⅡ、CBⅡ这类一组试块的，应明确使用哪一个试块，例如“CBⅡ-2”。对于采用非标准试块的填写，应包括反射体类型和反射体参数，例如“声程30mm、$\phi 5$平底孔”。

4）耦合剂：填写工艺规定使用的耦合剂，例如“工业浆糊”、“水”、“机油”等。

（5）技术要求。技术要求主要包括检测标准、合格等级、扫描比例、耦合方式、表面补偿、扫查速度、扫描线调节及说明、灵敏度调节及说明、扫查方式及说明、缺欠的测定与记录、不允许缺陷、扫查示意图等。

（6）编制人、审核人。编制人员应至少具有超声波检测Ⅱ级资格，审核人员应为检测责任人员。有编制人和审核人本人签字或盖章，并填写相应日期。

5.3.5.3　*超声波检测一般程序*

超声波检测一般程序如图5-29所示。在验收时，若发现不合格，将进行试件二次检测，程序基本一致。

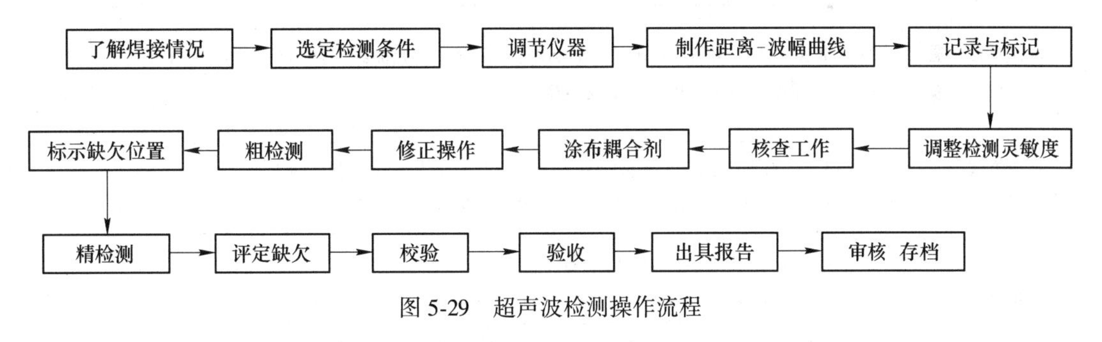

图5-29　超声波检测操作流程

5.3.6　典型产品实例

某冷热设备有限公司制作一台回转炉，回转炉壳体部分（规格为Di3200mm×5220mm×54mm，材质为Q345R）已焊接完成并经射线检测合格，按设计要求射线检测合格后进行100%的超声波检测。检测要求为按《承压设备无损检测　第3部分：超声检测》（NB/T 47013.3—2015）标准B级检验，Ⅰ级为合格，待检焊接接头如图5-30所示。工艺卡编制情况见表5-7。

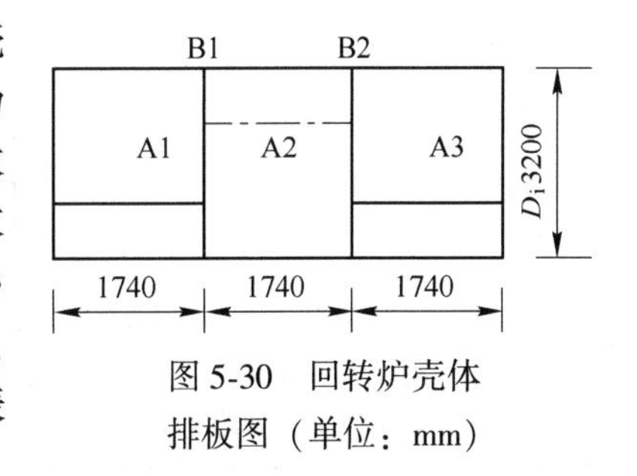

图5-30　回转炉壳体排板图（单位：mm）

表 5-7 焊缝超声波检测工艺卡

工艺卡编号： 共 1 页第 1 页

产品名称	回转炉		产品（制造）编号	
工件	部件名称	壳体	板厚/mm	54
	部件编号	—	规格/mm	D_i3200×54×5220
	检测项目	□板材 □管材 □锻件 ■焊缝	材料牌号	Q345R
	检测部位编号	B1、B2、A1、A2、A3	坡口形式	X
	检测阶段	■焊后 □返修后 □机加工后 □轧制后 □热处理后		
	表面状态	打磨	焊接方法	□手工焊 ■自动焊 □氩弧焊
器材及参数	仪器型号	HS600	检测方法	□纵波检测 ■横波检测
	探头型号	2. 5P13×13K2	表面补偿	4dB
	试块型号	CSK-ⅠA、CSK-ⅢA	检测面	□单面单侧 □双面单侧 ■双面双侧 □轧制面
	耦合剂	□水 □机油 □甘油 ■工业浆糊	扫查速度	≤150mm/s
技术要求	检测标准	NB/T 47013. 3—2015	检测比例	100%
	合格级别	Ⅰ级	检测规程编号	XXX-XX
扫描线调节及说明	在 CSK-ⅠA 标准试块上测定斜探头的前沿、K 值、扫描速度			
灵敏度校准及设定	用 CSK-ⅢA 试块在超声波检测仪上做 $\phi1\times6$ 的距离-波幅曲线，然后将仪器参数中的判废线调整为+10dB，定量线调整为 0dB，评定线调整为-6dB			
扫查方式及说明	锯齿形扫查、斜平行扫查，探头的每次扫查覆盖率应大于探头直径的 15%； 缺欠定位、定量时，采用前后、左右、转角、环绕等基本扫查方式			
缺欠的记录	1. 达到或超过定量线（≥SL+0dB）的缺欠； 2. 裂纹、白点等危害性缺欠			
不允许的缺欠	1. 裂纹类危害性缺欠；2. 波幅≥SL+0dB 且指示长度>18mm 的单个缺欠；3. 波幅≥SL+10dB 的缺欠；4. 任意 486mm 长度范围内波幅≥SL+0dB 缺欠的累计长度>54mm			
检测部位示意图	B1 B2 A1 A2 A3 D_i3200mm 1740mm 1740mm 1740mm			
编制人（资格）：×××（UT-Ⅱ） ××××年××月××日		审核人（资格）：×××（UT-Ⅱ） ××××年××月××日		

5.4 液浸法超声波检测

5.4.1 液浸法检测分类

液浸法（Immersion Testing）是将工件和探头头部浸在耦合液体中，探头不接触工件的检测方法。该法具有声波的发射和接收比较稳定、易于实现检测过程自动化，并可显著提高检查速度等优点。其缺点主要体现在需要一些辅助设备，如液槽、探头桥架、探头操纵器等。同时，由于液体耦合层一般较厚，故声能损失较大。

液浸法当用水（通常情况下均如此）作耦合介质时，称为水浸法。水浸检测时，探头常采用聚焦探头，即最常用的水浸聚焦超声波检测。根据工件和探头的浸没方式，液浸法可分为全没液浸法、局部液浸法和喷流式局部液浸法等，其原理如图 5-31 所示。

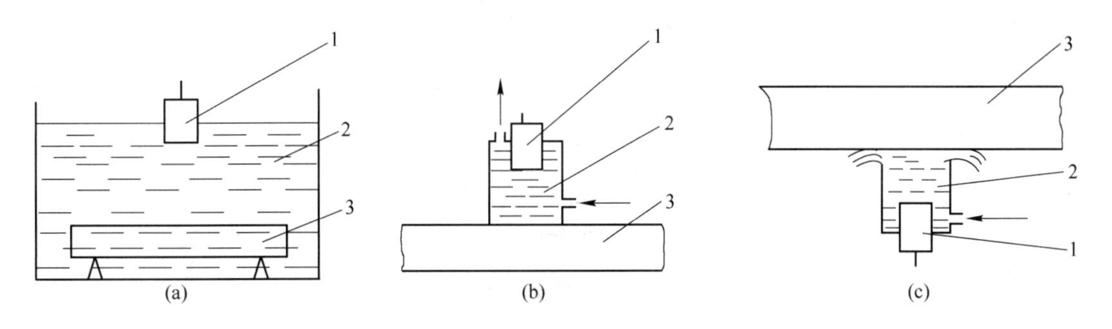

图 5-31 液浸法

（a）全没液浸法；（b）局部液浸法；（c）喷流式液浸法

1—探头；2—耦合液；3—工件

5.4.2 水浸聚焦超声波纵波法检测

水浸聚焦超声波纵波法的检测原理及波形如图 5-32 所示。聚焦直探头发射的聚焦声束透过传声介质水层后到达工件，并在工件内部传播，随后进行反射，由于整体系统有两个界面，所以出现了两次发射波。

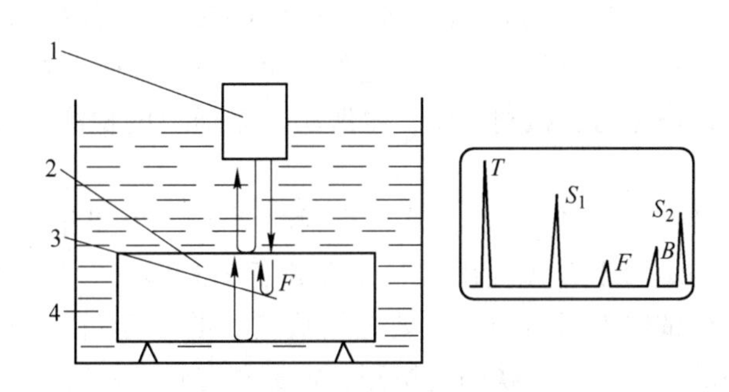

图 5-32 水浸聚焦纵波法检测原理和波形

1—探头；2—工件；3—缺欠；4—水

T—始波；S_1—一次界面反射波；F—缺欠波；B—工件底波；S_2—二次界面反射波

5.4.3 水浸聚焦超声波横波法检测

水浸聚焦超声波横波法的检测原理如图 5-33 所示。

当聚焦直探头偏离金属管中心轴线时，聚焦声束将透过传声介质水层倾斜入射金属管表面，这时在界面上将发生波形转换。适当调整偏轴距（选择入射角），使折射波中只有横波，此横波在金属管内外壁之间沿圆周呈锯齿形传播。

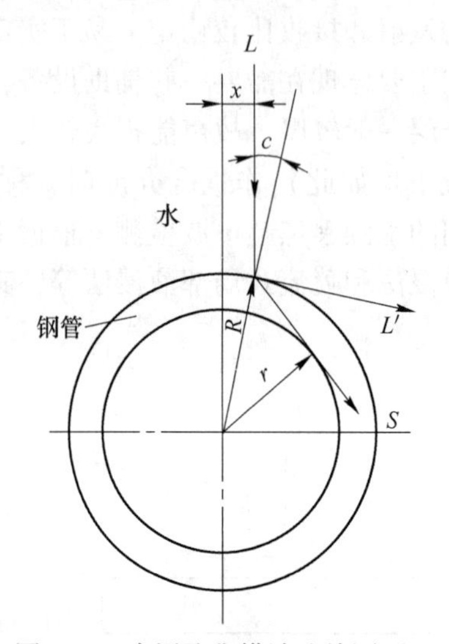

图 5-33 水浸聚焦横波法检测原理

5.5 计算机及数字信号处理技术在超声波检测中的应用

5.5.1 数字化超声波检测仪器设备（TOFD）

随着近年来科技的发展，目前超声波检测设备基本采用数字化技术，形成数字化超声波检测仪器。数字化超声波检测设备分为自动式和携带式两大类。自动式数字化超声波检测设备多是以传统超声波检测仪（单通道或多通道）配置微机系统或外部计算机联机，直接对检测条件进行数字控制，对检测数据进行分析和处理，并打印输出检测报告。同时，还可控制机械装置和工序流程，使生产过程自动化等。自动式数字化超声波检测设备提高了超声波检测的判伤能力、检测速度，也解决了多通道的检测条件的自动调整问题，简化了操作。

Time Of Flight Diffraction（TOFD）超声波衍射时差法于 20 世纪 70 年代由英国哈威尔的国家无损检测中心 Silk 博士首先提出，其原理源于 Silk 博士对裂纹尖端衍射信号的研究，是一种依靠从待检试件内部结构（主要是指缺陷）的“端角”和“端点”处得到的衍射能量来检测缺陷的方法，用于缺陷的检测、定量和定位。在同一时期我国中科院也检测出了裂纹尖端衍射信号，发展出一套裂纹测高的工艺方法，但并未发展出现在通行的 TOFD 检测技术。TOFD 技术首先是一种检测方法，但能满足这种检测方法要求的仪器却迟迟未能问世。TOFD 要求探头接收微弱的衍射波时达到足够的信噪比，仪器可全程记录

A 扫波形、形成 D 扫描图谱，并且可用解三角形的方法将 A 扫时间值换算成深度值。而同一时期工业探伤的技术水平没能达到可满足这些技术要求的水平。直到 20 世纪 90 年代，计算机技术的发展使得数字化超声探伤仪发展成熟后，研制便携、成本可接受的 TOFD 检测仪才成为可能。

PXUT-910 便携式超声波 TOFD 检测仪是在 PXUT-900 的基础上研制的多通道 TOFD 检测仪。该设备延续了 PXUT-900 便于携带、操作简便的优点，功能更强大、性能更优异，通道数扩展至 8 个，最大可支持 4 对 TOFD 通道，是一款具备 A 扫、B 扫、C 扫、D 扫、TOFD 成像，导波成像以及支持 P 扫功能，为国内无损检测人员度身定制的多通道 TOFD 检测仪，如图 5-34 所示。

TOFD 检测具有很多优点，具体如下：

（1）一次扫查几乎能够覆盖整个焊缝区域（除上下表面盲区），可以实现非常高的检测速度；

（2）可靠性要好，对于焊缝中部缺陷检出率很高；

（3）能够发现各种类型的缺陷，对缺陷的走向不敏感；

（4）可以识别向表面延伸的缺陷；

（5）采用 D-扫描成像，缺陷判读更加直观；

（6）对缺陷垂直方向的定量和定位非常准确，精度误差小于 1mm；

（7）和脉冲反射法相结合时检测效果更好，覆盖率 100%。

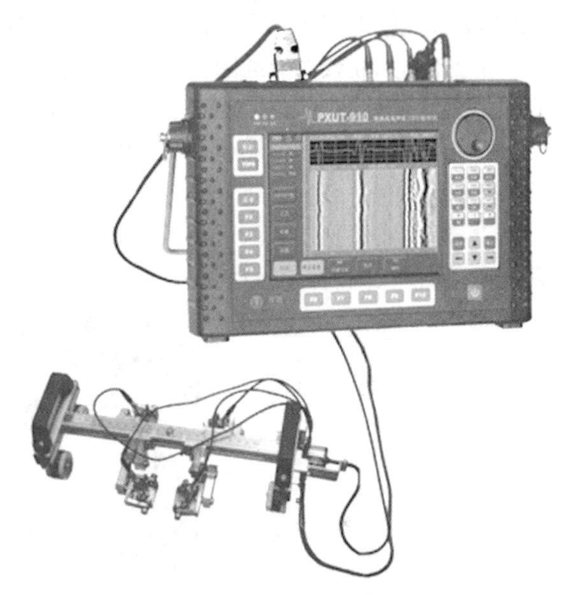

图 5-34 PXUT-910 便携式超声波实物图

但是实际应用过程中，TOFD 也有一定的不足，具体为：

（1）近表面存在盲区，对该区域检测可靠性不够；

（2）对缺陷定性比较困难；

（3）对图像判读需要丰富经验；

（4）横向缺陷检出比较困难；

（5）对粗晶材料，检出比较困难；

（6）对复杂几何形状的工件比较难测量；

（7）不适于 T 型焊缝检测。

5.5.2 计算机辅助超声成像技术

传统的超声波检测技术都是对缺欠的位置和深度进行定位，但是无法将缺欠的整体轮廓描述出来，随着计算机技术不断在超声波检测技术中的应用，超声波成像技术得以诞生，这些方法主要包括脉冲回波扫描成像技术（B、C、3D 型显示）和正面投影声成像技术（相控阵技术、合成孔径聚焦技术、ALOK 成像技术）。下面对第二类技术进行简要介绍。

5.5.2.1 相控阵技术

超声相控阵是超声探头晶片的组合，由多个压电晶片按一定的规律分布排列，然后逐次按预先规定的延迟时间激发各个晶片，所有晶片发射的超声波形成一个整体波阵面，能有效地控制发射超声束（波阵面）的形状和方向，能实现超声波的波束扫描、偏转和聚焦。它为确定不连续性的形状、大小和方向提供出比单个或多个探头系统更大的能力。

超声相控阵检测技术使用不同形状的多阵元换能器产生和接收超声波束，通过控制换能器阵列中各阵元发射（或接收）脉冲的不同延迟时间，改变声波到达（或来自）物体内某点时的相位关系，实现焦点和声束方向的变化，从而实现超声波的波束扫描、偏转和聚焦。然后采用机械扫描和电子扫描相结合的方法来实现图像成像。

图 5-35 为相控阵探伤仪实物图。该设备支持 64 晶片探头，每组发射波束晶片为 16 个，液晶触摸屏，极致清晰的图像显，用先进的 MSATA 存储技术，50GB 超大存储容量，容量可扩充，一次同时多角度扫描，扫描角度范围-89°~ +89°，步进可调，具备 A、B、C、D、S、L、TOFD 等多种图像显示功能，支持时间和编码器两种成像触发方式，全程扫查记录自动保存。

相控阵超声波检测技术由于其独特的优势正在被广大企业所认可，市场应用实例越来越多，但是现阶段国内标准尚无此方法，这也是此种方法使用受限的一个原因。

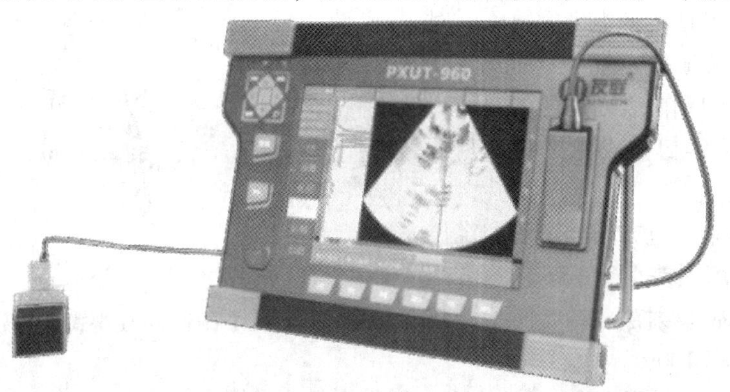

图 5-35 相控阵探伤仪实物图

5.5.2.2 合成孔径聚焦技术

合成孔径聚焦技术（synthetic aperture focusing technique，SAFT）技术源自于合成孔径雷达技术（SAR），在 20 世纪 70 年代被引入超声成像领域。SAFT 技术的基本思想是利用脉冲-回波（pulse-echo）测量机制，使用一个超声换能器沿着固定轨迹对被测物体进行有序的扫描，并采用延时叠加（DAS）方法（时间延迟或相位延迟）对扫描得到的脉冲回波信号进行聚焦成像，实现利用单一的较小孔径的超声换能器来模拟大孔径阵列的目的，基本原理如图 5-36 所示：当一超声收、发的探头沿直线移动，每隔距离 d 发射一个声波，同时接收来自物体各点的散射信号并加以储存。根据各成像点的空间位置，对接收到的信号作适当的声

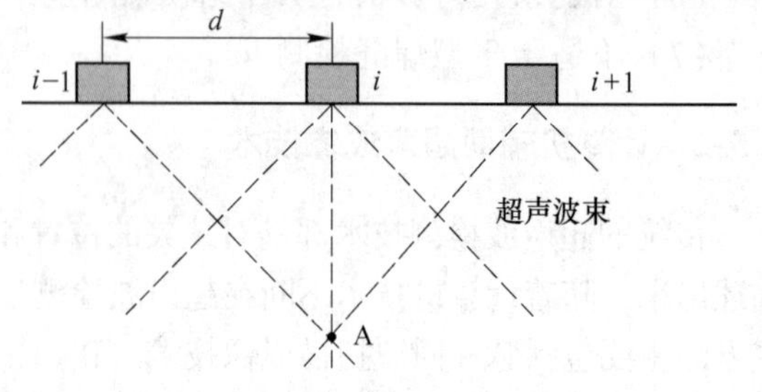

图 5-36 合成孔径聚焦技术原理图

时延迟或相位延迟后再合成得到的被成像物体的逐点聚焦声像，就是合成孔径成像技术。

5.5.2.3 ALOK 成像技术

ALOK 成像（amplituden and laufeit-orts kurven）技术，即幅度、传播时间、位置曲线技术，首先于 20 世纪 80 年代初由德国 fraunhofe-institut fur zerstorungsfreie prufverfahren 开始进行系统的应用性研究，目前已研制出多通道实时超声 ALOK 数据采集装置，其中数据处理及缺欠成像部分仍在中型计算机上离线实行。整个 ALOK 系统已开始试用于核电站的在役超声自动检测中。

如图 5-37 为 ALOK 系统原理图。检测时，探头沿检测面作 A-A'移动，并接收回波信息。首先对各个测量位置上得到的信号均判别出回波峰值，以确定反射回波的传输时间及幅值，然后把回波峰值及其所对应的孔径（或缺陷）的坐标 x、传输时间 t 及回波幅值 A 以对应数组的形式存入内存，并绘出 t-x 曲线。

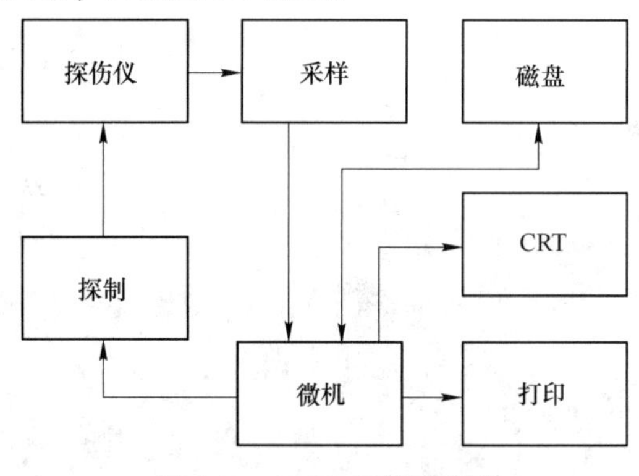

图 5-37 ALOK 系统原理图

5.5.3 超声波检测中信号处理技术的新发展

大量研究表明，通用超声波检测设备的缺点不完全取决于硬设备，而往往是信号处理、成像数据处理分析的问题，即需要评定材料的完整信息，可完全包含在常用检测仪器探测到的波形里。但是，目前只有一小部分数据可被利用。

（1）常用信号处理技术。超声波检测领域应用的数字信号处理技术主要有信号平均技术、频谱分析技术、包络识别技术、滤波技术及相关处理技术等。

在信号平均技术中，有时间均值法、空间均值法和频率平均法。频谱分析技术中有分离频谱分析技术等。所有这些信号处理技术的目的都是设法从探头接收到的回波中提取更多反映缺欠特征的信息，其中主要是对噪声的抑制。因此，信号处理技术在粗晶材料超声波检测中的作用很大，例如，奥氏体钢焊缝的超声波检测。

（2）相关处理技术。相关技术用于信号处理要比其他方法优越。相关器主要由乘法器和低通滤波器组成。缺欠回波信号经放大后与用延迟器延迟 T_a 的原来发射信号具有一定相关性，当延迟量 T_a 等于超声信号从探头到缺欠，又从缺欠返回到接收探头所需时间 T_s 时，参与信号和缺欠信号同时进入乘法器的两个输入端，于是相关器就产生自己的最大输出。若 $T_a - T_s \gg \frac{1}{\pi B}$（$B$ 为发射脉冲的带宽），则信号进入相关器后会显示出非相关，使得相关器输出逼近于零。

（3）频谱分析技术。频谱分析技术可为超声波检测提供大量附加信息，在超声波检测信息处理技术中占主要地位。

在频域内研究的优点之一，是缺欠的回波 $F(f)$ 能容易地和第二种回波 $T(f)$ 相区别，例如，由许多小晶粒间界产生的干扰回波有时和缺欠波相模糊。然而这些干扰波形与像裂纹这样大的反射体相比有更高的频率，为了利用这个差别，射频信号可以通过兼备有数字滤波器的快速傅里叶分析分解成几个频带，在不同频带里的晶粒噪声将根本不相关，因此它是能被识别的。

（4）大型专用检测设备。数字化自动超声波检测设备主要用于管材、棒材、坯料和板材的自动化检测，如图 5-38、图 5-39 所示。携带式数字化超声波检测设备是以计算机为核心并具有数据处理器的一体化超声波检测仪，又称为智能化电脑超声波检测仪，可广泛用于工作现场和室外检测，是当今超声波检测仪器设备的发展主流。

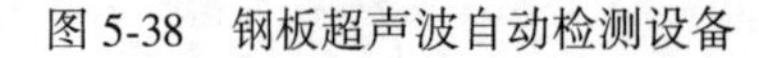

图 5-38　钢板超声波自动检测设备

图 5-39　无缝钢管超声波自动检测设备

5.6　超声波检测结果的评定

5.6.1　影响检测波形的因素

影响检测波形的因素有：

（1）耦合剂。耦合剂的声阻抗与工件的声阻抗越接近，声能透过率越高，发射波越高。

（2）工件：

工件表面粗糙度、内部组织及化学成分、形状等均会影响发射波。

1）表面粗糙度。工件表面的光洁度越高，声波导入工件中的能量越多，回波越高。

2）工件形状。若工件侧面为平面，则侧面反射波出现在底波之后，形成延迟波；若侧面为斜面，则降低底波的高度；若侧面为阶梯形，则台阶面的发射波出现自底波之前。

（3）缺欠：

1）缺欠位置。当探测距离在远场时，对同一缺欠，随着缺欠离探测面距离的增大，缺欠波高度将随之降低。

2）缺欠形状。平面形缺欠的波高与缺欠面积成正比，与波长的平方成反比；球形缺欠的波高与缺欠直径成正比，与波长的一次方和距离的平方成反比；长圆柱形缺欠的波高与缺欠直径的1/2次方成正比，与波长的一次方和距离的3/2次方成反比。

3）缺欠大小。在相同深度下，一般情况随着缺欠尺寸的增大，缺欠波的高度也逐渐增大，但并非一直遵循线性关系。

4）缺欠与声束的相对方向。声束方向垂直缺欠方向时，缺欠波最高。

5）缺欠内含物。缺欠内包含不同的物质，将使声阻抗发生变化，进而对回波产生影响。缺欠的声阻抗与工件的声阻抗差别越大，则缺欠处的反射率越大，缺欠波越高。

5.6.2 缺欠位置、大小的测定及其性质的估判

5.6.2.1 缺欠位置的测定

在检测中发现缺欠波以后，应根据显示屏上缺欠波的位置来确定缺欠在实际焊缝中的位置。缺欠定位方法分为声程定位法、水平定位法和深度定位法三种。由于目前绝大部分超声波检测使用数字机，而数字机是按照声程定位法自动生成水平距离、深度距离，不需要再做计算的，所以在此不再做介绍。

5.6.2.2 缺欠大小的测定

测定缺欠大小及幅度时，将灵敏度调整到定量线灵敏度。对所有反射波超过定量线的缺欠，均应记录其位置、波幅和缺欠当量。缺欠定量时，应根据缺欠波幅记录缺欠当量和缺欠指示长度。斜探头检测，确定缺欠的指示长度一般采用下述两种方法：

（1）相对灵敏度测长法。所谓相对灵敏度移动法，是以缺欠的最大回波为相对基准，沿缺欠的长度方向移动探头，直至缺欠回波幅度降低至一定的值。用探头移动的距离来表示缺欠的指示长度。

1）6dB法。《承压设备无损检测　第3部分：超声检测》（NB/T 47013.3—2015）标准规定，位于定量线或定量线以上的缺欠回波，当其只有一个高点时，用6dB法测定其指示长度，如图5-40所示。当一个均匀的反射体遮住声束截面一半时，其反射声压正好等于缺欠全部遮住超声束时反射声压的一半。此时，缺欠的端部正好位于声束的中心线上，因而探头移动的长度就等于缺欠的长度。对于面积大于声束截面面积或长度大于声束直径的粗细均匀的反射体，采用6dB法（半波高度法）测量其面积或长度，可以获得很

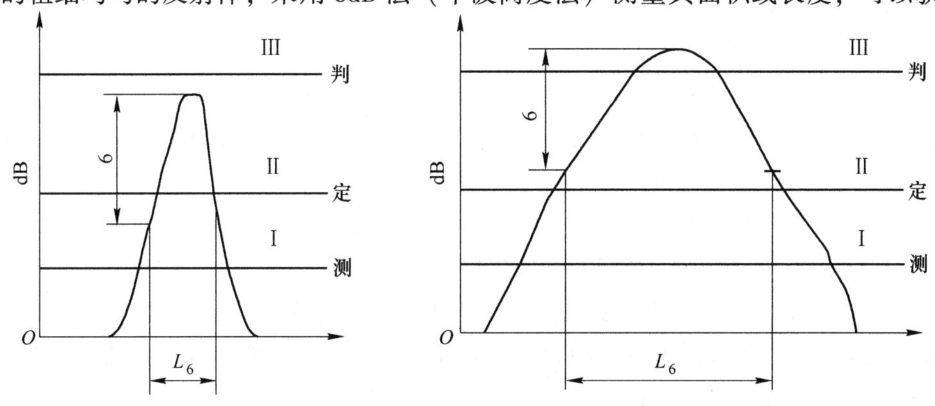

图5-40　6dB法测量缺欠指示长度示意

准确的结果。但是，实际上缺欠很少是均匀的，因而又有了端点半波高度法。当然，也不是所有缺欠的回波包络线均具有端点波峰。

2）端点 6dB 法。位于定量线或定量线以上的缺欠，当其反射波具有多个高点时，应该用端点 6dB 法则定其指示长度，如图 5-41（a）、(b）所示。

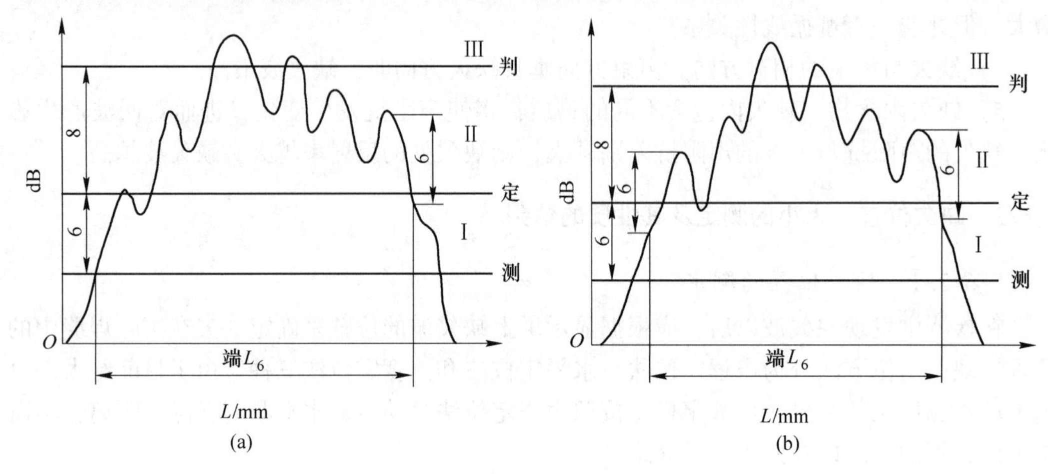

图 5-41 端点 6dB 法测长示意

当端点缺欠回波幅度超过荧光屏满刻度难以观察时，可以适当降低灵敏度，移动探头使其呈现最高振幅于荧光屏满刻度以内（例如 80%），再向左或右移动探头，使其回波幅度降低一半（例如 40%），此即缺欠之端点。

(2) 绝对灵敏度移动法。用一个规定的探测灵敏度（例如评定线灵敏度）扫查缺欠时，当探头移至缺欠的两端时，其回波幅度降低至一定的高度，则两探头之间的移动距离称为该缺欠的指示长度。此法规定，缺欠回波降至一个绝对高度进行测长，故称为绝对灵敏度法。用绝对灵敏度移动法测长，测得的指示长度取决于测长线灵敏度的高低。对于小缺欠，所测得的值一般比实际尺寸要长得多。但对粗细不均匀、两端很细的长缺欠（例如裂纹），则可测得与实际尺寸比较接近的值。

在《承压设备无损检测 第 3 部分：超声检测》（NB/T 47013. 3—2015）标准中规定，位于 I 区（介于测长线与定量线之间）的缺欠，认为有必要记录时，可以将探头沿缺欠长度方向平行移动，当缺欠回波高度降到测长线时探头移动的距离，即为缺欠的指示长度。

5. 6. 2. 3 缺欠性质的估判

在明确了缺欠的位置和大小后，需对缺欠的性质，即缺欠所属种类进行判定，下面对焊缝中各种缺欠的波形特征进行介绍。

(1) 裂纹。裂纹回波高度大，波幅宽，常出现多峰。探头平移时，反射波连续出现，波幅有变动；探头转动时，波峰有上下错动现象。

(2) 气孔。单个气孔回波高度低，波形为单峰，较稳定。当探头绕缺欠转动时，缺欠波高大致不变，但探头做定点转动时，反射波立即消失；密集气孔会出现一簇反射波，其波高随气孔大小而不同，当探头做定点转动时，会出现此起彼伏的现象。

(3) 夹杂。点状夹杂的回波信号类似于点状气孔。条状夹杂的回波信号多为锯齿状，反射率低、波幅不高且形状多呈树枝状，主峰边上有小峰。探头平移时，波幅有变动；探头绕缺欠移动时，波幅不相同。

（4）未焊透、未熔合。由于反射率高，故波幅均较高。探头平移时，波形稳定。未焊透在焊缝两侧获得的反射波基本相同，未熔合由于并非一定在焊缝中心，故在焊缝两侧检测时，反射波幅度有所不同。

5.6.3 焊缝质量的评定

（1）缺欠的记录。有关缺欠数据的记录主要指缺欠的位置、指示长度、平面和深度位置、最大反射波幅度等，如图 5-42 所示。

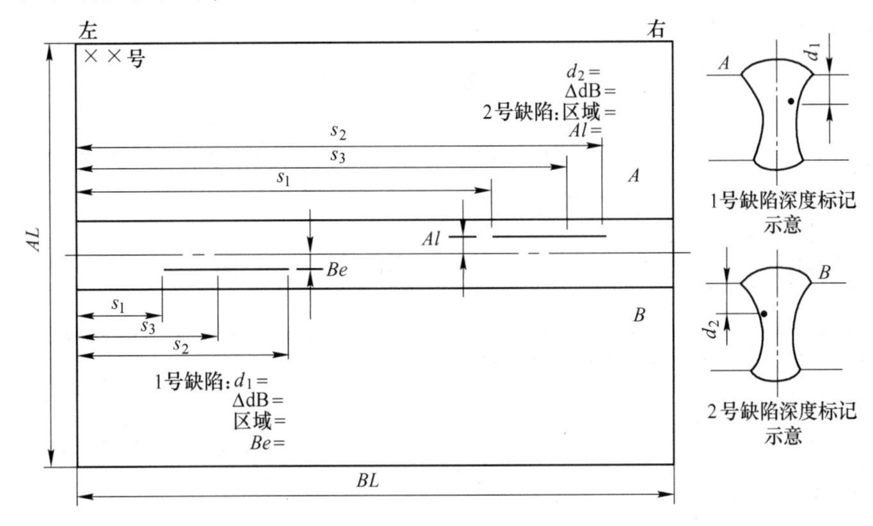

图 5-42 有关缺欠数据记录草图示意

（2）质量评级。按照《承压设备无损检测 第 3 部分 超声检测》（NB/T 47013.3—2015）标准进行质量评定，具体的质量分级见表 5-8。

表 5-8 焊接接头质量分级

<table>
<tr><th>等级</th><th>板厚 T/mm</th><th>反射波幅
（所在区域）</th><th>单个缺陷指示长度 L/mm</th><th>多个缺陷累计长度 L'/mm</th></tr>
<tr><td rowspan="3">Ⅰ</td><td>6~400</td><td>Ⅰ</td><td colspan="2">非裂纹类缺陷</td></tr>
<tr><td>6~120</td><td rowspan="2">Ⅱ</td><td>L=T/3，最小为 10，最大不超过 30</td><td rowspan="2">在任意 9T 焊缝长度范围内 L'不超过 T</td></tr>
<tr><td>>120~400</td><td>L=T/3，最大不超过 50</td></tr>
<tr><td rowspan="2">Ⅱ</td><td>60~120</td><td rowspan="2">Ⅱ</td><td>L=2T/3，最小为 12，最大不超过 40</td><td rowspan="2">在任意 4.5T 焊缝长度范围内 L'不超过 T</td></tr>
<tr><td>>120~400</td><td>最大不超过 75</td></tr>
<tr><td rowspan="3">Ⅲ</td><td rowspan="3">6~400</td><td>Ⅱ</td><td>超过Ⅱ级者</td><td>超过Ⅱ级者</td></tr>
<tr><td>Ⅲ</td><td colspan="2">所有缺欠</td></tr>
<tr><td>Ⅰ、Ⅱ、Ⅲ</td><td colspan="2">裂纹等危害性缺欠</td></tr>
</table>

注：1. 母材板厚不同时，取薄板侧厚度值；

2. 当焊缝长度不足 9T（Ⅰ级）或 4.5T（Ⅱ级）时，可按比例折算。当折算后的缺欠累计长度小于单个缺欠指示长度时，以单个缺欠指示长度为准。

超过评定线的信号应注意其是否具有裂纹等危害性缺欠特征，如有怀疑时，应采取改变探头 K 值、增加检测面、观察动态波形并结合结构工艺特征做出判定，如对波形不能判断时，应辅以其他检测方法做出综合判定。

1）缺欠指示长度小于10mm时，按5mm计。

2）相邻两缺欠在一直线上，其间距小于其中较小的缺欠长度时，应作为一条缺欠处理，以两缺欠长度之和作为其指示长度（间距不计入缺欠长度）。

5.6.4　评定报告的撰写

超声波检测后，应对检测数据、工件及工艺概况归纳，形成超声波检测记录和检测报告，见表5-9和表5-10。

表5-9　超声波检测记录

报告编号：　　　　　　　　　　　　　　　　　　　　报告日期：　年　月　日

<table>
<tr><td colspan="2">工件名称</td><td></td><td>工件编号</td><td></td></tr>
<tr><td rowspan="6">工件状况</td><td>探伤部位</td><td></td><td>板厚/mm</td><td></td></tr>
<tr><td>检测项目</td><td>□板材　□管材　□锻件　□焊缝</td><td>材料牌号</td><td></td></tr>
<tr><td>表面状态</td><td></td><td>坡口形式</td><td></td></tr>
<tr><td>检测时机</td><td colspan="3">□焊后 □返修后 □机加工后 □轧制后 □热处理后</td></tr>
<tr><td>焊接方法</td><td colspan="3"></td></tr>
<tr style="display:none"><td></td></tr>
<tr><td rowspan="4">技术条件</td><td>仪器型号</td><td></td><td>检测方法</td><td>□纵波检测　□横波检测</td></tr>
<tr><td>探头型号</td><td></td><td>探头频率</td><td></td></tr>
<tr><td>试块型号</td><td></td><td>表面补偿</td><td>dB</td></tr>
<tr><td>耦合剂</td><td>□水　□机油　□甘油　□工业浆糊</td><td>检测面</td><td></td></tr>
<tr><td rowspan="2">技术要求</td><td>检测标准</td><td></td><td>扫查速度</td><td>≤150mm/s</td></tr>
<tr><td>合格级别</td><td></td><td>扫描调节</td><td></td></tr>
</table>

<table>
<tr><td rowspan="2">缺陷编号</td><td rowspan="2">始点位置 S_1/mm</td><td rowspan="2">终点位置 S_2/mm</td><td rowspan="2">缺欠指示长度 S_2-S_1 /mm</td><td colspan="4">缺欠波幅最大时</td><td rowspan="2">评定级别</td><td rowspan="2">备注</td></tr>
<tr><td>最大波幅位置 S_3 /mm</td><td>缺欠深度 H/mm</td><td>缺　欠波幅值 A_{max}/(±dB)</td><td>缺欠所在区域</td></tr>
<tr><td></td><td></td><td></td><td></td><td></td><td></td><td></td><td></td><td></td><td></td></tr>
<tr><td></td><td></td><td></td><td></td><td></td><td></td><td></td><td></td><td></td><td></td></tr>
<tr><td></td><td></td><td></td><td></td><td></td><td></td><td></td><td></td><td></td><td></td></tr>
</table>

探伤部位示意图：

结论：

检验：　　　　　　　　　　　　　　　　　　　　　　审核：

表 5-10 超声波检测报告

报告编号： 报告日期： 年 月 日

工件名称：	工件编号：	材质：	厚度：

焊接方法：	探伤面：
探伤面状态：○修整 ○轧制 ○机加	检测范围：>20%
验收标准：《焊缝无损检测 超声检测 技术 检测等级 评定》（GB/T 11345—2013）	工艺卡编号：

探伤时机：●焊后 ○热处理后 ○水压试验后

仪器型号：	耦合剂：○ 机油 ○ 甘油 ○浆糊

探伤方式：○ 垂直 ○斜角

扫描调节：○ 深度 ○ 水平 ○ 声程	比例：	试块型号：

探伤部位示意图：

<table>
<tr><td rowspan="5">探伤结果及反修情况</td><td>焊缝编号</td><td>检验长度</td><td>显示情况</td><td>一次反修缺陷编号</td><td>二次反修缺陷编号</td><td rowspan="5">说明：
NI：无应记录缺陷
RI：无应记录缺陷
UI：无应记录缺陷</td></tr>
<tr><td></td><td></td><td>○NI ○RI ○UI</td><td></td><td></td></tr>
<tr><td></td><td></td><td>○NI ○RI ○UI</td><td></td><td></td></tr>
<tr><td></td><td></td><td>○NI ○RI ○UI</td><td></td><td></td></tr>
<tr><td colspan="5">检验焊缝总长 一次反修总长 二次反修总长 ，同一部位经 次反修后合格。附：检验及复验探伤记录 页</td></tr>
</table>

备注：

结论：○合格 ○不合格

检验：UI 级 审核：UI 级

距离波幅实测值

距离/mm	波幅/dB	距离/mm	波幅/dB

波幅/dB

距离/mm

距离—波幅曲线图

本章小结

1. 超声波检测利用不同物质的超声波对声阻抗不同的原理，对被检测试件进行检测，以评定内部缺欠的位置、大小和性质。

2. 超声波检测设备主要包括超声波检验仪、探头、试块和耦合剂。

3. 常用的超声波检测方法分为直接接触法超声波检测和液浸法超声波检测，随着计算机技术的发展，现在已有超声波成像技术，并得到了应用。

自测题

5.1 选择题

(1) 使用超声波检测对检测到的缺欠可以（ ）。

A. 定性　B. 既能定性，又能定量　C. 定量　D. 既不能定性，又不能定量

(2) 超声波是指频率为____的声波。

A. 低于 20 Hz　B. 20~200 Hz　C. 200~20000 H　D. 20000 Hz 以上

(3) 实际探伤中是根据____评判缺欠大小的。

A. 反射波的回波声压　B. 声程

C. 缺欠波在荧光屏上的水平距离　D. 以上全部

(4) 测试斜探头的入射点时，应在试块____进行。

A. $R100$ 曲面　B. $\phi50$ 孔　C. 平底孔　D. $\phi1.5$ 小孔

(5) 选择探头应考虑的因素是____。

A. 被检对象的形状　B. 衰减　C. 技术要求　D. 以上全部

5.2 判断题

(1) 横波斜探头的近场区长度与波源尺寸和频率有关，与斜探头的 K 值无关。（ ）

(2) 在我国，横波探头常用 K 值表示横波入射角的大小。（ ）

(3) 超声波检测仪垂直线性的好坏将影响缺欠定量精度。（ ）

(4) 探头形式的选择原则是使声束轴线尽量与缺欠垂直。（ ）

(5) 因为超声波频率越高时，灵敏度也越高，因此在检测时应尽可能用较高的频率。（ ）

5.3 简答题

(1) 探头的主要特征参数有哪些？

(2) 简述选择直接接触法超声波的检测条件。

6 磁力检测与涡流检测

导　言

磁力检测是利用铁磁材料磁化后所产生的漏磁场来吸引磁粉，以发现其表面或近表面缺欠的无损检测法；涡流检测是利用电磁感应原理，使金属材料在交变磁场作用下产生涡流，根据涡流的大小和分布来探测磁性和非磁性材料缺欠的无损检测方法。磁力检测和涡流检测虽然是两种不同的无损检测方法，但是两者都是应用电磁理论进行表面、近表面缺欠的检验。因此，本章将两者结合起来，介绍两者的特点、原因和操作原理。

6.1　磁力检测原理及分类

6.1.1　磁力检测的物理基础

6.1.1.1　*材料的磁性*

磁性是材料的一种固有属性，表现为对铁磁性材料的吸引。根据磁导率的大小，可以将材料分为顺磁性材料、抗磁性材料和铁磁性材料三种。顺磁性材料的磁导率略大于1，呈弱磁性，可以产生与外加磁场同方向的附加磁场；抗磁性材料的磁导率略小于1，呈弱磁性，可以产生与外加磁场反方向的附加磁场；铁磁性材料的磁导率远大于1，呈强磁性，可以产生与外加磁场同方向的附加磁场。

6.1.1.2　*磁场与磁力线*

磁体周围存在磁场，磁体间的相互作用通过磁场来实现。磁场是一种看不见、摸不着的特殊物质，磁场不是由原子或分子组成的，但磁场是客观存在的。为了形象地描述磁场的大小、方向和分布情况，可以在磁场范围内画出许多条假想的连续曲线来描述磁场分布情况，称为磁力线，如图6-1所示。磁力线上各点的切线方向代表磁场的方向，磁力线的疏密程度反映磁场的大小，磁力线密集的地方磁场强，

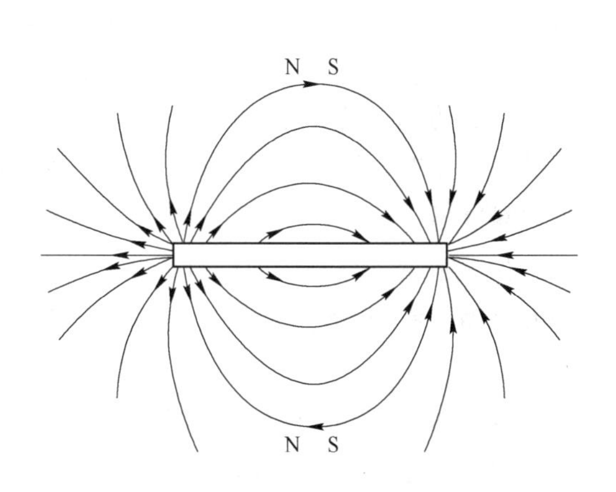

图6-1　条形磁体磁力线分布示意图

磁力线稀疏的地方磁场弱。

磁力线具有以下特性：

（1）可以描述磁场的大小和方向；

（2）互不相交；

（3）具有方向性且是闭合的曲线。在磁体内，磁力线由S极到N极；在磁体外，磁力线由N极出发，穿过空气进入S极，如图6-1所示。

6.1.1.3　漏磁场的形成

铁磁性材料（工件）放置在磁场中将被磁化，工件中就有磁力线通过。如果该工件本身没有缺欠且各处的磁导率都一致，则磁力线在其内部是均匀连续分布的。但是当工件内部存在缺欠（如裂纹、夹杂或气孔等）时，将引起磁力线的分布发生变化，形成漏磁场，如图6-2所示。

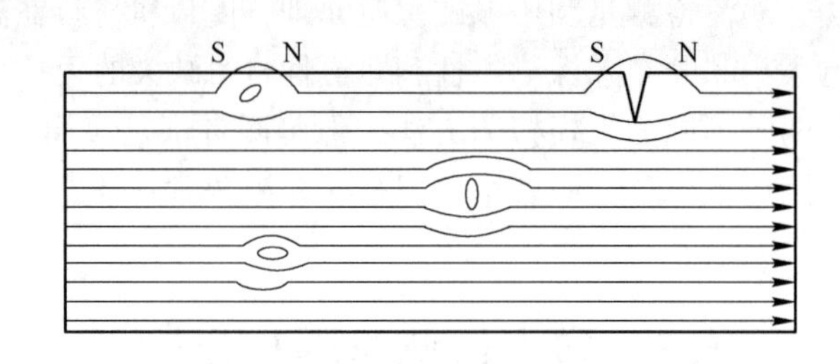

图6-2　缺欠附近的磁力线分布

漏磁场是磁力检测的基础，影响漏磁场的因素包括：

（1）外磁场强度。外加磁场强度越高，形成的漏磁场强度也随之增加。

（2）材料的磁导率。材料磁导率越高，越容易被磁化。在一定的外加磁场强度下，材料中产生的磁感应强度正比于材料的磁导率。在缺欠处所形成的漏磁场强度随着磁导率的增加而增加。

（3）缺欠的埋藏深度。材料中的缺欠越接近表面，被弯曲而逸出材料表面的磁力线越多。随着缺欠埋藏深度的增加，逸出表面的磁力线减少，到一定程度时，在材料表面没有磁力线逸出而仅仅改变了磁力线的方向。因此，缺欠的埋藏深度越小，漏磁场强度也越大。

（4）缺欠方向。当缺欠长度方向和磁力线方向垂直时，磁力线弯曲严重，形成的漏磁场强度最大。如果缺欠长度方向平行于磁力线方向，则漏磁场强度最小，甚至在材料表面无法形成漏磁场。

（5）缺欠的磁导率。如果材料的缺欠内部含有铁磁性材料（如Ni、Fe），即使缺欠在理想的方向和位置上，缺欠也会在磁场的作用下被磁化，即缺欠不会形成漏磁场，从而造成漏检。

（6）缺欠的大小和形状缺欠。在垂直于磁力线方向上的尺寸越大，阻挡的磁力线越多，则越容易形成漏磁场且其强度越大。缺欠的形状为椭圆形（如气孔等）时，漏磁场强度小；当缺欠为线形（如裂纹）时，容易形成较大的漏磁场。

6.1.2 磁力检测的基本原理

当工件（铁磁性材料）被磁化后，如果表面和近表面存在材料的不连续性或缺欠(材料的均质，致密性受到破坏)，则在不连续处的磁场方向将发生改变，在磁力线离开和进入工件表面的地方产生磁极并形成漏磁场。通过对这些漏磁场进行检测，就能检查出缺欠的大小和位置，这就是磁力检测的基本原理。其本质上是在检查漏磁场，故又可称为漏磁场检测。

6.1.3 磁力检测的分类

根据对铁磁性材料漏磁场的记录方式不同，可以将磁力检测分为磁粉检测法、磁敏探头法和录磁法。

(1) 磁粉检测法。磁粉检测法（Magnetic Particle Testing，MT）是无损检测五大常规技术之一。磁粉检测是向已磁化的工件表面喷洒磁粉，磁粉将在缺欠处被漏磁场吸附，形成与缺欠形状相对应的磁粉聚集线，称为磁粉痕迹，简称为磁痕。通过分析磁痕，评价缺欠的位置、大小和形状，通常磁痕的大小是实际缺欠尺寸的十几倍或几十倍。

磁粉检测法具有相对经济、简便、检测结果直观、易于解释等优点，广泛应用于检测铁磁性材料工件表面和近表面的缺欠。由于工件内埋藏较深的缺欠及工件表面浅而宽的缺欠在工件表面不会形成漏磁场，因此磁粉检测法不适用于以上两种情况。磁粉检测法可以确定缺欠的平面位置、大小和形状，但难以确定缺欠深度。

(2) 磁敏探头法。磁敏探头法是用一定的磁敏探头探测工件表面，把漏磁场转换成电信号，再经过放大、信号处理和储存，用光电指示器加以显示。与磁粉检测法相比，用磁敏深头法所测得的漏磁大小与缺欠大小之间有更明显的关系，因而可以对缺欠大小进行分类，故应用广泛。

(3) 录磁法。录磁法也称为中间存储漏磁检验法，其中以磁带记录方法为最主要的方法。将磁带覆盖在已磁化的工件上，缺欠的漏磁场就在磁带上产生局部磁化作用，然后用磁敏探头测出磁带录下的漏磁，从而确定焊缝表面缺欠的位置。其录磁过程和测量过程可以在不同的时间和地点分别进行，检测结果可长期保存，在焊缝质量检验中得到了推广和应用。图 6-3 为录磁法检测示意图。

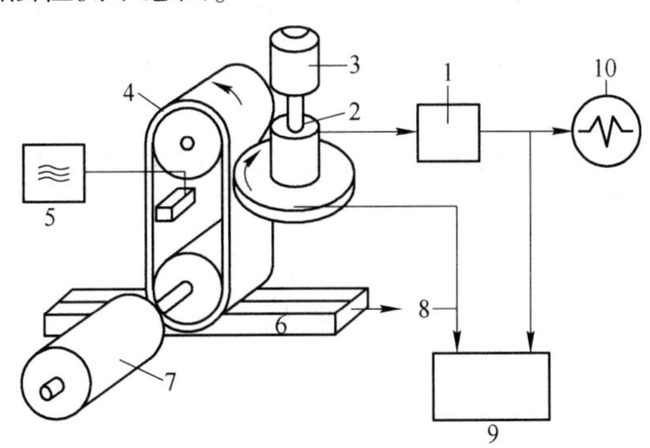

图 6-3 录磁法检测示意图

1—放大器；2—无接触变压器；3—电动机；4—环形磁带；5—消磁振荡器；6—被检件；7—磁带驱动电动机；8—同步脉冲信号；9—缺欠喷涂单元；10—荧光屏

6.2 磁粉检测设备及器材

6.2.1 磁粉检测机

根据《无损检测仪器 磁粉探伤机》(JB/T 8290—2011)的规定，磁粉检测机分为携带式、移动式和固定式三种。无论哪种磁粉检测机，其环境与工作条件必须满足如下要求：

(1) 温度在-10~40℃内；

(2) 空气相对湿度不大于85%；

(3) 周围无大量尘埃、易燃或腐蚀介质；

(4) 无强电磁辐射和电磁干扰；

(5) 电源电压的波动范围在额定电压的±10%以内。

6.2.2 磁粉

在磁粉检测中，磁粉是检测漏磁场的“传感器”，是显示缺欠的载体。磁粉质量的优劣和选择是否恰当将直接影响磁粉检测的结果。因此，了解和掌握磁粉的种类、性能和用途，对检测人员而言是十分重要的。

(1) 磁粉的种类。磁粉检测使用的磁粉是铁的氧化物，研磨后成为细小的颗粒经筛选而成。磁粉的种类很多，按磁痕观察方式，磁粉分为荧光磁粉和非荧光磁粉；按施加方式，磁粉分为湿法用磁粉和干法用磁粉。

1) 荧光磁粉。通常把在黑光下观察磁痕显示所使用的磁粉称为荧光磁粉。荧光磁粉是以磁性氧化铁粉、工业纯铁粉或羰基铁粉为基体，在铁粉外表面用环氧树脂黏附一层荧光染料或将荧光染料化学处理在铁粉表面制作而成。荧光磁粉在黑光照射下，能发出色泽鲜明的黄绿色荧光，它与工件表面颜色的对比度较高，易于观察，因而检测灵敏度和检测速度较高，但荧光磁粉一般只适用于湿法检测。

2) 非荧光磁粉。在可见光下观察磁痕显示所使用的磁粉称为非荧光磁粉。常用的非荧光磁粉有黑磁粉、红磁粉和白磁粉等。

(2) 磁粉的性能。磁粉检测是靠磁粉聚集在漏磁场处形成的磁痕来显示缺欠的，磁痕显示程度不仅与缺欠性质、磁化方法、磁化规范、磁粉施加方式、工件表面状态及照明条件等有关，还与磁粉本身的性能如磁特性、粒度、形状、流动性、密度和识别度等有关。具体要求如下：

1) 磁粉应具有高磁导率和低剩磁性质，磁粉之间不应相互吸引。用磁性称重法检验时，磁粉的称量值应大于7g；

2) 磁粉的粒度应不小于75μm；

3) 磁粉的颜色应与被验工件有很大的对比度。

6.2.3 磁悬液

磁悬液是用磁粉和载液配制而成的悬浮液体。用来悬浮磁粉的液体称为分散剂。在磁悬液中，磁粉和载液是按一定比例混合而成的。

根据采用的磁粉和载液的不同，可将磁悬液分为油磁悬液、水磁悬液和荧光磁悬液，它们的特点见表 6-1。

表 6-1　磁悬液的种类、特点及技术要求

<table>
<tr><th colspan="2">种类</th><th>特点</th><th>对载荷的要求</th><th>湿磁粉浓度
（100mL 沉淀体积）</th><th>质量控制试验</th></tr>
<tr><td colspan="2">油磁悬液</td><td>悬浮性好，对工件无锈蚀作用</td><td>（1）在 38℃时，最大黏度不超过 $5\times10^{-6}m^2/s$；
（2）最低闪点为 60℃；
（3）不起化学反应；
（4）无臭味</td><td rowspan="2">1.2～1.4mL（若沉淀物显示出松散的聚集状态，应重新取样或报废）</td><td>用性能测试板定期检验其性能和灵敏度</td></tr>
<tr><td colspan="2">水磁悬液</td><td>流动性好，使用安全，成本低，但悬浮性较差</td><td>（1）良好的湿润性；
（2）良好的可分散性；
（3）无泡沫；
（4）无腐蚀；
（5）在 38℃时，最大黏度不超过 $5\times10^{-6}m^2/s$；
（6）不起化学反应；
（7）呈碱性，但 pH 不超过 10.5；
（8）无臭味</td><td>（1）同油磁悬液；
（2）对新使用的磁悬液（或定期对使用过的磁悬液）做润湿性能试验</td></tr>
<tr><td rowspan="2">荧光磁悬液</td><td>荧光油磁悬液</td><td rowspan="2">荧光磁粉能在紫外线光下呈黄绿色，色泽鲜明，易观察</td><td>要求有荧光，其余同油磁悬液对载液的要求</td><td rowspan="2">0.15～0.5mL（若沉淀物显示出松散的聚集状态，应重新取样或报废）</td><td>（1）定期对旧磁悬液与新准备的磁悬做荧光亮度对比试验；
（2）用性能测试板定期检验其性能和灵敏度</td></tr>
<tr><td>荧光水磁悬液</td><td>要求无荧光，其余同水磁悬液对载液的要求</td><td>（1）对新使用的磁悬液（或定期对使用过的磁悬液）做润湿性能试验；
（2）荧光亮度对比试验和性能、灵敏度试验</td></tr>
</table>

6.2.4　反差增强剂

当工件表面凹凸不平或磁粉颜色与工件表面颜色比较相近时，会使磁痕显示难以识别，缺欠难以检出，易造成漏检。为了提高缺欠磁痕与工件表面颜色的对比度，可在检测前在工件表面上先涂一层厚度为 25～45μm 的白色薄膜，干燥后再磁化，喷洒黑磁粉磁悬液，其磁痕就会清晰可见。这层薄膜就称为反差增强剂。反差增强剂可根据现场情况自行配制，搅拌均匀后即可使用。

6.2.5　标准试片和标准试块

磁粉检测标准试件是检测时的必备器材，常见标准试件分为人工缺欠标准试片和标准试块。

6.2.5.1 标准试片

标准试片（以下简称试片）是磁粉检测的必备器材之一，根据《承压设备无损检测 第4部分：磁粉检测》（JB/T 47013.4—2015）规定，标准试片分为A_1型、C型、D型和M_1型四种，其规格和形状见表6-2。

表6-2 标准试片的类型、规格和形状

类型	规格：缺欠槽深/试片厚度/μm	形状和尺寸/mm
A_1型	A_1-7/50	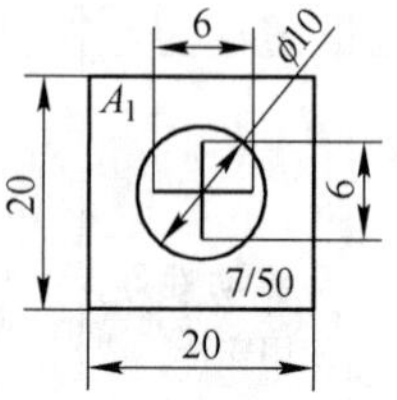
	A_1-15/50	
	A_1-30/50	
	A_1-15/100	
	A_1-30/100	
	A_1-60/100	
C型	C-8/50	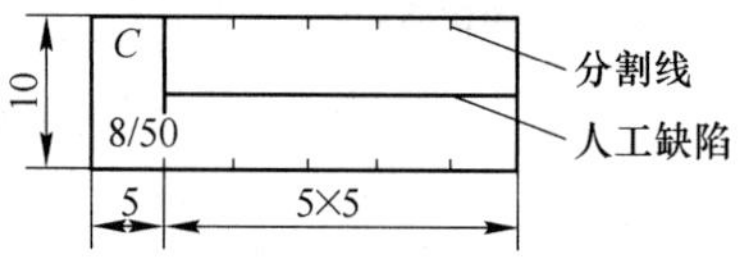
	C-15/50	
D型	D-7/50	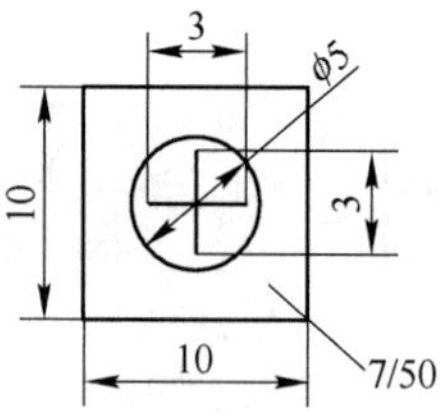
	D-15/50	
M_1型	ϕ12mm 7/50	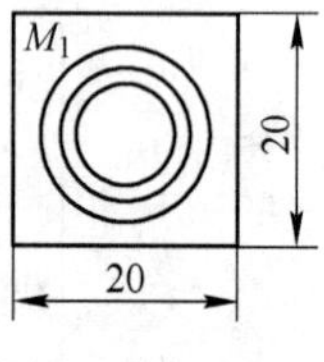
	ϕ9mm 15/50	
	ϕ6mm 30/50	

标准试片的用途包括：

（1）检验磁粉检测设备、磁粉和磁悬液的综合性能（系统灵敏度）。

（2）检测被检工件表面的磁场方向、有效磁化区以及大致的有效磁场强度。

（3）考察所用的检测工艺规程和操作方法是否妥当。

（4）当无法确定复杂工件的磁化规范时，可将柔软的小试片贴在工件的不同部位，以大致确定理想的磁化规范。

6.2.5.2 标准试块

标准试块（以下简称试块）也是磁粉检测必备的器材之一。标准试块主要用于检验磁粉检测设备、磁粉和磁悬液的综合性能（系统灵敏度），也用于考察磁粉检测的试验条件和操作方法是否恰当，还可用于检验不同大小的磁场在标准试块上渗入的大致深度。

标准试块分为直流试块（B型标准试块）、交流试块（E型标准试块）和磁场指示器

(八角形试块)。标准试块不适用于确定被检工件的磁化规范，也不能用于考察被检工件表面的磁场方向和有效磁化区。

(1) B型标准试块。B型标准试块的形状和尺寸如图6-4所示，图中各点的尺寸见表6-3。材料为经退火处理的9CrWMn钢锻件，其硬度为90HRB~95HRB。使用时将B型标准试块穿在标准铜棒上，夹在检测机两磁化夹头之间，通电磁化，用湿连续法检验，通过观察在试块圆周上有磁痕显示的孔数来检测磁粉检测设备、磁粉或磁悬液的综合性能是否符合标准的规定或检测检验条件是否恰当。

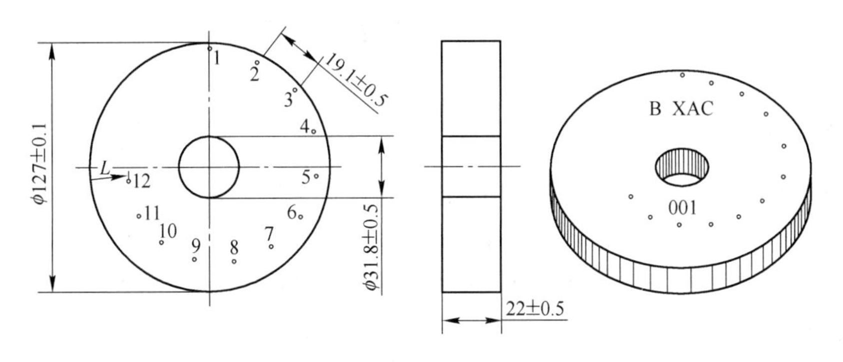

图6-4 B型标准试块的形状（单位：mm）

表6-3 B型标准试块的尺寸 L (mm)

孔号	1	2	3	4	5	6	7	8	9	10	11	12
通孔中心距外缘距离	1.78	3.56	5.33	7.11	8.89	10.67	12.45	14.22	16.00	17.78	19.56	21.34

注：1. 12个通孔的直径 D 为 ϕ1.78mm±0.08mm。

2. 通孔中心距外缘距离 L 的尺寸公差为±0.08mm。

(2) E型标准试块。E型标准试块的形状如图6-5所示，尺寸如表6-4所示。材料由经退火处理的10钢锻制而成。使用时将E型标准试块穿在标准铜棒上，夹在检测机两磁化夹头之间，用指定的电流进行磁化，并依次将第1、2、3号孔放在12点钟位置，用湿连续法检验。通过观察在试块圆周上有磁痕显示的孔数来检测磁粉检测设备、磁粉和磁悬液的综合性能是否符合标准的规定或检测检验条件是否恰当。

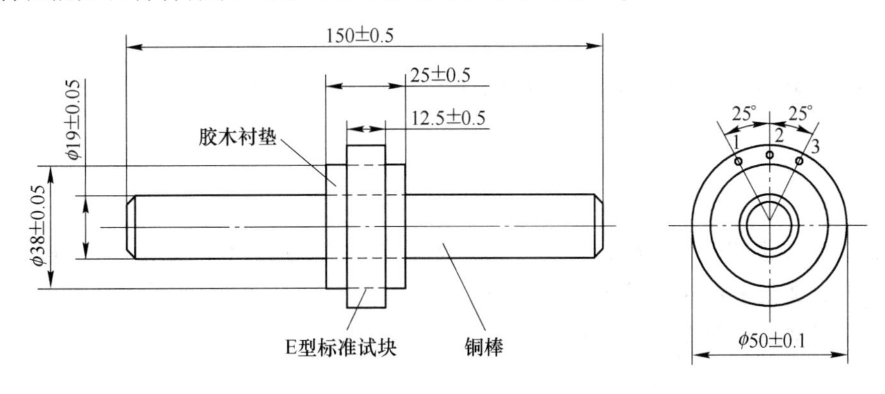

图6-5 E型标准试块的形状（单位：mm）

表 6-4　E 型标准试块的尺寸

孔　号	1	2	3
通孔中心距外缘距离/mm	1.5	2.0	2.5
通孔直径/mm		$\phi1$	

注：1. 3 个通孔的直径为 $\phi1^{+0.08}_{-0.05}$ mm。

2. 通孔中心距外缘距离的尺寸公差为±0.05mm。

6.3　磁粉检测技术

6.3.1　磁粉检测的工艺流程

磁粉检测的操作包括预处理、工件磁化（包括选择磁化方法和磁化规范）、施加磁粉或磁悬液、磁痕观察与记录、缺欠评级、退磁及后处理七个步骤。不同的磁粉检测方法，其检测程序也有所不同。对表面粗糙度较小的工件使用连续法检测时，其检测程序如图 6-6 所示。

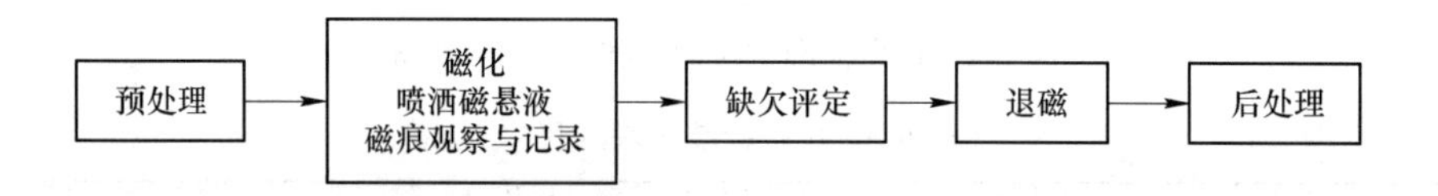

图 6-6　表面粗糙度较小试件的工艺流程图

表面粗糙的工件，其磁痕观察记录往往在磁化及施加磁粉或磁悬液之后进行，其检测程序如图 6-7 所示。

图 6-7　表面粗糙试件的工艺流程图

剩磁法检测程序如图 6-8 所示。

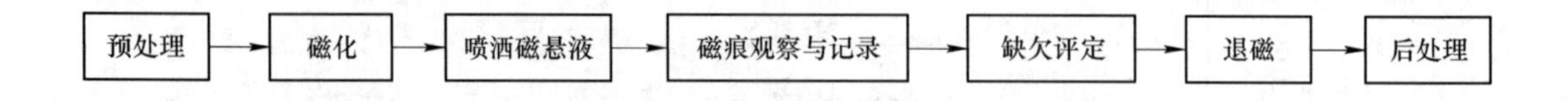

图 6-8　剩磁法的工艺流程图

对于焊接接头的磁粉检测，应安排在焊接工序完成之后进行。如果母材是有延迟裂纹倾向的材料，则磁粉检测应根据要求至少在焊接结束 24h 后进行；母材有再热裂纹倾向的，应在热处理后再增加一次磁粉检测。

6.3.1.1　预处理

预处理被检工件的表面状态、工件的结构形式对磁粉检测有很大的影响。为了保证磁粉检测的效果，检测前应对被检工件进行相应的处理。清理干净工件被检表面的油污、灰尘、铁锈、毛刺、氧化皮、金属屑、焊渣、加工标记及油漆等污染物。清理时可以采用机械清理或化学清理的方法。机械清理主要利用钢丝刷、砂轮机等清理工件表面的铁锈、氧化皮、焊渣、毛刺等污染物；化学清理一般通过汽油、丙酮等有机溶剂和酸、碱等化学试剂来清理工件表面的油污、铁锈及氧化皮等污染物。

当工件有盲孔和内腔时，检测前应将盲孔用非研磨性材料封堵上。

如果磁粉与工件表面颜色的对比度小或工件表面过于粗糙而影响磁痕显示时，为了提高对比度，在检测前应在其表面涂敷反差增强剂。

6.3.1.2 磁化

磁化工件是磁粉检测中较为关键的工序，对检测灵敏度的影响很大。磁化不足，磁痕显示不清晰，难以发现缺欠，甚至会导致缺欠漏检；磁化过度，易产生过度背景，会掩盖相关显示而影响缺欠的正确判别。工件的磁化方向包括纵向磁化、周向磁化和复合磁化。

(1) 磁化方向：

1) 纵向磁化。纵向磁化用于检测与工件轴线方向垂直或夹角大于或等于45°的缺欠，纵向磁化分为线圈法和磁轭法。两种磁化示意图分别如图6-9和图6-10所示。

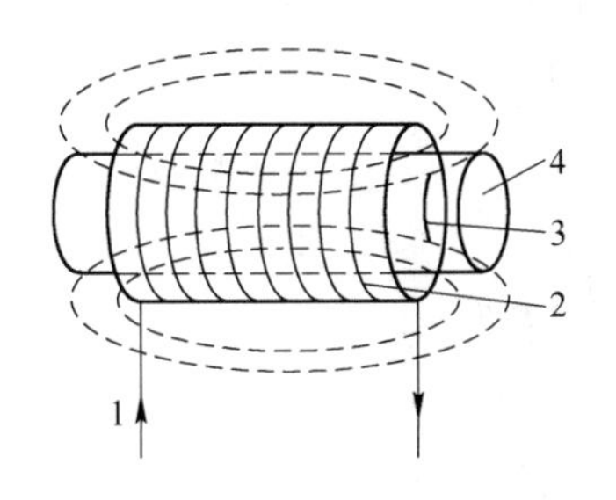

图6-9 线圈法

1—电流；2—线圈；3—缺欠；4—工件

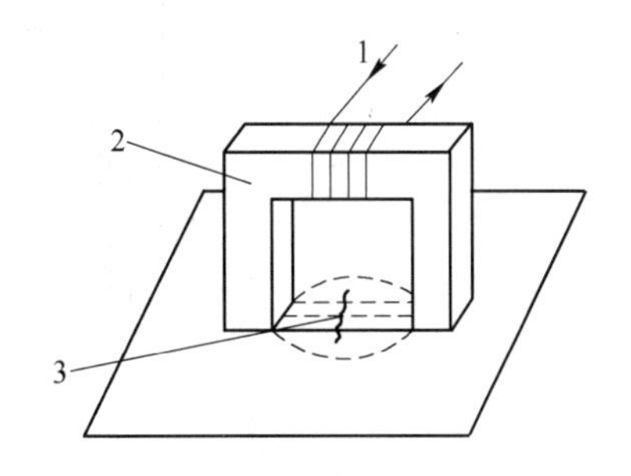

图6-10 磁轭法

1—电流；2—铁芯；3—缺欠

2) 周向磁化。周向磁化用于检测与工件轴线方向平行或夹角小于或等于45°的缺欠。周向磁化分为轴向通电法（见图6-11）、中心导体法（见如图6-12）和触点法（见图6-13）。

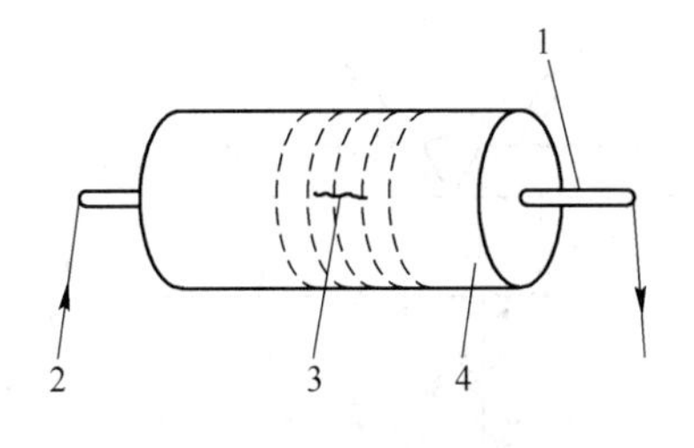

图6-11 轴向通电法

1—电极；2—电流；3—缺欠；4—工件

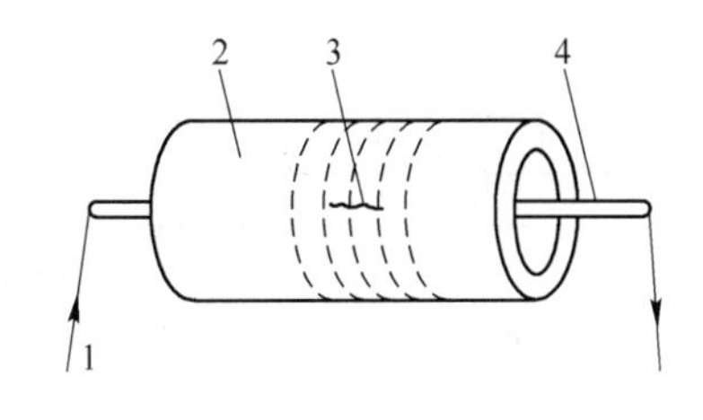

图6-12 中心导体法

1—电流；2—工件；3—缺欠；4—中心导体

3) 复合磁化。复合磁化包括交叉磁轭法（见图6-14）和交叉线圈法。

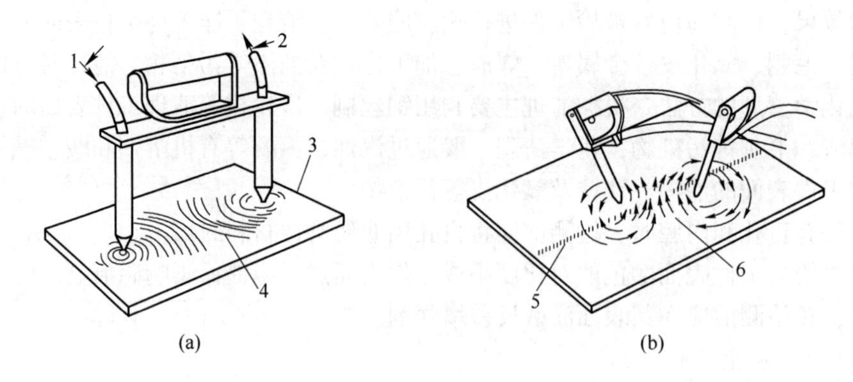

图 6-13 触点法

（a）固定触头间距双触头接触磁化；（b）非固定触头间距双触头接触磁化

1，2—电流；3—试件；4—磁场；5—焊缝；6—磁力线

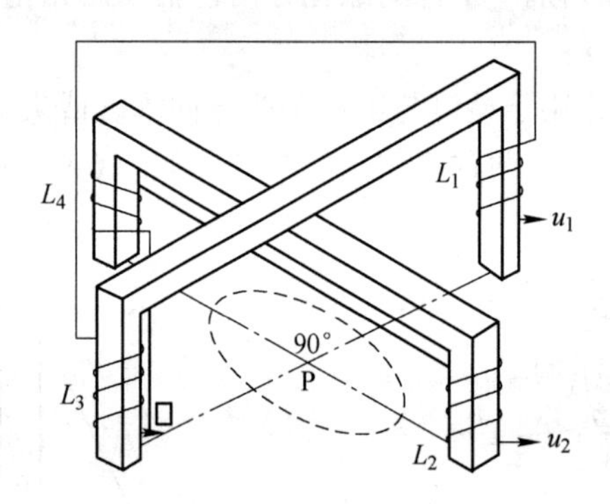

图 6-14 交叉磁轭法

（2）焊接接头典型磁化方法。磁轭法和触头法的典型磁化方法见表 6-5。绕电缆法和交叉磁轭法见表 6-6。

表 6-5 磁轭法和触头法的典型磁化方法

磁轭法的典型磁化方法		触点法的典型磁化方法	
	$L \geqslant 75\text{mm}$, $b \leqslant L/2$, $\beta \approx 90°$		$L \geqslant 75\text{mm}$, $b \leqslant L/2$, $\beta \approx 90°$

续表 6-5

磁轭法的典型磁化方法		触点法的典型磁化方法	
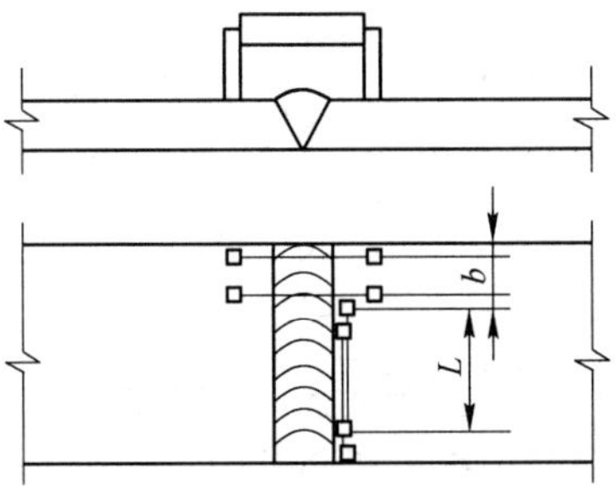	$L \geqslant 75\text{mm}$，$b \leqslant L/2$	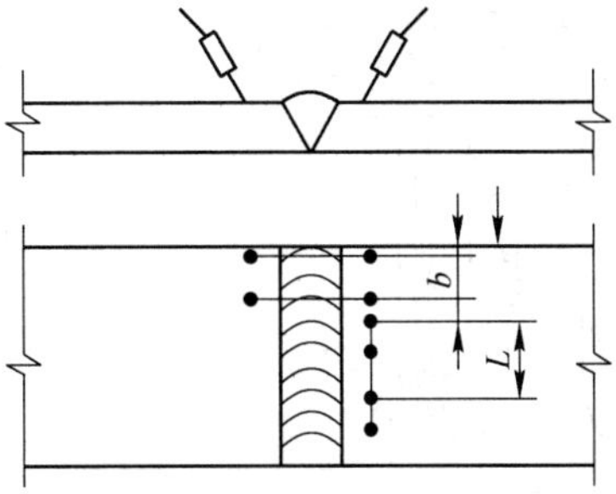	$L \geqslant 75\text{mm}$，$b \leqslant L/2$
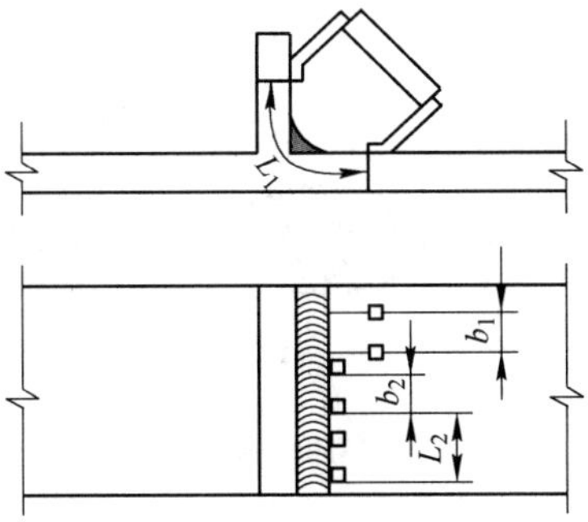	$L_1 \geqslant 75\text{mm}$，$b_1 \leqslant L_1/2$，$L_2 \geqslant 75\text{mm}$，$b_2 \leqslant L_2-50$	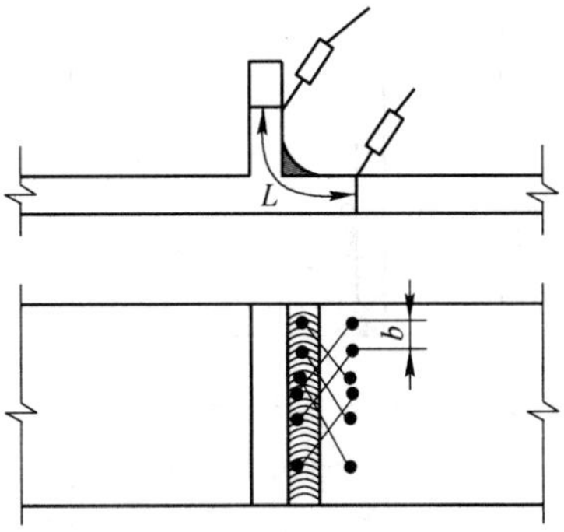	$L \geqslant 75\text{mm}$，$b \leqslant L/2$
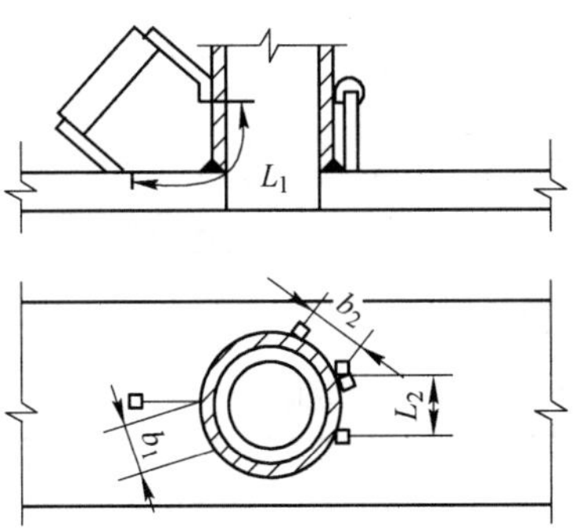	$L_1 \geqslant 75\text{mm}$，$b_1 \leqslant L_1/2$，$L_2 > 75\text{mm}$，$b_2 \leqslant L_2-50$	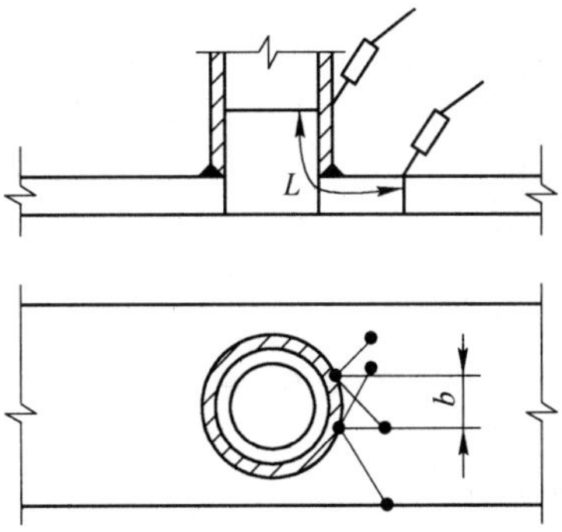	$L \geqslant 75\text{mm}$，$b \leqslant L/2$
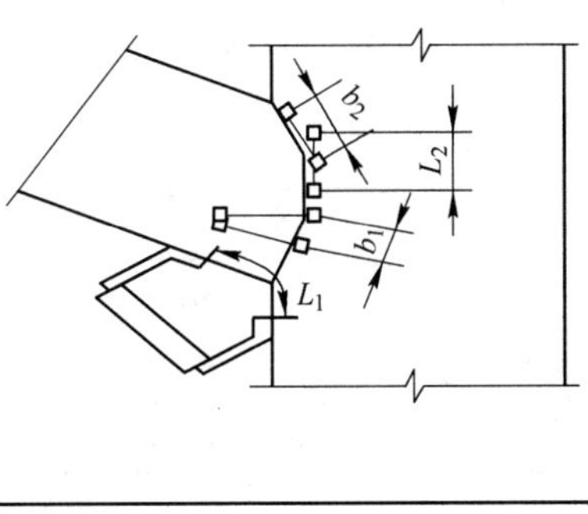	$L \geqslant 75\text{mm}$，$b \leqslant L/2$，$\beta \approx 90°$	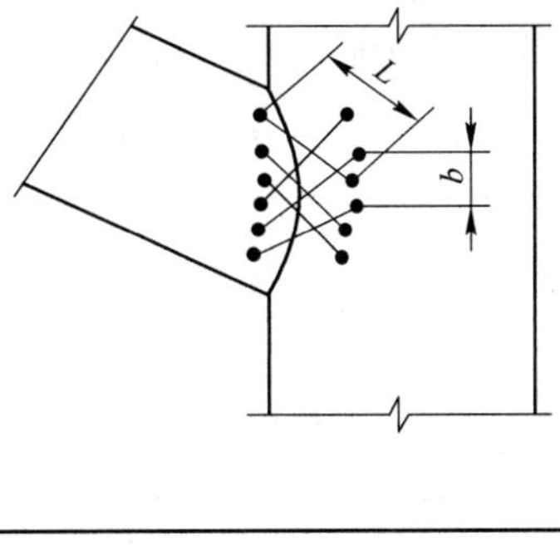	$L \geqslant 75\text{mm}$，$b \leqslant L/2$，$\beta \approx 90°$

表 6-6 绕电缆法和交叉磁轭法的典型磁化方法 (mm)

<table>
<tr><th colspan="2">绕电缆法的典型磁化方法</th><th>交叉磁轭法的典型磁化方法</th></tr>
<tr><td>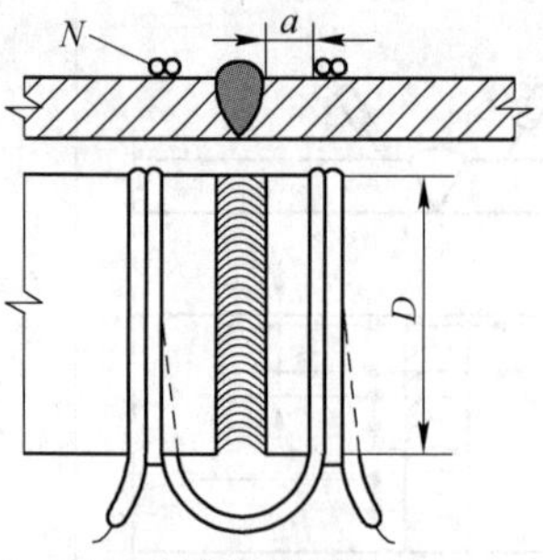N
a
D
平行于焊缝的缺陷检测</td><td>20≤a≤50</td><td rowspan="2">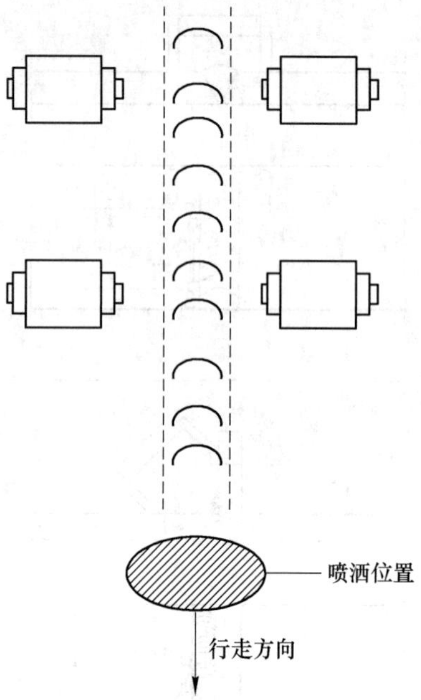喷洒位置
行走方向
垂直焊缝检测</td></tr>
<tr><td>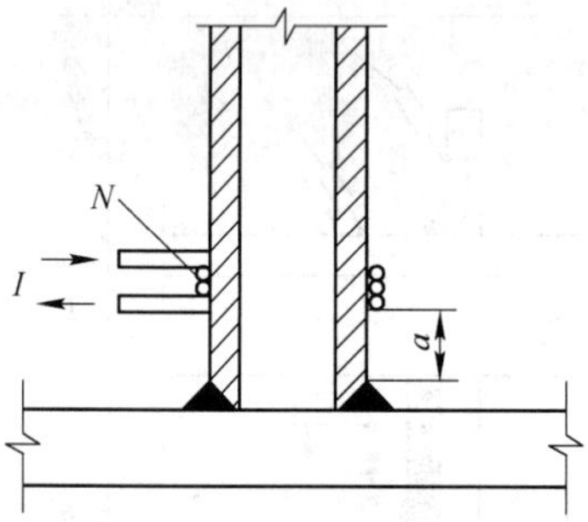N
I
a
平行于焊缝的缺陷检测</td><td>20≤a≤50</td></tr>
<tr><td>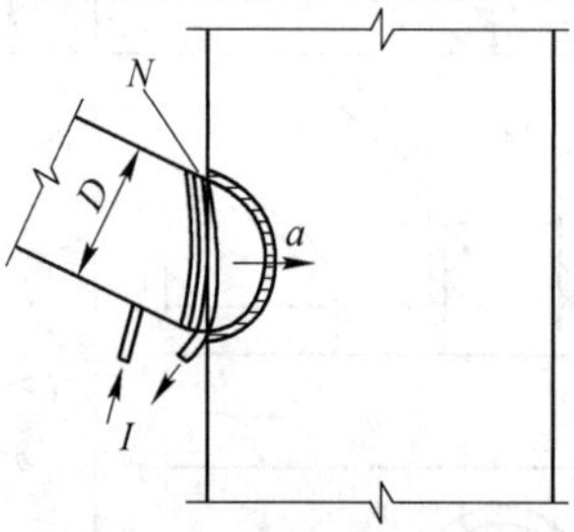N
D
a
I
平行于焊缝的缺陷检测</td><td>20≤a≤50</td><td>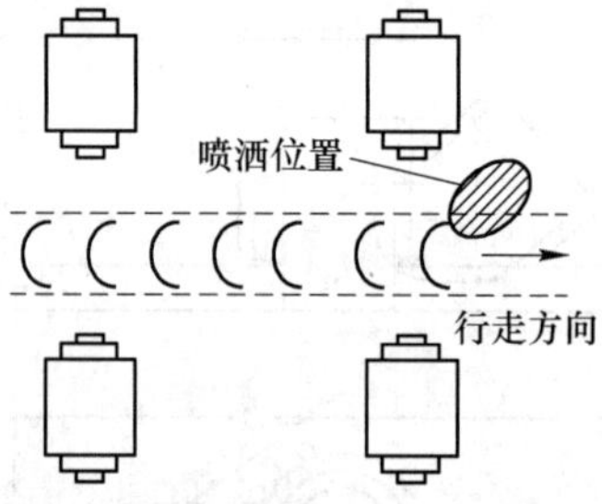喷洒位置
行走方向
水平焊缝检测</td></tr>
</table>

（3）磁化规范：

1）轴向通电法和中心导体法磁化规范。轴向通电法和中心导体法可用于检测工件内、外表面与电流平行的纵向缺欠和端面的径向缺欠。外表面检测时，应尽量使用直流电或整流电，其磁化规范如表 6-7 所示。

表 6-7 轴向通电法和中心导体法磁化规范

检测方法	磁化电流计算公式	
	交流电	直流电、整流电
连续法	$I=(8\sim15)D$	$I=(12\sim32)D$
剩磁法	$I=(25\sim45)D$	$I=(25\sim45)D$

使用中心导体法时，当电流不能满足检测要求时，应采用偏置芯棒法进行检测，芯棒

应靠近内壁放置，导体与内壁接触时应采取绝缘措施。每次有效检测区长度约为4倍芯棒直径，且应有一定的重叠区，重叠区长度应不小于有效检测区的10%。

2）触头法磁化规范。采用触头法时，电极间距应控制在75~200mm。磁场的有效宽度为触头中心线两侧1/4磁距，通电时间不应过长，电极与工件之间应保持良好的接触，以免烧伤工件。两次磁化区域应有不小于10%的磁化重叠区。检测时，磁化电流应根据标准试片实测结果来校正，具体的磁化参数见表6-8。

表6-8　触头法磁化规范

工件厚度 T/mm	电流值 I/A
<19	（3.5~4.5）倍触头间距
≥19	（4~5）倍触头间距

3）磁轭法磁化规范。磁轭的磁极间距应控制在75~200mm，检测的有效区域为两极连线两侧各50mm的范围内，两次磁化间应有至少不小于15mm的磁化重叠区。磁轭法的磁化电流应根据标准试片实测结果来选择。

4）线圈法磁化规范。线圈法产生的磁场平行于线圈的轴线。线圈法的有效磁化区是从线圈端部向外延伸到150mm的范围内。超过150mm以外区域，磁化强度应采用标准试片确定。

线圈法根据线圈的状态可分为低充填因素线圈法、中充填因数线圈法和高充填因数线圈法，它们的磁化电流各不相同，具体可参加（JBNB/T 47013.4—2015）中的相关规定。

6.3.1.3　*施加磁粉或磁悬液*

施加磁粉或磁悬液，是把磁粉（干法检测）或磁悬液（湿法检测）均匀地喷洒在工件表面上。连续法和剩磁法对施加磁粉或磁悬液的要求各不相同。

（1）连续法。连续法包括湿连续法（湿粉）和干连续法（干粉）两种。

1）湿连续法。先用磁悬液润湿工件表面，在通电磁化的同时使用浇法或喷法施加磁悬液（液流要微弱，以免冲刷掉缺欠上已形成的磁痕显示）。停止浇磁悬液后，再通电数次，通电时间为1~3s，停止施加磁悬液至少1s后，待磁痕形成并滞留下来时方可停止通电，再进行磁痕观察和记录。

2）干连续法。检测前，先充分干燥磁粉与被检工件表面，然后对工件通电磁化，并用喷粉器或其他工具将呈雾状的干燥磁粉施于被检工件表面，形成薄而均匀的磁粉覆盖层，同时用干燥的压缩空气吹去局部堆积的多余磁粉。此时应注意控制好风压、风量及风口距离，不能干扰真正缺欠磁痕。观察磁痕应在喷粉和去除多余磁粉的同时进行，观察完磁痕后，再撤除外磁场。

（2）剩磁法。使用剩磁法进行检测时，磁悬液应在通电结束后再施加。施加磁悬液时，宜用浇法、喷法和浸法。浇法和喷法灵敏度低于浸法；浸法的浸放时间一般控制在10~20s，时间过长会产生过度背景。一般通电时间为0.25~1s。浇磁悬液2~3遍，以保证工件各个部位得到充分润湿。若将工件浸入搅拌均匀的磁悬液中，则一般控制在10~20s后取出进行检验，时间过长会产生过度背景。

6.3.1.4　检测时机

焊接接头的磁粉检测应安排在焊接工序完成并经外观检查合格后进行；对于有延迟裂

纹倾向的材料，至少应在焊接完成24h后进行焊接接头的磁粉检测。

除另有要求，对于紧固件和锻件的磁粉检测应安排在最终热处理之后进行。

6.3.1.5 磁痕观察、记录

（1）磁痕观察。磁粉在被检表面上聚集形成的图像称为磁痕。磁痕观察和评定一般应在磁痕形成后立即进行。磁痕观察时的照明对观察结果有很大的影响，非荧光磁粉检测时，被检工件表面应有充足的自然光或荧光灯照明。当现场由于条件所限需采用便携式手提灯照明时，可见光照度可以适当降低，但不得低于500lx。检测人员进入暗区后，至少应经过3min的暗区适应后，才能进行荧光磁粉检测的操作。检测时，检验人员不准戴墨镜或光敏镜片的眼镜，但可以戴防紫外光的眼镜。

（2）磁痕记录。工件上的磁痕有时需要连同检测结果保存下来，作为永久性记录保存。常用的记录磁痕位置、形状、尺寸和数量的方法有照相法、透明胶带贴印法、橡胶铸型法、涂层剥离法或画出磁痕草图（临摹）几种。

6.3.1.6 退磁

工件在经磁粉检测后会保留一定的剩磁。剩磁的存在会给工件的加工和使用带来不良后果。如果工件在较高灵敏度的仪器附近使用，则剩磁会对这些仪器产生干扰，影响其使用；需继续切削加工的工件也会因剩磁场吸附切屑而影响随后的机械加工操作。

常用的退磁方法有交流退磁法和直流退磁法。交流退磁法将需退磁的工件从通电的磁化线圈中缓慢抽出，直至工件离开线圈1m以上时再切断电源，或将工件放入通电的磁化线圈内，将线圈中的电流逐渐减小至零或将交流电直接通过工件并逐步将电流减小到零。直流退磁法将需退磁的工件放入直流电磁场中，不断改变电流方向并逐渐减小电流至零。大型工件可使用交流电磁轭进行局部退磁或采用缠绕电缆线圈分段退磁。

6.3.1.7 后处理

磁粉检测完毕后，应对工件进行后处理。后处理主要是清洗掉工件表面以及孔穴、裂纹和通路中的磁粉；如果涂覆了反差增强剂，也要清洗掉；在磁化前如果使用过封堵，也应去除。另外，如果使用水基磁悬液进行检验，为防止工件生锈，一般要用脱水防锈油进行处理。后处理也包括对被拒收的工件进行隔离。

6.3.2 磁粉检测结果评定

6.3.2.1 磁痕显示的分类和常见的缺欠磁痕显示

（1）磁痕显示的分类。磁痕显示分为相关显示、非相关显示和伪显示。

1）相关显示。磁粉检测时由于缺欠（裂纹、未熔合、气孔和夹渣等）产生的漏磁场吸附磁粉而形成的磁痕显示称为相关显示，又叫缺欠显示。它是磁粉检测时的主要评定对象，根据对其形状、尺寸及位置进行分析、评定，确定缺欠存在的位置、性质和形状。它是磁粉检测评级的重要依据。

2）非相关显示。由于磁路截面突变以及材料磁导率差异等原因产生的漏磁场吸附磁粉而形成的磁痕显示称为非相关显示。非相关显示不是来源于缺欠，但是由漏磁场吸附磁粉产生的。

3）伪显示。伪显示不是由漏磁场吸附磁粉形成的磁痕显示，也叫假显示。产生伪显示的原因很多，例如工件表面粗糙、工件表面有油污或不清洁、工件表面的氧化皮和油漆斑点、焊缝熔合线上的咬边、磁悬液浓度过大或施加不当而形成过度背景等。这些部位都可能会滞留磁粉并形成磁痕。

（2）常见的缺欠磁痕显示：

1）裂纹。裂纹的磁痕轮廓较分明，对于脆性开裂多表现为粗而平直，对于塑性开裂多呈现为一条曲折的线条或者在主裂纹上产生一定的分叉。它可以是连续分布，也可以是断续分布，中间宽而两端较尖细。擦掉磁痕，裂纹缺欠目视可见或不太清晰；在2~10倍放大镜下观察，裂纹缺欠呈V字形开口，清晰可见；用刀刃在工件表面沿垂直磁痕方向来回刮，裂纹缺欠阻断刀刃。

2）发纹。发纹缺欠都是沿着金属纤维方向分布在工件纵向截面的不同深度处，呈连续或断续的细直线，很浅且长短不一，长者可达到数十毫米。发纹的磁痕均匀、清晰而不浓密，两头呈圆角且呈现直线或曲线状短线条。擦掉磁痕，发纹缺欠目视不可见；在2~10倍放大镜下观察，发纹缺欠目视仍不可见；用刀刃在工件表面沿垂直磁痕方向来回刮，发纹缺欠不阻挡刀刃。

3）未焊透。母材金属未熔化，焊缝金属没有进入接头根部称为未焊透。磁粉检测只能发现埋藏浅的未焊透，磁痕显示松散、较宽。

4）气孔。磁痕呈圆形或椭圆形，宽而模糊，显示不太清晰。

5）夹渣。磁痕多呈点状（椭圆形）或粗短的条状，磁痕宽而不浓密。

6.3.2.2 磁痕评定

（1）长度与宽度之比大于3的缺欠磁痕，按条状磁痕处理；长度与宽度之比不大于3的磁痕，按圆形磁痕处理。

（2）长度小于0.5mm的磁痕不计。

（3）两条或两条以上缺欠磁痕在同一直线上且间距不大于2mm时，按一条磁痕处理，其长度为两条磁痕之和加两者的间距。

（4）缺欠磁痕长轴方向与工件（轴类或管类）轴线或母线的夹角大于或等于30°时，按横向缺欠处理，其他按纵向缺欠处理。

6.3.2.3 磁粉检测质量分级

针对不同的检测对象，磁粉检测所遵循的国家标准也不一样。《承压设备无损检测 第4部分：磁粉检测》NB/T 47013.4—2015对磁粉检测质量分级有如下规定：

（1）不允许任何裂纹显示；紧固件和轴类零件不允许任何横向缺陷显示。

（2）焊接接头的质量分级按表6-9进行。

（3）其他部件的质量分级按表6-10进行。

表6-9 焊接接头质量分级

等级	线性缺陷磁痕	圆形缺陷磁痕（评定框尺寸为35mm×100mm）
Ⅰ	$l \leqslant 1.5$	$d \leqslant 2.0$，且在评定框内不大于1个
Ⅱ	大于Ⅰ级	

注：l 表示线性缺陷磁痕长度，单位为mm；d 表示圆形缺陷磁痕长径，单位为mm。

表 6-10　其他部件的质量分级

等级	线性缺陷磁痕	圆形缺陷磁痕（评定框尺寸为 2500mm^2，其中一条矩形边长最大为 150mm）
Ⅰ	不允许	d≤2.0，且在评定框内不大于 1 个
Ⅱ	l≤4.0	d≤4.0，且在评定框内不大于 2 个
Ⅲ	l≤6.0	d≤6.0，且在评定框内不大于 4 个
Ⅳ	大于Ⅲ级	

注：l 表示线性缺陷磁痕长度，单位为 mm；d 表示圆形缺陷磁痕长径，单位为 mm。

6.4　涡 流 检 测

6.4.1　涡流检测原理

涡流检测是利用电磁感应原理，通过测定被检工件内感生涡流的变化来评定导电材料及其工件的某些性能，从而发现内部缺欠的无损检测方法。涡流检测过程中将试件靠近或放置在检测线圈中，并在检测线圈中通有交变电流，使线圈周围产生交变磁场，交变磁场将使被检测导体中感生出涡状电流，通过检测涡流状态评定导体中是否存在缺欠。若导体内无缺欠，则涡流的形状规则，且大小不变；若导体内有缺欠，则感生涡流的幅值、相位、流动形式及其伴生磁场将会发生变化，以此判定缺欠的大小和位置。

6.4.2　涡流检测设备

涡流检测设备包括涡流检测仪、涡流检测线圈和对比试样。

6.4.2.1　涡流检测仪

涡流检测仪是涡流检测的核心，它负责给线圈供电，并对被检试件中的涡流进行分析，判定缺欠的位置。涡流检测仪一般由振荡器、探头（检测线圈及其配件）、信号输出电路、放大器、处理器、显示器、记录仪和电源等几部分组成，其基本组成如图 6-15 所示。

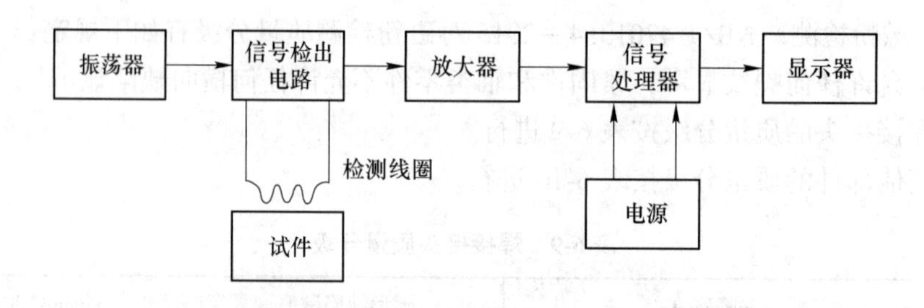

图 6-15　涡流检测仪的组成示意图

振荡器负责给电桥电路提供电源；检出电路主要针对试件中的涡流进行检测；放大器将检测后的信号放大，以方便后续信号处理；信号处理器则对放大后的信号进行处理，并便于在显示器中显示。显示器的显示方式一般分为电流表显示、示波器和计算机的 CRT 显示器三种。

6.4.2.2 涡流检测线圈

涡流检测线圈对缺欠的检出灵敏度及分辨率有很大的影响，是涡流检测设备中的重要组成部分。涡流检测线圈的作用有两个：一是在试件表面及近表面感生涡流；二是测量涡流磁场或合成磁场的变化，以此来推断被检测工件的特点。常用涡流检测线圈的形状和使用特点见表 6-11。

表 6-11 常用检验线圈的形状和使用特点

分 类		形 式	使 用 特 点
穿过式		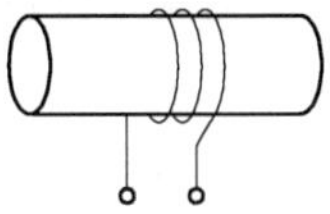	检测速度快，广泛应用于管、棒、线材的自动检测
内 插 式		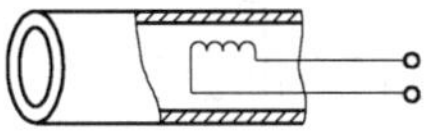	适用于管子内部及浸孔部位的检测。试件中心线应当绕圈轴线重合
探 头 式		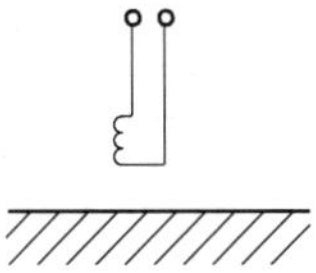	带有磁心。具有磁场聚焦性质，灵敏度高，但灵敏区小，适合于板材和大直径管材、棒材的表面检测
自比式	自感式	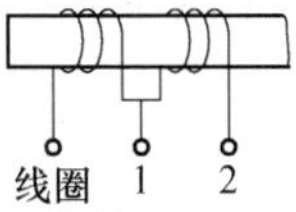	采用两个相邻很近的相同线圈，来检验同一试件两个部位的差异，能抑制试件中缓慢变化的信号，能检测缺欠的突然变化。检测时，试件传送时的振动及环境温度对其影响较小。但对试件上一条从头到尾的长裂纹（规定其深度相同）则无法探出
	互感式	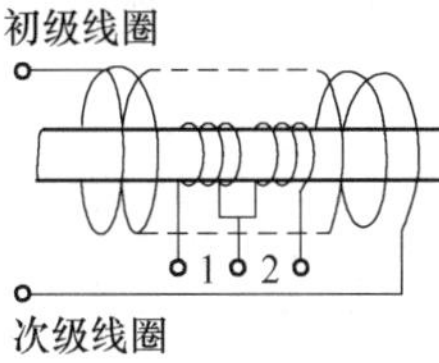	
他比式	自感式	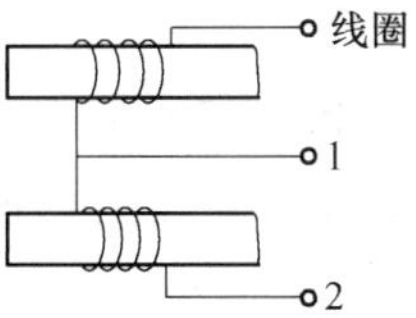	输出信号是标准试件与被测试件存在的差异，受试件材质，形状及尺寸变化的影响。但能检出从头到尾深度相等的裂纹。常与自比式线圈结合使用，以弥补其不足。穿过式、内插式、探头式线圈都能接成他比式
	互感式	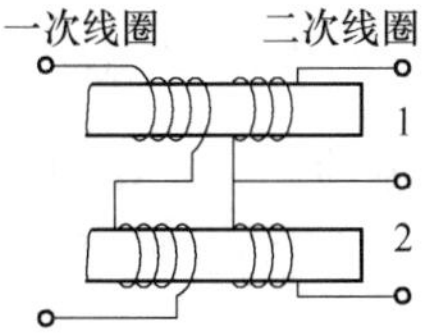	

6.4.2.3 对比试样

对比试样是按一定要求加工出带有人工缺欠的试样，它主要用于检测和鉴定涡流检测仪的性能，例如灵敏度、分辨力及端部不可检测长度等，并以此来判断检测工艺是否合格。

根据《承压设备无损检测 第6部分：涡流检测》（NB/T 47013.6—2015）中的规定，对比试样中的缺欠分为通孔和槽两种。对于通孔类人工缺欠，是在试样钢管中部加工3个通孔，焊接钢管至少有1个孔在焊缝上，沿周围方向相隔120°±5°对称分布，轴向间距不小于200mm。此外，在对比试样钢管端部小于或等于200mm处，加工两个相同尺寸的通孔，以检查端部效应，如图6-16所示。钻孔时应保持钻头稳定，防止局部过热和表面产生毛刺。当钻头直径小于1.10mm时，其钻孔直径不得比规定值大0.10mm；当钻头直径不小于1.10mm时，其钻孔直径不得比规定值大0.2mm。槽类缺欠的形状为纵向矩形槽，平行于钢管的主轴线。槽的宽度不大于1.5mm，长度为25mm，其深度为管子公称壁厚的5%，最小深度为0.3mm，最大深度为1.3mm。深度允许偏差为槽深的±15%或者±0.05mm，取其大者。

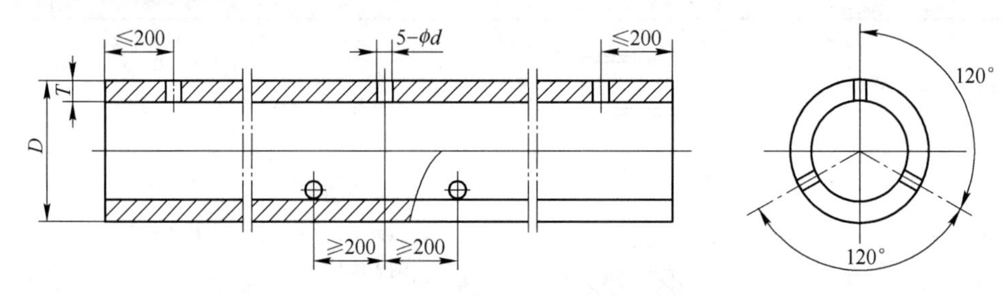

图6-16 对比试样上通孔位置（单位：mm）

6.4.3 涡流检测流程

涡流检测的步骤大致可以归纳为：检测前的准备、检验规范的确定、检验操作、结果评定并出报告，如图6-17所示。

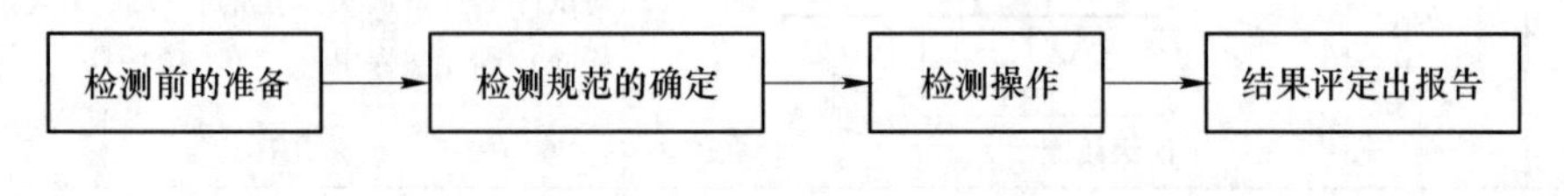

图6-17 涡流检测操作流程图

检测前的准备主要包括：选择检测方法和设备、表面清理、制备对比试样、设备预运行、调试设备。检验规范主要包括：选择检验频率、确定传送速度、调整饱和程度、调整相位、确定滤波器的频率等。

6.4.4 涡流检测结果评定

根据《承压设备无损检测 第6部分：涡流检测》（NB/T 47013.6—2015）的相关规定，验收等级分为A级和B级（见表6-12和表6-13）。验收等级的选定由供需双方协商并在合同中注明。

检测结果评定：

合格钢管：钢管通过涡流检测设备时，其产生的信号低于报警电平，则钢管可判定为检测合格。

表 6-12　对比试样通孔直径及验收等级　(mm)

验收等级 A		验收等级 B	
钢管外径 D	通孔直径	钢管外径 D	通孔直径
$D≤27$	1.20	$D≤6$	0.5
$27<D≤48$	1.70	$6<D≤19$	0.65
$48<D≤64$	2.20	$19<D≤25$	0.80
$64<D≤114$	2.70	$25<D≤32$	0.90
$114<D≤140$	3.20	$32<D≤42$	1.10
$140<D≤180$	3.70	$42<D≤60$	1.40
$D>180$	双方协议	$60<D≤76$	1.80
		$76<D≤114$	2.20
		$114<D≤152$	2.70
		$152<D≤180$	3.20
		$D>180$	双方协议

表 6-13　对比试样外表面纵向槽尺寸及验收等级

验收等级 A			验收等级 B		
槽的深度 h (公称壁厚的百分数)	槽的长度	槽的宽度 b	槽的深度 h (公称壁厚的百分数)	槽的长度	槽的宽度 b
12.5%，最小深度为 0.50mm，最大深度为 1.50mm	不小于 50mm 或不小于两倍的检测线圈的宽度	不大于槽的深度	5%，最小深度为 0.30mm，最大深度为 1.30mm	不小于 50mm 或不小于两倍的线圈的宽度	不大于槽的深度

注：如有特殊要求，刻槽深度也可由供需双方协商。

可疑钢管：钢管通过涡流检测设备时，其产生的信号等于或高于报警电平，则此钢管可认定为可疑钢管。

6.5　磁力检测与涡流检测新技术

6.5.1　磁粉检测新技术

随着计算机、电子技术、图像处理技术以及光电子技术的发展，推动了磁粉检测技术的进步，其主要表现有。

6.5.1.1　用激光、电子束扫描的荧光磁粉检测装置

在美国已成功地研制了一种利用激光扫描的荧光磁粉检测装置。该装置由氦/镉激光器发出的蓝色光去激励荧光磁粉的色素，使缺欠表面聚集的荧光磁粉产生黄绿色的光。用一只光电检测器，让其焦距对准经激光诱发的发光点，实现对缺欠的检测。工作时，用滤光器滤去来自激光器的所有蓝色光，仅保留经激光诱发出来的荧光。此荧光由光电检测器转换成电信号，经放大后，在图像传送记录装置上显示出来。这种方法极大地提高了识别

缺欠的能力。

此外，用电子束扫描一块接收有荧光磁粉图像的半导体光电板，能在电子束与缺欠信息相交时产生一个输出电信号，此信号经放大后可用来实现记录、打标记或控制分选机构。

6.5.1.2 自动化的磁粉检测设备

近年来，采用单片机、PC 机控制的多工位半自动化中小零件通用磁粉检测机，实现了上料、磁化、喷液、下料、观察、退磁等工序的程控作业。安有机械手、电视成像、缺欠图像处理系统的成套设备，已用于汽车行业的全自动荧光磁粉检测。还有用于海底石油开发 300m 深水作业的磁粉检验系统等。

除此之外，在研究磁粉检测的新材料、发展交流多向磁化工艺，以及利用计算机开发磁粉检测的应用软件等方面都得到了很大的发展。

6.5.2 录磁检测新技术

随着现代科学技术的发展，录磁检测中的数字化图像处理技术以及自动化连续检测装置更趋完善。例如，国外在录磁检测装置中采用模数转换的数字图像显示技术，提供了高保真、高分辨力的图像，由微机将录磁检测的各种信息进行参量的数据处理，将缺欠大小用八种不同的色调进行分级显示、同时打印，并可进行永久性的保存。美国已成功地研制出小口径管道纵向焊缝录磁检测装置。此外，水下录磁检测装置也相继问世。

近年来对焊缝的录磁检测及其研究尤为突出。国外比较系统地研究了录磁检测法在焊缝上检测的可能性，并研制了适合于检验圆滑过渡（焊缝余高的宽度与高度比值大于 7）焊缝的探头，具有极好的检测灵敏度，能成功地在 ϕ168mm~1020mm、壁厚 16mm 以下的输油管道焊缝及压力容器上有效地发现焊缝内部和根部的裂纹、未焊透、未熔合及条状夹渣等有害缺欠。在我国已有专业人员在从事磁检测技术研究和产品开发，并已取得一定的成果。

6.5.3 涡流检测新技术

6.5.3.1 多频涡流技术

采用单频涡流探测某些对象时，由于存在干扰参数，故缺欠信号往往被干扰信号所掩盖，使测量结果难以解释。为了解决这类问题，美国人 Libby（利比）于 1970 提出了使用几个频率同时工作的方法，取得了单频涡流所不能得到的测试结果。

在涡流检测中，改变激励电流的频率，也就改变了涡流在工件内的大小和分布。因此，同一缺欠或干扰在不同的频率下会对涡流产生不同的反应，利用此点可以消除干扰的影响。

对某一确定的探测对象，先选用一个最佳频率 f_1 作为频率（这可按经验公式计算并通过试验修正确定），然后根据需要选定第二检测频率 f_2 作为副频，将两种频率作用下的检验结果送入混合器进行实时信号处理，将抑制的干扰信号调整到在 f_1 和 f_2 作用下具有相同的幅值、相位以及尽可能一致的波形，然后使它们在减法器中互相抵消，仅保留有关缺欠的信息。这就是双频检验法所依据的基本原理。多频涡流检测原理类似于上述双频检验法。

近年来，最具有代表性的多频涡流技术应用是核电站蒸汽发生器管子的检查。数千根热交换管因腐蚀、磨损、振动和挤压而失效，由于管子外部装有支撑板和管板，故检验时必须采用多频混合来消除这些干扰因素。

6.5.3.2 远场涡流技术

对铁磁材料进行涡流检验时，必须采取措施以抑制磁导率和其他因素对试件的影响，而仅仅利用涡流效应来反映试件有关缺欠的信息。这使得常规涡流检测法在用于铁磁材料的检测上有时受到一定的限制。利用漏磁检测和霍尔效应传感技术所测出的信号幅度在很大程度上取决于缺欠的体积，很难对缺欠做出准确的定量，而且漏磁法的信号幅度还与检测速度有关。因此，为了寻找到一种能够迅速而准确地探测铁磁材料内部缺欠及壁厚变化的方法，国内外做了大量的研究工作，产生了远场涡流技术。

远场涡流技术是采用螺线管激励线圈和接收线圈，线圈的间距为管直径的几倍（见图6-18）。给激励线圈施加交流电时，激励线圈和接收线圈之间的电磁耦合有两条路径。第一条路径是管内的直接耦合，直接耦合随着激励线圈与接收线圈的距离增加而呈指数衰减；第二条路径是经过管壁的间接耦合，流过激励线圈的交变电流在其附近产生电磁能，电磁能扩散至管外壁并沿着管子作轴向传布，然后分散返回，当电磁场穿透管内壁时，随之衰减并产生相移。

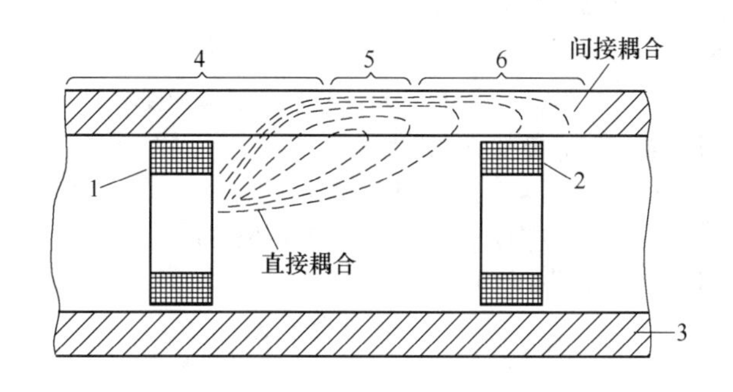

图6-18 远场涡流检测
1—激励线圈；2—接收线圈；3—管壁；4—直接耦合区；5—过渡区；6—远场区

两线圈之间有三个不同的相互作用区，即靠近激磁线圈的直接耦合区、既有直接耦合又有间接耦合的过渡区和几倍管径以外的远场区。由于沿管壁的间接耦合包含全部管壁缺欠的信息，故接收线圈必须放在远场区。位于远场区的接收线圈所接收到的信号十分微弱，必须将信号放大数百万倍才能在输出端得到要检测的信号，信号的相位与电磁场穿透深度呈线性关系，与缺欠深度成正比，与缺欠的体积无关，这是远场涡流技术的主要优点。

远场涡流技术广泛用于油井和管道的探测，对诸如蚀坑、裂缝、磨损等内外壁缺欠具有相同的检测灵敏度，还可以用来检测铁磁性或非铁磁性管子的内部缺欠和壁厚减薄情况，其应用前景十分宽广。

除此之外，深层涡流技术、三维涡流技术在涡流检测中也都得到了广泛的应用。随着科学技术的发展，涡流检测将在现代工业生产中发挥越来越重要的作用。

本章小结

1. 磁力检测通过对被检试样的磁化作用，使其在缺欠位置产生漏磁场，进而吸引磁粉或使磁敏探头、磁录仪发生反应，从而呈现出试样内部的缺欠信息，并对其进行判定，确定试样的损失程度，制定返修工艺。

2. 涡流检测是利用电磁理论，通过交变磁场在被检试样表面及近表面产生涡流，并观察涡流的规则程度，确定被检试样内部缺欠的位置及大小。

3. 磁力检测和涡流检测所用基本原理都是电磁理论，但是所适用范围不尽相同，磁力检测适用于铁磁性材料，而涡流检测适用于导体材料。

自测题

6.1　选择题

（1）在选择磁化方法时，应考虑的因素是（　　）。

A. 缺欠的方向　　B. 缺欠距表面的距离

C. 工件形状、尺寸和材质　　D. 以上全部

（2）下面几种情况，将使漏磁场减弱的是（　　）。

A. 表面缺欠深度增加　　B. 缺欠宽度增加

C. 缺欠埋藏深度增加　　D. 工件内磁感应强度增加

（3）缺欠距工件表面的距离增加时，漏磁场的强度（　　）。

A. 增加　　B．减弱

C. 不变　　D. A和B都有可能

（4）下列（　　）材料不适合用于涡流检测。

A. 低碳钢　　B. 低合金钢

C. 不锈钢　　D. 塑性

6.2　判断题

（1）漏磁场强度只与缺欠的埋藏深度有关，而与缺欠的磁导率无关。（　　）

（2）磁力检测的方法虽然有很多种，但本质上都是在检测缺欠产生的漏磁场。（　　）

（3）磁化规范是指在确定磁化方法以后对所采用的磁化电流值的选择。磁化规范正确与否直接影响检验的灵敏度。（　　）

（4）常用的磁粉检测设备分为固定式、移动式和爬行式三种类型。（　　）

6.3　简答题

（1）简述影响漏磁场大小的因素。

（2）试述磁力检测试片的分类及作用。

7 渗 透 检 测

导 言

渗透检测（penetrate testing，PT），是一种利用毛细作用通过渗透剂来检查表面开口缺欠的无损检测方法。渗透检测作为常用的无损检测方法之一，在工业生产中得到了广泛使用，尤其是在检测表面开口类缺欠方面具有独特的优势。本章将从渗透检测的基本原理入手，介绍渗透检测的原理、设备和操作流程。

7.1 渗透检测的物理基础及原理

7.1.1 渗透检测的物理基础

7.1.1.1 毛细现象

毛细现象（又称为毛细作用），是指液体在细管状物体内侧，由于内聚力与附着力的作用，克服地心引力而上升的现象。将一根内径小于1mm的玻璃管（毛细管）插入装有润湿液体（如水）的容器中，由于润湿作用，靠近管壁的液体会沿着管壁上升形成凹面，对内部液体产生拉力，管内的液体沿管壁自动上升，使得管内的液面高出容器的液面，管子的内径越小，它里面的液面越高。如果把毛细管放入装有不润湿液体（如水银）的容器中，由于液体不能润湿玻璃管壁，管内的液面成凸面，对内部液体产生压力，使得管内的液面低于容器的液面，管子的内径越小，它内部的液面越低。毛细现象如图7-1所示。

7.1.1.2 润湿现象

润湿是指固体表面与液体接触时，原来的固相-气相界面消失，形成新的固相-液相界面，这种现象称为润湿。通常用接触角来判断液体的润湿性能。当接触角 $\theta=0°$时，液体像一层薄膜铺展在工件表面，称为完全润湿；当接触角 $\theta<90°$时，液体覆盖固体表面，称为润湿；当接触角 $\theta>90°$时，液体在固体表面呈大于半球的球冠，称为不润湿；当 $\theta=180°$时液体在固体表面呈球形，称为完全不润湿。常见的润湿形式如图7-2所示。

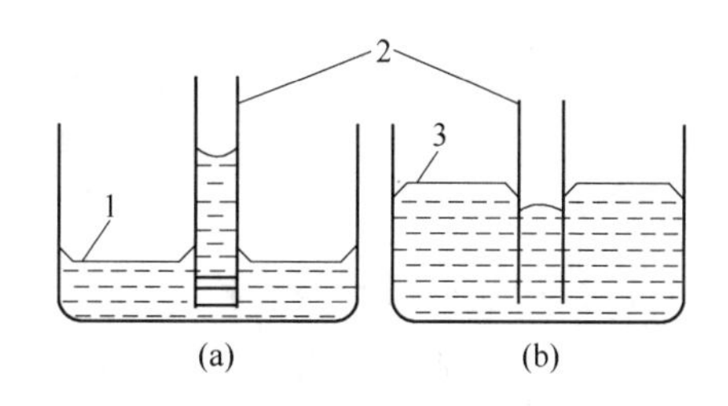

图7-1 毛细现象

(a) 润湿现象；(b) 不润湿现象

1—润湿液体；2—毛细管；3—不润湿液体

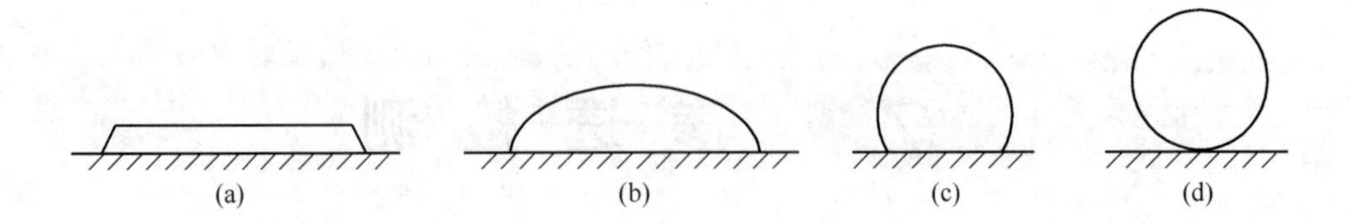

图 7-2　常见润湿形式示意图

(a) 完全润湿；(b) 润湿；(c) 不润湿；(d) 完全不润湿

7.1.1.3　乳化现象

若将水和油混合，则由于表面张力的作用，
油和水互不相溶，从而出现分层现象。如果在油水混合液中注入一些表面活性剂，油就会变成无数微小的颗粒分散在水中而形成乳状的液体，静置后也难以分层。这种由于表面活性剂的作用，使原来不能混合到一起的两种液体混合的现象称为乳化现象，具有乳化作用的表面活性剂称为乳化剂。乳化剂一般由非极性的亲油疏水的碳氢链部分与有极性的亲水疏油的基团组成。

7.1.2　渗透检测基本原理及方法

7.1.2.1　渗透检测原理

渗透检测原理如图 7-3 所示，首先在被检测工件表面涂上具有较强渗透能力的含有荧光染料或红色染料的渗透剂，这些渗透剂在毛细作用下渗进工件表面开口缺欠中，然后用清洗剂去除工件表面多余的渗透剂，再在工件表面涂上显像剂，显像剂与残留在缺欠中的渗透剂发生反应，在一定的光源照射下，工件表面呈现出缺欠的痕迹。

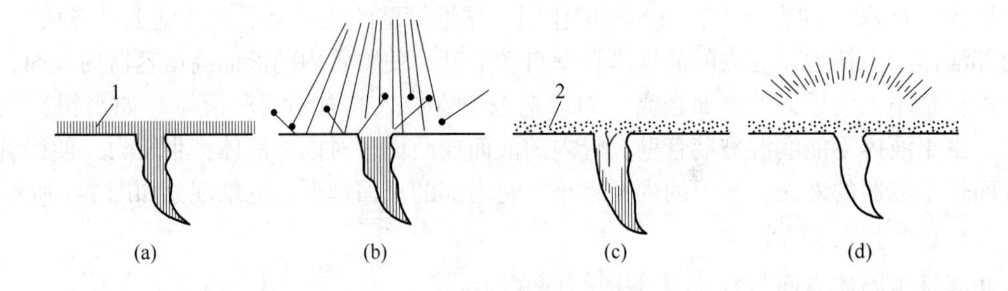

图 7-3　渗透检测原理示意图

(a) 渗透；(b) 清洗；(c) 显像；(d) 观察

1—渗透剂；2—显像剂

7.1.2.2　渗透检测的特点

(1) 渗透检测主要用于工件表面开口缺欠的检测，基本不受材质限制。

(2) 渗透检测不受工件结构限制，可以检查焊接件，也可以检查锻件、机械加工件等。

(3) 渗透检测的显示直观、容易判断，一次操作即可检出工件一个表面上各个方向的缺欠，操作快速、简便。

(4) 渗透检测设备简单，携带方便，检测费用低，适于野外工作。

(5) 渗透检测无法检测由多孔性或疏松材料制成的工件或表面粗糙的工件，并且表面开口缺欠的开口被污染物堵塞或经机械处理（如喷丸、抛光和研磨等）后，开口被封闭的缺欠不能有效地检出。

(6) 渗透检测只能检测出缺欠的表面分布，难以确定缺欠的实际深度，因而无法对缺欠做出定量评价。

7.1.2.3 渗透检测方法的分类

根据渗透剂和显像剂种类的不同，可将渗透检测按表7-1分类。

表7-1 渗透检测方法的分类及代号

渗透剂		渗透剂的清洗		显像剂	
代号	名称	代号	名称	代号	名称
Ⅰ	荧光渗透检测	A	水洗型渗透检测	a	干粉显像剂
Ⅱ	着色渗透检测	B	亲油型后乳化渗透检测	b	水溶解显像剂
Ⅲ	荧光、着色渗透检测	C	溶剂清洗型渗透检测	c	水悬浮显像剂
		D	亲水型后乳化渗透检测	d	溶剂悬浮显像剂
				e	自显像

7.1.2.4 渗透检测方法的选用

(1) 渗透检测方法的选用首先应满足检测缺欠类型和检测灵敏度的要求。在此基础上，可根据被检工件表面粗糙度、检测批量大小和检测现场的水源、电源等条件来确定渗透检测方法。

(2) 对于表面光洁且检测灵敏度要求高的工件，宜采用后乳化型着色法或后乳化型荧光法，也可采用溶剂去除型荧光法。

(3) 对于表面粗糙且检测灵敏度要求低的工件，宜采用水洗型着色法或水洗型荧光法。

(4) 对现场无水源、电源的检测，宜采用溶剂去除型着色法。

(5) 对于大批量的工件检测，宜采用水洗型着色法或水洗型荧光法。

(6) 对于大工件的局部检测，宜采用溶剂去除型着色法或溶剂去除型荧光法，荧光法有更高的检测灵敏度。

7.2 渗透检测剂及设备

7.2.1 渗透检测剂

渗透检测剂主要包括渗透剂、清洗剂和显像剂。

7.2.1.1 渗透剂

渗透剂是一种具有较强渗透能力并含有红色染料或荧光染料的溶液。它能通过毛细作用进入工件表面开口的缺欠中，也能通过毛细作用被显像剂吸附出来显示缺欠的痕迹，渗透剂是渗透检测中的关键，对缺欠的检出率有直接的影响。渗透剂的分类、特点及要求见表 7-2。部分着色和荧光渗透剂的配方见表 7-3、表 7-4。

表 7-2 渗透剂的分类、特点及要求

<table>
<tr><th>检测剂</th><th colspan="3">分类</th><th>基本组成</th><th>特点及应用</th><th>质量要求</th></tr>
<tr><td rowspan="7">渗透剂</td><td rowspan="4">着色渗透剂</td><td rowspan="2">水洗型</td><td>水基型</td><td>水、红色染料</td><td>不可燃，使用安全，不污染环境，价格低廉，但灵敏度欠佳</td><td rowspan="4">（1）渗透力强，渗透速度快；
（2）着色液应有鲜艳的色泽；
（3）清洗性好；
（4）润湿显像剂的性能好，即容易从缺欠中吸附到显像剂表面；
（5）无腐蚀性；
（6）稳定性好，在光和热的作用下，材料成分和色泽能维持较长时间；
（7）毒性小；
（8）其密度、浓度及外观检验应符合《无损检测 渗透检测方法》（JB/T 9218—2015）中的规定</td></tr>
<tr><td>乳化型</td><td>油液、红色染料、乳化剂、溶剂</td><td>渗透性较好，容易吸收水分而产生浑浊、沉淀等污染现象</td></tr>
<tr><td colspan="2">后乳化型</td><td>油液、溶剂、红色染料</td><td>渗透力强，检测灵敏度高，适合于检查浅而细微的表面缺欠，但不适合表面粗糙及不利于乳化的工件</td></tr>
<tr><td colspan="2">溶剂去除型</td><td>油液，低黏度、易挥发的溶剂，红色染料</td><td>具有很快的渗透速度，与快干式显像剂配合使用，可得到与荧光渗透检验相类似的灵敏度</td></tr>
<tr><td rowspan="3">荧光渗透剂</td><td colspan="2">水洗型</td><td>油基渗透剂、互溶剂、荧光染料、乳化剂</td><td>乳化剂含量越高，则越易清洗，但灵敏度越低；荧光染料浓度越高，则亮度越大，但价格越贵，有高、中、低三种不同的灵敏度</td><td rowspan="3">（1）荧光性能应符合《无损检测 渗透检测方法》（JB/T 9218—2015）中的规定；
（2）渗透液的密度、浓度及外观检验应符合《无损检测 渗透检测方法》（JB/T 9218—2015）中的规定；
（3）渗透力强，渗透速度快；
（4）荧光液应有鲜明的荧光；
（5）清洗性能好；
（6）润湿显像剂的性能要好；
（7）无腐蚀性；
（8）稳度性要好；
（9）毒性小</td></tr>
<tr><td colspan="2">后乳化型</td><td rowspan="2">油基渗透剂、互溶剂、荧光染料、润湿剂</td><td>缺欠中的荧光液不易被洗去（比水洗型荧光液强），抗水污染能力强，不易受酸或铬盐的影响。荧光液灵敏度按其在紫外光下发光的强弱可分为三种，即标准灵敏度、高灵敏度和超高灵敏度</td></tr>
<tr><td colspan="2">溶剂去除型</td><td>不需要水，具有很高的灵敏度，但对于批量工件的检验工效较低，适合于受限制的区域性检验</td></tr>
</table>

表 7-3 部分着色渗透剂的典型配方

类 别	成 分	比 例	作 用
水基型着色渗透剂	水	100mL	溶剂、渗透
	表面活性剂	2.4g/100mL	润湿
	刚果红	2.4g/100mL	染料
	氢氧化钾	(0.4~0.8)g/100mL	中和
自乳化型着色渗透剂	200 号溶剂汽油	52%	溶剂、渗透
	二甲基萘	15%	溶剂
	α-甲基萘	20%	溶剂
	萘	1g/100 mL	助溶剂
	油基红	1.2g/100 mL	染料
	吐温-60	5%	乳化剂
	三乙醇胺油酸皂	8%	乳化剂
后乳化型着色渗透剂	航空煤油	60%	溶剂、渗透
	松节油	5%	溶剂、渗透
	乙酸乙酯	5%	溶剂、渗透
	变压器油	20%	增光
	丁酸丁酯	10%	助溶剂
	苏丹红Ⅳ	0.8g/100mL	染料
溶剂去除型着色渗透剂	煤油	80%	溶剂、渗透
	萘	20%	助溶剂
	苏丹红Ⅳ	1g/100mL	染料

表 7-4 部分荧光渗透剂的典型配方

类 别	成 分	比 例	作 用
自乳化型荧光渗透剂	5 号机械油或灯用煤油	31%	溶剂、渗透
	邻苯二甲酸二丁酯	19%	互溶
	乙二醇单丁醚	12.5%	稳定
	MOA-3	12.5%	乳化
	TX-10	25%	乳化
	PEB	11g/L	荧光增白
	YJP-15	0.4g/100mL	荧光染料
亲水性后乳化型荧光渗透剂	5 号机械油或灯用煤油	25%	溶剂、渗透
	邻苯二甲酸二丁酯	65%	互溶
	LPE-305	10%	湿润
	PEB	2g/100mL	荧光增白
	YJP-15	0.45g/100mL	荧光染料

续表 7-4

类别	成分	比例	作用
溶剂去除型荧光渗透剂	煤油	85%	溶剂、渗透
	航空煤油	15%	增光
	YJP-1	0.25g/mL	荧光染料

7.2.1.2 清洗剂

清洗剂是用来清除被检测工件表面多余渗透剂的溶剂，其分类、特点及要求见表7-5。

表 7-5 清洗剂的分类、特点及要求

<table>
<tr><th>检测剂</th><th>分类</th><th>基本组成</th><th>特点及应用</th><th>质量要求</th></tr>
<tr><td rowspan="3">清洗剂</td><td colspan="2">水</td><td>清除水洗型渗透液</td><td rowspan="3">有机溶剂去除剂应与渗透剂有良好的互溶性，不与荧光渗透剂起化学反应，不去除荧光</td></tr>
<tr><td>有机溶剂去除剂</td><td>煤油或酒精、丙酮、三氯乙烯</td><td>清除溶剂去除型渗透液</td></tr>
<tr><td colspan="2">乳化剂和水</td><td>清除后乳化型渗透液</td></tr>
</table>

7.2.1.3 显像剂

在渗透检测时，显像剂通过毛细作用将缺欠中的渗透剂吸附到工件表面上形成缺欠，并在工件表面上横向扩展，使检测人员可以用肉眼观察，同时提供与缺欠处有较大反差的背景，使缺欠显示能够清晰辨别。显像剂的分类、特点及要求见表7-6。常用湿式显像剂的配方见表7-7。

表 7-6 显像剂的分类、特点及要求

<table>
<tr><th>检测剂</th><th colspan="2">分类</th><th>基本组成</th><th>特点及应用</th><th>质量要求</th></tr>
<tr><td rowspan="2">显像剂</td><td colspan="2">干粉显像剂</td><td>氧化镁或碳酸镁、氧化钛、氧化锌等粉末</td><td>适用于粗糙表面工件的荧光渗透检测，显像粉末使用后很容易清除</td><td>（1）粒度不超过1~3μm；
（2）松散状态下的密度应小于0.075g/cm³，包装状态下应小于0.13g/cm³；
（3）吸水、吸油性能好；
（4）在黑光下不发荧光；
（5）无毒、无腐蚀</td></tr>
<tr><td>湿式显像剂</td><td>水悬浮型湿式显像剂</td><td>干粉显像剂加水按比例配制而成</td><td>要求零件表面有较高的光洁度，不适用于水洗型渗透液，呈弱碱性</td><td>（1）每升水中应加进30~100g的显像粉末，不宜太多，也不宜太少；
（2）显像剂中应加有润湿剂、分散剂和防锈剂；
（3）颗粒应细微</td></tr>
</table>

续表 7-6

检测剂	分类		基本组成	特点及应用	质量要求
显像剂	湿式显像剂	水溶式显像剂	将显像剂结晶粉溶解于水中制成，结晶粉多为无机盐类	不可燃，使用安全，清洗方便，不易沉淀和结块，白色背景不如水悬浮型，要求工件有较好的表面粗糙度，不适于水洗型渗透液	（1）应加适当的防锈剂、润湿剂、分散剂和防腐剂；（2）应对工件和容器无腐蚀，对操作无害
	快干式显像剂		将显像剂粉末加入挥发性的有机溶剂中配制而成。有机溶剂多为丙酮、苯、二甲苯等	显像灵敏度高、挥发快，形成的显像扩散小，显示轮廓清晰，常与着色渗透液配合使用	为调整显像剂黏度，使显像剂不至于太浓，应加一定量的稀释剂（如丙酮、酒精等）
	不使用显像剂			省掉显像剂，可简化工艺，只适用于灵敏度要求不高的荧光渗透液	

表 7-7　常用湿式显像剂的配方

类别	成分	比例	作用
水悬浮型显像剂	氧化锌	6g	显像粉末
	水	100mL	溶剂
	表面活性剂	0.01~0.1g	润湿
	糊精	0.5~0.7g	限制剂
溶剂悬浮型显像剂	二氧化钛	5g/100mL	显像粉末
	丙酮	40%	溶剂
	火棉胶	45%	限制剂
	乙醇	15%	稀释剂

7.2.2 渗透检测设备

7.2.2.1 便携式渗透检测设备

便携式渗透检测设备一般装在一个小箱子里面，如图 7-4 所示，其中包括刷、金属刷、黑光灯（荧光法检测）或照明灯（着色法检测）等（见图 7-5）。便携式荧光箱常用于现场检测和大工件的局部检测。

喷罐携带方便，罐内装有渗透检测剂和气雾剂（乙烷、氟利昂等），如图 7-6 所示，使用时按下顶部的阀门，检测剂就会以雾状从喷嘴喷出。

7.2.2.2 固定式渗透检测设备

当检测场所相对固定，被检工件批量大时，常使用固定式渗透检测设备并采用流水线检测作业。固定式渗透检测设备一般采用水洗型或后乳化型渗透检测方法，主要设备有预清洗装置、渗透装置、乳化装置、显像装置、干燥装置和后处理装置等，如图 7-7 所示。

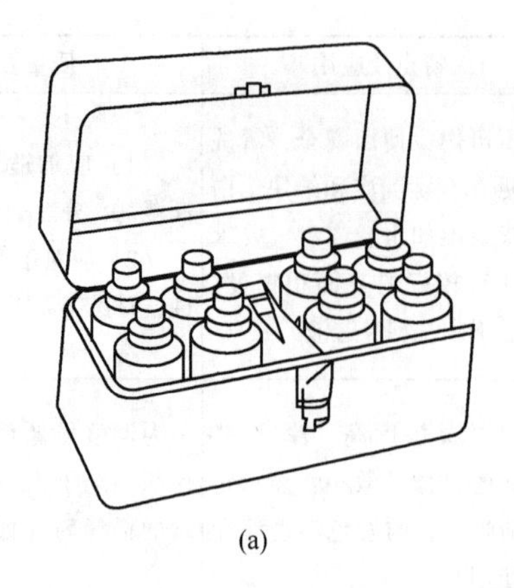

(a)

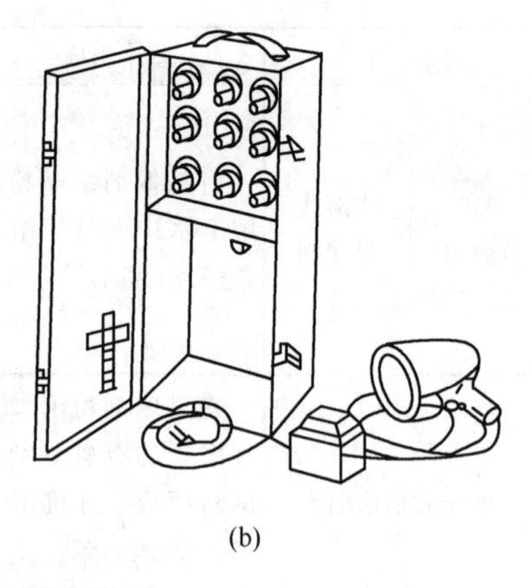

(b)

图 7-4 便携式渗透检测装置

（a）便携式着色箱；（b）便携式荧光箱

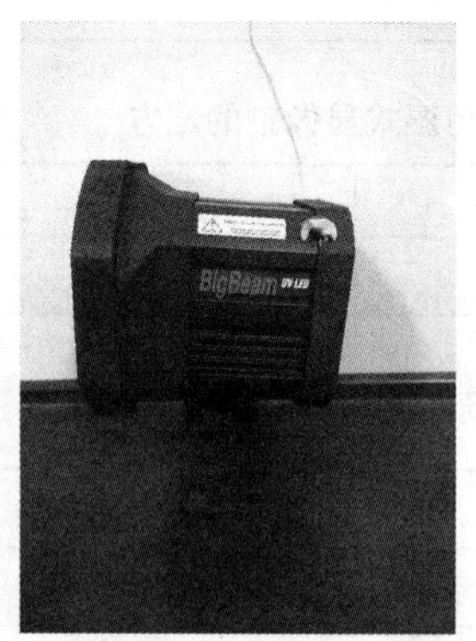

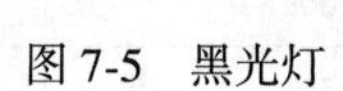

图 7-5 黑光灯

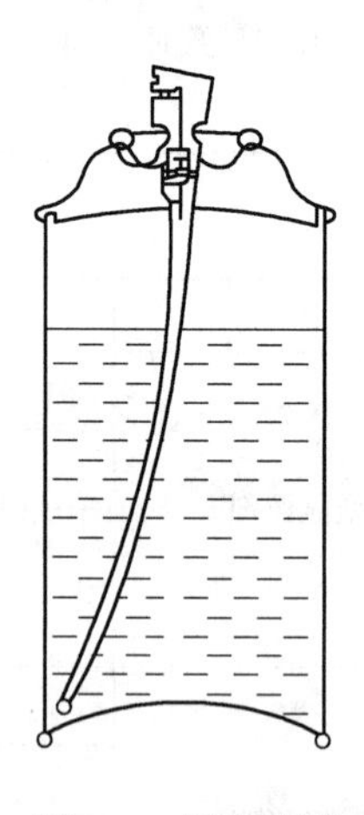

图 7-6 压力喷罐

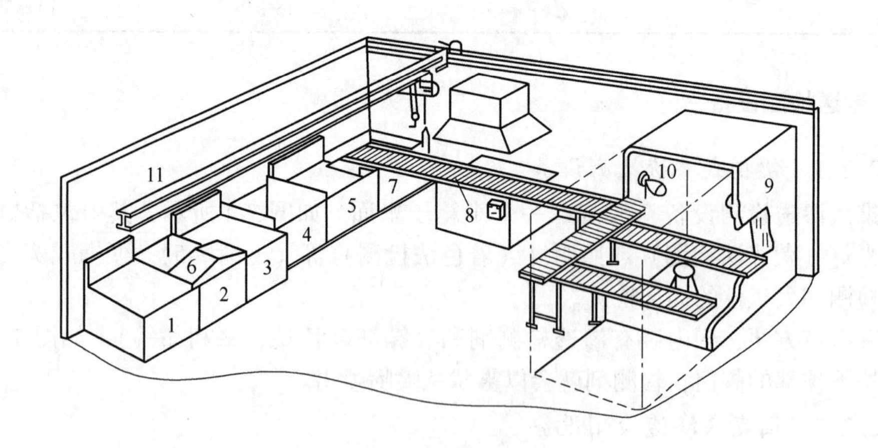

图 7-7 分离型渗透检测装置

1—渗透槽；2—滴落槽；3—乳化槽；4—水洗槽；5—显象槽；6—滴落板；7—干燥槽；8—传输带；9—观察室；10—黑光灯；11—吊轨

7.2.2.3 检测光源及光源测量设备

着色渗透检测是采用日光或白光照明。荧光渗透检测是采用黑光灯照明，黑光灯也就是紫外线灯，用来产生黑光（紫外线）。黑光灯的外壳常用深紫色镍玻璃制成，用来过滤可见光和波长较短的黑光，而只让渗透检测所需要的波长在 330~390nm 的黑光通过。

光源测量设备主要包括黑光辐射强度计、黑光照度计和白光亮度计。

7.2.3 对比试块

渗透检测试块是带有自然缺欠或人工缺欠的试样，用于比较、衡量、确定渗透检测材料、渗透工艺参数和渗透灵敏度等。根据《无损检测 渗透检测用试块》（GB/T 23911—2009）的规定，渗透检测试块分为 A 型试块、B 型试块和 C 型试块三种。

（1）A 型试块。A 型试块是用 LY12 铝合金或类似铝合金板材制备而成，也称为淬火裂纹试块，尺寸如图 7-8 所示。它是在铝合金板材的一侧进行局部加热，达到一定温度后进行淬火处理，使之发生淬火裂纹。A 型试块是由一块铝试块加工成 A、B 两部分，它适合于两种不同的渗透检测剂在互不污染的情况下进行灵敏度对比试验，也适合于同一种渗透检测剂在不同操作工序时的灵敏度试验，同时适用于对非标准温度下的渗透检测方法做出鉴定。

（2）B 型试块。B 型试块分为五点式和三点式，两种试块的制造方法基本相同，下面以三点式为例，进行简单介绍。先将 130mm×40mm×4mm、材料为 0Cr18Ni9Ti 或其他不锈钢的一面磨光后镀铬，然后在试块另一面的三个点上用一定直径的钢球在布氏硬度机上施加不同的载荷并打上硬度，从而在镀层上形成三处辐射状裂纹，如图 7-9 所示。

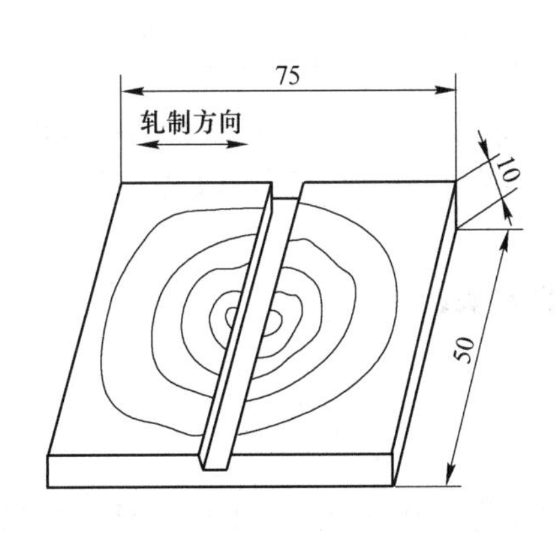

图 7-8 A 型对比试块

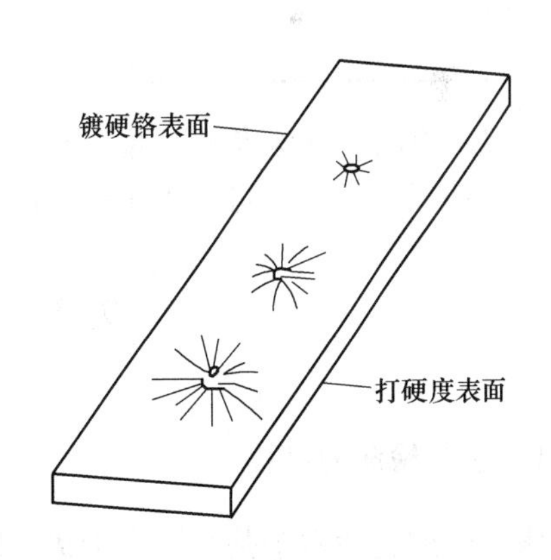

图 7-9 三点式 B 型对比试块

B 型试块无法像 A 型试块那样分成两半进行比较试验，只能与标准工艺的照片或塑料复制品对照使用。因此，B 型试块主要用于检验渗透检测系统的灵敏度及操作工艺的正确性。

（3）C 型试块。C 型试块是黄铜板镀镍铬层裂纹试块。制作时，先将三块厚度为 1mm 的黄铜板（也可以采用 1Cr18Ni9Ti 或 Cr17Ni12 等类似不锈钢）磨光，依次在一面镀镍和铬，然后在磨具上进行弯曲（镀面向外）使之产生裂纹，如图 7-10 所示。如果在圆柱面

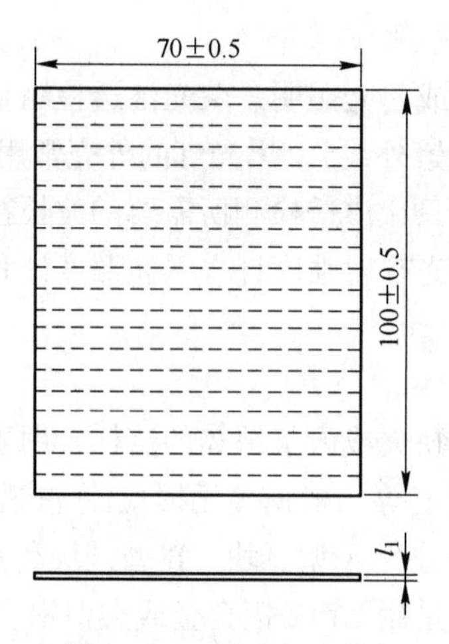

图 7-10　C 型对比试块

磨具上进行弯曲，可得到等距离分布且开口宽度相同的裂纹；如果在非圆柱面磨具上进行弯曲，可得到从固定点向外由密到疏排列且开口宽度由大到小的裂纹，裂纹的尺寸见表 7-8。

表 7-8　C 型对比试块的裂纹尺寸

C 型试块编号	裂纹深度/μm	裂纹宽度/μm
1	40~50	4~5
2	20~30	2~3
3	10~13	1~1.3

C 型试块的裂纹深度可以通过镀层厚度来控制，裂纹宽度可以通过改变弯曲程度来控制。裂纹的尺寸很小，可以用于测定高灵敏度渗透检测剂的性能及其灵敏度等级。

7.3　渗透检测方法

7.3.1　渗透检测的流程

渗透检测包括六个基本操作步骤，即预清洗、渗透、中间清洗、干燥、显像、观察，各过程的作用见表 7-9。

表 7-9　渗透检测的流程

工序名称	示 意 图	作　用
预 清 洗		清除零件表面的铁屑、铁锈、毛刺、氧化皮、熔渣、油污等表面污染物

续表 7-9

工序名称	示 意 图	作 用
渗 透	渗透液	涂上适当的渗透剂，通过毛细作用使表面开口的缺陷产生液体的渗透
中间清洗	清洗剂	把零件表面多余的渗透剂从被测表面清除掉，但保留缺陷处的渗透液
干 燥		在显像之前必须使被测表面干燥（溶剂挥发很快，水则要较长时间），否则剩余的溶剂和水将影响显像剂的效果
显 像	显像剂	显像剂将缺陷处的渗透液吸附到零件表面，好似“流血”，显示的图形比真实的缺陷大
观 察		经过一段时间间隔再评判显示的缺陷。着色探伤用的照明光源为日光或白光；荧光探伤用的照明光源为黑光灯、紫外线灯

7.3.1.1 预处理

预处理主要是去除工件表面的油污、氧化皮、铁锈、焊接飞溅、焊渣、铁屑、毛刺和油漆等污染物，避免影响渗透剂的渗透。当受检表面妨碍显示时，应打磨或抛光处理。

清理方法与污染物的种类和被检工件的材质有关，常用的清理方法有以下三种：

（1）机械清理。常用的机械清理方法有抛光、喷砂、喷丸、钢丝刷、砂轮机打磨及超声波清洗等，主要用于工件表面的铁锈、氧化皮、飞溅、毛刺及焊渣等污染物的清理。

（2）化学清洗。化学清洗主要包括酸洗和碱洗。酸洗是用硫酸、硝酸或盐酸来清除工件表面的铁锈、氧化皮及机械清理后产生的掩盖开口缺欠的金属粉末；碱洗是用氢氧化钠、氢氧化钾清除工件表面的油污、抛光剂和积碳等，碱洗多用于铝合金。由于酸、碱对有些金属有强烈的腐蚀作用，因此，在进行酸洗或碱洗时，要控制好酸、碱的浓度及清洗时间。

（3）溶剂清洗。溶剂清洗包括溶剂液体清洗和溶剂蒸气除油等方法，主要用于清除工件被检表面的各类油脂、油漆等污物。

7.3.1.2 渗透

渗透处理的目的是把渗透剂覆盖在被检工件的检测表面上，让渗透剂充分渗入表面开口缺欠中去。检测时要根据被检工件的大小、形状、数量和检查部位来选择渗透方法，无论采用哪种渗透方法，都应保证被检部位完全被渗透剂覆盖，并在整个渗透过程保持润湿状态，不能让渗透剂干在工件表面上。

（1）喷涂法。采用喷罐喷涂或低压循环泵喷涂等方法，将渗透剂喷涂在工件被检表面。该方法渗透效果较好，操作简单，机动灵活，但需要专用的工具并且浪费较大，适用于大型工件全部或局部检测。

（2）刷涂法。采用软毛刷、棉纱和抹布等将渗透剂刷涂在工件被检表面，操作灵活。

（3）浇涂法。将渗透剂直接浇在工件被检表面上，适用于大型工件的局部检测。

（4）浸涂法。把整个工件浸泡在渗透剂中，该方法渗透效果好、效率高，但一次需渗透剂量多，而实际消耗较少，易造成浪费，适用于大批量小型工件的全面检测。

渗透时间根据渗透剂的种类、缺欠的性质、工件和渗透剂的温度以及工件的表面状态等来确定。例如，水洗型渗透剂的渗透性能较差，渗透时间应长一些；后乳化型和溶剂去除型渗透剂的渗透能力强，时间就短一些；当缺欠为微小裂纹时，需要的渗透时间就长一些。渗透时间过短，易造成渗透剂渗入不充分，缺欠不易检出；渗透时间过长，渗透液易变干，清洗困难，检测灵敏度和工作效率低。

渗透温度一般控制在10~50℃内。温度过高，渗透剂容易干在工件表面上。同时，渗透温度过高，还会使某些成分蒸发，影响渗透剂的性能。温度太低，墨剂变稠，渗透性能变差。

7.3.1.3 清洗

清洗的目的是清洗掉工件被检表面多余的渗透剂。在清洗时要避免将缺欠中的渗透剂清洗出来，要求既要清洗干净，又不能过分清洗，因此，清洗效果在很大程度上取决于操作经验。

检测中的清洗剂与所用的渗透剂有关，水洗型渗透剂可直接用水清洗；后乳化型渗透剂先用乳化剂，再用水清洗；溶剂清洗型渗透剂直接用溶剂清洗。

7.3.1.4 干燥

干燥处理的目的是除去工件表面的水分，使渗透液能充分渗入缺欠中或被显像剂所吸附。采用溶剂清洗工件表面多余的渗透剂时，由于溶剂挥发得较快，因此不必进行专门的干燥处理，只需自然干燥5 ~ 10min即可。用水清洗的工件，若采用干粉显像剂或溶剂悬浮型显像剂，则在显像之前必须进行干燥处理；若采用水悬浮型显像剂或水溶解显像剂，则用水清洗后可直接显像，然后进行干燥处理。

干燥的方法有自然干燥和人工干燥。人工干燥包括用干净布擦干、用压缩空气吹干、用热风吹干和用热空气循环烘干等。实际应用中常将多种方法结合起来使用。

干燥时间与工件材质、尺寸、表面粗糙度、工件表面水分及工件的初始温度等因素有关，干燥时间越短越好，一般规定不宜超过10min。

7.3.1.5 显像

通过在工件被检表面施加显像剂，显像剂与缺欠中的渗透剂发生反应在工件表面呈现出清晰可见的缺欠显示图像。对于荧光渗透剂，应优先选用溶剂悬浮型显像剂，粗糙表面则优先选用干式显像剂。其他表面要优先选用溶剂悬浮型显像剂，其次是干式显像剂，最后是水悬浮型显像剂。对于着色渗透剂，在任何表面都应优先选用溶剂悬浮型显像剂，其次是水悬浮型显像剂。水溶解显像剂不适于着色渗透剂系统和水洗型渗透检测系统。

显像方法分为干式显像和湿式显像。干式显像时，粉末附着在缺欠部位，经过一段时间，缺欠轮廓图形也不散开，仍能显示出清晰的图像，比较接近的缺欠通过缺欠的轮廓图形进行等级分类时，误差也较小。显像时间的长短取决于显像剂和渗透剂的种类以及被检工件的温度。

7.3.1.6 观察与评定

观察主要采用肉眼或借助一定的光源，对显像结果进行观测，并根据相关的标准对观测的结果进行评定，给出一定的结论。渗透检测显示根据其产生原因，分为相关显示、不相关显示和虚假显示。不相关显示和虚假显示不作为记录内容。

（1）相关显示。相关显示又称为缺欠显示、真实显示或缺欠痕迹，是指从裂纹、气孔、夹杂及未焊透等缺欠中渗出的渗透剂所形成的迹痕显示，它是缺欠存在的标志。相关显示是渗透检测质量验收的依据。

（2）不相关显示。不相关显示是指由与缺欠无关的、外部因素所形成的显示，一般不作为渗透检测评定的依据。

（3）虚假显示。虚假显示是由于操作不当使工件表面被渗透剂污染产生的显示。例如，工件表面因清洗不彻底而有残留的显像剂；检测人员手上及检验工作台上的渗透剂对工件造成污染；工件筐、吊具上残存的渗透剂与已清洗干净的工件相接触而造成污染等。

7.3.2 渗透检测结果的评定

7.3.2.1 缺欠显示的评定

（1）长度与宽度之比大于3的缺欠显示，按线性缺欠处理；长度与宽度之比小于或等于3的缺欠显示，按圆形缺欠处理。

（2）缺欠长轴方向与工件（轴类或管类）轴线或母线的夹角大于或等于30°时，按横向缺欠处理，其他按纵向缺欠处理。

（3）两条或两条以上的缺欠线性显示在同一条直线上且间距不大于2mm时，应合并为一条缺欠显示处理，其长度为两条缺欠显示的长度及其间距之和。

（4）小于0.5mm的缺欠显示，可以不计。

7.3.2.2 评定时应注意的问题

（1）观察显示应在显像剂施加后7~60min内进行，如显示的大小不发生变化，也可超过上述时间。对于溶剂悬浮型显像剂，应遵照说明书的要求或试验结果进行观察。

（2）着色渗透检测时，缺欠显示为红色图像，着色渗透检测应在白光下进行，被检工件表面的白光照度应符合相关要求。

（3）荧光渗透检测时，缺欠显示为明亮的黄绿色图像。荧光渗透检测应在暗室或暗区进行，检测人员进入暗区，至少经过3min的黑暗适应后才能进行荧光渗透检测，检测人员不能戴对检测有影响的眼镜。

（4）辨认细小显示时，可以用5~10倍放大镜进行观察。

(5) 对于显示的缺欠图像，要采用一定的方法记录缺欠所在的位置、形状及大小。进行焊缝渗透检测时，在缺欠显示评定过程中，如果缺欠超标且工件允许补焊，则应将缺欠去除后进行补焊，补焊后还需再次进行渗透检测。

7.3.2.3 质量分级

《承压设备无损检测第 5 部分：渗透检测》（NB/T 47013.5—2015）中关于缺欠评定和质量分级的规定：

(1) 渗透检测的缺欠中不允许任何裂纹和白点，紧固件和轴类零件不允许任何横向缺欠显示。

(2) 渗透检测在对焊接接头和坡口的缺欠评级时按表 7-10 进行，其他工件的缺欠评级按表 7-11 进行。

表 7-10 焊接接头的质量分级

等级	线性缺欠	圆形缺欠（评定框尺寸 35mm×100mm）
Ⅰ	不允许	d≤1.5 且在评定框内少于或等于 1 个
Ⅱ	不允许	d≤4.5 且在评定框内少于或等于 4 个
Ⅲ	L≤4mm	d≤8 且在评定框内少于或等于 6 个
Ⅳ	大于Ⅲ级	

注：L 为线性缺欠长度，mm；d 为圆形缺欠在任何方向上的最大尺寸，mm。

表 7-11 其他工件的质量分级

等级	线性缺陷	圆形缺陷 （评定框尺寸为 2500mm^2，其中一条矩形边的最大长度为 150mm）
Ⅰ	不允许	d≤1.5，且在评定框内少于或等于 1 个
Ⅱ	L≤4	d≤4.5，且在评定框内少于或等于 4 个
Ⅲ	L≤8	d≤8，且在评定框内少于或等于 6 个
Ⅳ	大于Ⅲ级	

注：L 为线性缺陷长度，mm；d 为圆形缺陷在任何方向上的最大尺寸，mm。

渗透检测完成后，检测单位根据检验结果出具检验报告，报告格式很多，可参照表 7-11。

7.3.3 典型产品实例

这里列举一个编制工艺卡的范例。对于某一检测对象，检测单位根据自己不同的设备、条件，在满足检测缺欠种类和灵敏度要求的前提下，会有不同的渗透检测方法可选，从而形成多种工艺卡。本节提供的工艺卡只是范例，不具有唯一性，实际过程中，企业可根据自己的情况适当调整。

某在用 10m^{3}储罐，设备编号为 R05，Ⅱ类容器，工作压力为 2.0MPa，盛装腐蚀性介质。壳体材质为 Q345R+304L 复合钢板，直径 ϕ1600mm，板厚 16mm+3mm，内表面有垢状物。要求检测内表面所有焊接接头，如图 7-11 所示，图中 A1、B1 等为纵、环焊缝编号。根据储罐的结构特点，制定相应的渗透工艺，编制渗透检测工艺卡，见表 7-12。

表 7-11 渗透检验报告

<table>
<tr><td rowspan="3">工件</td><td colspan="2">零件名称</td><td colspan="3"></td><td colspan="2">规格/mm</td><td colspan="3"></td></tr>
<tr><td colspan="2">零件编号</td><td colspan="3"></td><td colspan="2">材料牌号</td><td colspan="3"></td></tr>
<tr><td colspan="2">检测部位</td><td colspan="3"></td><td colspan="2">表面状态</td><td colspan="3"></td></tr>
<tr><td rowspan="7">器材及参数</td><td colspan="2">渗透剂种类</td><td colspan="3"></td><td colspan="2">检测方法</td><td colspan="3"></td></tr>
<tr><td colspan="2">渗透剂</td><td colspan="3"></td><td colspan="2">乳化剂</td><td colspan="3"></td></tr>
<tr><td colspan="2">清洗剂</td><td colspan="3"></td><td colspan="2">显像剂</td><td colspan="3"></td></tr>
<tr><td colspan="2">渗透剂施加方法</td><td colspan="3"></td><td colspan="2">渗透时间</td><td colspan="3"></td></tr>
<tr><td colspan="2">乳化剂施加方法</td><td colspan="3"></td><td colspan="2">乳化时间</td><td colspan="3"></td></tr>
<tr><td colspan="2">显像剂施加方法</td><td colspan="3"></td><td colspan="2">显像时间</td><td colspan="3"></td></tr>
<tr><td colspan="2">工件温度</td><td colspan="3"></td><td colspan="2">对比试块类型</td><td colspan="3"></td></tr>
<tr><td rowspan="2">技术要求</td><td colspan="2">检测比例</td><td colspan="3"></td><td colspan="2">合格级别</td><td colspan="3"></td></tr>
<tr><td colspan="2">检测标准</td><td colspan="3"></td><td colspan="2">检验工艺编号</td><td colspan="3"></td></tr>
<tr><td rowspan="5">检测部位
缺欠情况</td><td rowspan="3">序号</td><td rowspan="3">焊缝</td><td rowspan="3">缺欠
编号</td><td rowspan="3">缺欠
类型</td><td rowspan="3">缺欠痕
迹尺寸</td><td colspan="4">缺欠处理方法及结果</td><td rowspan="3">最终
评级</td></tr>
<tr><td colspan="2">打磨后复检缺欠</td><td colspan="2">补焊后复检缺欠</td></tr>
<tr><td></td><td></td><td></td><td></td></tr>
<tr><td>1</td><td></td><td></td><td></td><td></td><td></td><td></td><td></td><td></td><td></td></tr>
<tr><td>2</td><td></td><td></td><td></td><td></td><td></td><td></td><td></td><td></td><td></td></tr>
</table>

检测结论：

报告人：（签字） 年 月 日	审核人：（签字） 年 月 日	检验单位章：（签字） 年 月 日

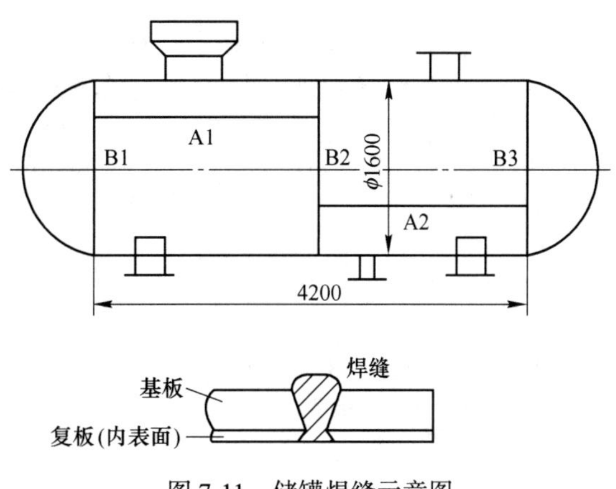

图 7-11 储罐焊缝示意图

表 7-12 渗透检测工艺卡

<table>
<tr><td>工件名称</td><td>储罐</td><td>规格</td><td>ϕ1600×4200×(16+3)</td><td>编号</td><td>R05R05</td><td>工序安排</td><td>表面质量检查合格后</td></tr>
<tr><td>表面状况</td><td>有垢状物</td><td>工件材质</td><td>Q345R+304L</td><td>检测部位</td><td>内表面焊接接头</td><td>检测比例</td><td>100%</td></tr>
<tr><td>检测方法</td><td>溶剂去除型着色（ⅡC-d）</td><td>检测温度</td><td>10~50℃</td><td>标准试块</td><td>B 型镀铬试块</td><td>检测方法标准</td><td>NB/T 47013.5—2015</td></tr>
<tr><td>观察方法</td><td>目视</td><td>渗透剂型号</td><td>DPT-5</td><td>乳化剂型号</td><td>—</td><td>去除剂型号</td><td>DPT-5</td></tr>
<tr><td>显像剂型号</td><td>DPT-5</td><td>渗透时间</td><td>≥10min</td><td>干燥时间</td><td>5min</td><td>显像时间</td><td>≥7min</td></tr>
<tr><td>乳化时间</td><td>—</td><td>检测设备</td><td>便携式喷罐</td><td>黑光照度</td><td>—</td><td>可见光照度</td><td>≥1000lx</td></tr>
<tr><td>渗透剂施加方法</td><td>喷涂</td><td>乳化剂施加方法</td><td>—</td><td>去除方法</td><td>擦拭</td><td>显像剂施加方法</td><td>喷涂</td></tr>
<tr><td>示意图</td><td colspan="3">略</td><td>质量验收标准</td><td>NB/T 47013.5—2015</td><td>合格级别</td><td>Ⅰ级</td></tr>
<tr><td>工序号</td><td>工序名称</td><td colspan="3">操作要求及主要工作参数</td><td colspan="3">工艺质量控制措施说明</td></tr>
<tr><td>1</td><td>表面准备</td><td colspan="3">酸洗或用不锈钢丝刷刷除，范围为焊缝及两侧各 25mm</td><td colspan="3" rowspan="12">（1）因被检材料为不锈钢，故渗透检测剂应控制氯、氟含量，且为同族组；
（2）质量控制：每周检测前、检测中、检测结束或认为必要时，应用镀铬试块验证检测剂、工艺及操作方法的正确性；
（3）应注意在渗透时间内始终保持受检面湿润；
（4）去除之后的干燥处理，在满足干燥效果的前提下，时间应尽量短；
（5）显像剂施加应薄而均匀，不可同一地点反复多次施加；
（6）当显示开始形成时，就应进行观察；
（7）容器内检测时，注意通风、用电安全、防火和监护</td></tr>
<tr><td>2</td><td>预清洗</td><td colspan="3">用清洗剂将受检面洗擦干净</td></tr>
<tr><td>3</td><td>干燥</td><td colspan="3">自然干燥</td></tr>
<tr><td>4</td><td>渗透</td><td colspan="3">喷涂渗透剂，使之覆盖整个被检表面，渗透时间应大于或等于 10min</td></tr>
<tr><td>5</td><td>去除</td><td colspan="3">先用不脱毛的布或纸擦拭，大部分多余渗透剂去除后，再用喷有去除剂的布或纸擦拭，擦拭时应按一个方向进行，不得往复擦拭</td></tr>
<tr><td>6</td><td>干燥</td><td colspan="3">自然干燥，时间 5min 或由试验确定</td></tr>
<tr><td>7</td><td>显像</td><td colspan="3">喷涂法施加，喷嘴距被检面 300~400mm，喷涂方向与被检面夹角为 30°~40°，使用前应将喷罐摇动使显像剂均匀。显像时间应≥7min</td></tr>
<tr><td>8</td><td>观察</td><td colspan="3">显像剂施加后 7~10min 内进行观察，受检面的可见光照度应≥1000lx，必要时可用 5~10 倍放大镜观察</td></tr>
<tr><td>9</td><td>复验</td><td colspan="3">按 NB/T 47013.5—2015 进行</td></tr>
<tr><td>10</td><td>后清洗</td><td colspan="3">用湿布擦除或水冲洗</td></tr>
<tr><td>11</td><td>评定与验收</td><td colspan="3">根据缺欠显示尺寸及性质按 NB/T 47013.5—2015 进行等级评定，Ⅰ级合格</td></tr>
<tr><td>12</td><td>报告</td><td colspan="3">出具报告内容至少包括 NB/T 47013.5—2015 规定的内容</td></tr>
<tr><td>编制</td><td colspan="2">×××（PTⅡ）</td><td>审核</td><td>×××（PTⅢ）</td><td>批准</td><td colspan="2">技术负责人</td></tr>
<tr><td>日期</td><td colspan="2">×××</td><td>日期</td><td>×××</td><td>日期</td><td colspan="2">×××</td></tr>
</table>

7.4　渗透检测新技术

随着科学技术的进步，渗透检测技术得到了很快发展，具有各种特点的新型渗透检测剂及各种自动化渗透检测装置相继产生，不仅大大地提高了渗透检测的灵敏度和检测效率，而且使其应用范围越来越广。

7.4.1　高灵敏度渗透检测剂

高灵敏度渗透检测剂有很多种类，用于焊缝检测的有高灵敏度水洗型渗透检测剂。这种检测剂的渗透液克服了普通水洗型渗透检测剂因大量冲水而造成过洗的缺点，大大提高了检测灵敏度，达到了溶剂清洗型、后乳化型渗透剂的检测能力。高灵敏度渗透检测剂具有以下特点：

（1）直接用水作为渗透后的清洗剂，节约了有机溶剂。

（2）对油污等有一定的溶解能力，因而可以作为预清洗剂用。只要是在有水的场合，检测剂只用渗透液和显像剂两种即可，操作方便且成本低廉。

（3）对于表面粗糙的工件，其清洗工作较其他型渗透剂容易，尤其适用于大型球罐、锅炉、管道焊缝的表面检测。

这种高灵敏度水洗型渗透液采用山梨醇聚氧乙烯醚、棕榈酸清凉茶醇等活性剂作凝胶剂，毒性低，效果好，腐蚀微弱，成本低廉，是一种很有发展前途的检测剂。

7.4.2　特种渗透检测剂

7.4.2.1　反应型着色渗透检测剂

反应型着色渗透检测剂首先由日本油脂株式会社研制成功，后获美、日、英三国专利。它是一种无色透明或者颜色极浅的透明液体，与显像剂相遇后起化学反应而显现出鲜艳的红色，其中有些成分在紫外光下能发出金黄色的荧光。其主要特点如下：

（1）反应型着色渗透检测剂显示缺欠清晰，并可用紫外线光检查。

（2）反应型着色渗透检测剂由于无色或颜色极淡，故不会像普通着色渗透剂那样，将红色渗透剂保留在工件表面凹坑、缝隙或台阶的沟槽等处而产生残留的污染，也不会使操作者的衣物和皮肤以及工作场地染上红色。

（3）由于反应型着色渗透检测剂本身无色（或极淡），但遇显像剂后发生反应而变色，故被探工件表面的显像剂吸附层清洁、美观，缺欠衬度很高，这有利于提高缺欠的鉴别率，便于作业的正确判断。

此外，反应型着色渗透检测剂还具有稳定、安全、价廉、低毒、无腐蚀、高灵敏等特点，正被广泛地推广使用。

7.4.2.2　高温型渗透检测剂

许多产品或结构需要在高温条件下进行渗透检测，如电力、船舶、石油、化工设备、锅炉、管道等，常常需要做维修检查，有时在焊接中间阶段也需要检测。因此，国内外研制出各种形式的高温型渗透检测剂。

我国最新研制的高温型渗透检测剂的工作温度为5～180℃，且渗透剂、清洗剂、显像剂三者使用的温度范围一致，既可用于高温检测，也可用于常温检测，而且在高温下性能稳定，不挥发，抗氧化，抗污染，检测灵敏度高。

7.4.2.3 不燃型渗透检测剂

多数渗透检测剂是一级易燃品，在运输、储存、使用过程中必须采取一定的消防措施。不燃型渗透检测剂解决了安全问题，其特点是不会燃烧，在常温下无闪点，极难挥发，抗氧化强，性能稳定。

国产的不燃型渗透剂可以代替高温渗透检测剂使用，其耐温上限值为230℃左右。但高温型渗透检测剂不能代替不燃型渗透检测剂，因为高温型渗透检测剂遇明火后仍会燃烧。

还有许多种类的特种渗透检测剂，如溶剂清洗、水洗两用型渗透检测剂，无色显像液，气泡渗透检测剂，气体渗透检测剂等。它们分别具有某一方面的特点，应用于各种不同的场合下。

7.4.3 自动化渗透检测装置

渗透检测正在向自动化方向发展，适用于各种零件流水线检测的渗透检测装置相继出现。其特点是配有计算机编程，实现工序程控，保证了渗透、清洗、显像等工序的时间、压力及流动性等工艺参数，并且装置设计合理，工作场地清洁、无污染，体现了文明生产。例如，美国贝洛利克研究室研制出一种检查叶片裂纹的自动荧光渗透检验装置。该装置能实现各个渗透工序的自动操作，并能在紫外线光下用摄像管对被检件扫描，扫描信号转换成数据后由计算机进行处理，做出合格或不合格的评定，同时能自动地分离工件并对缺欠部位做出标记，实现渗透检测过程的自动化。可以相信，随着科学技术的发展，渗透检测技术将会取得更大的进步。

本章小结

1. 渗透检测是通过毛细作用将渗透剂渗透到缺欠内部，通过显像剂将渗透剂吸收出来并适当扩展，实现对缺欠的观测。

2. 渗透检测主要针对表面开口缺欠进行，基本不受材料的限制。

3. 渗透检测过程中需对渗透剂和显像剂进行选配，以便达到良好的检测效果，提高缺欠检出率。

自测题

7.1 选择题

(1) 渗透检测不能发现（　　）。

A. 表面密集孔洞　　B. 表面裂纹　　C. 内部裂纹　　D. 表面锻造折叠

(2) 液体渗入表面缺欠的原因是（　　）。

A. 渗透液的黏性　B. 毛细管作用　C. 渗透剂的化学作用　D. 渗透剂的重量

（3）渗透后去除渗透剂时，过量使用清洗剂会造成（　　）。

A. 清洗质量好　B. 提高灵敏度

C. 降低灵敏度，发生漏检　D. 最佳清洗效果

（4）采用溶剂去除零件表面上的多余渗透剂时，应使用的方法是（　　）。

A. 浸泡　B. 擦洗　C. 冲洗　D. 喷洒

（5）焊接气孔在渗透检测时的显示为（　）。

A. 圆形　B. 椭圆形　C. 长圆条形　D. 以上都有可能

7.2　判断题

（1）接触角为90°时称为完全湿润。（　　）

（2）用乳化型渗透剂进行渗透检测时，乳化后应立刻进行水洗。（　　）

（3）焊接飞溅是由焊接引起的，其显示属于相关显示。（　　）

7.3　简答题

（1）渗透检测的特点有哪些？

（2）简述渗透检测方法的选择原则。

8 其他无损检测技术

导　言

随着科技的发展，大量新的技术应用于缺欠的检测过程中。这些无损检测新技术虽然在工程应用过程中尚处于起步阶段，但是扮演着重要角色。本章主要介绍当前应用较多、技术较为成熟的几种无损检测技术的原理、应用及特点等。

8.1 声发射检测技术

声发射（acoustic emission，AE）检测技术是一种评价材料或构件损伤的动态无损检测技术，它通过对声发射信号的处理和分析来评价缺欠的发生和发展规律并确定缺欠的位置。

声发射就是指物体在外界条件作用下，缺欠或物体异常部位因应力集中而产生变形或断裂，并以弹性波形式释放出应变能的一种现象。自美国在 1964 年第一次将声发射检测用于军事项目以来，声发射检测技术发展很快，美国、日本和欧洲一些国家将声发射检测技术广泛用于压力容器水压试验或定期检修，并且在核容器与化工容器运行中的安全性监测、复合材料压力容器检测和焊接过程研究等方面也取得了很大的成就。我国于 20 世纪 70 年代开始研究和应用声发射检测技术，研制和开发了多种型号的声发射检测仪器，并在疲劳裂纹扩展、压力容器监测及焊接过程监测等方面得到了广泛应用。

8.1.1 声发射检测基础

8.1.1.1 声发射检测的基本原理

物体受到外力或内力作用时，由于内部结构的不均匀及各种缺欠的存在，会造成应力集中，从而使局部的应力分布不稳定。当这种不稳定应力分布状态所积蓄的应变能达到一定程度时，会发生应力的重新分布并达到新的稳定状态。应力的重新分布过程实际上就是应变能释放的过程。这种被释放的应变能一部分以应力波的形式发射出去，由于最先注意到应力波发射现象的是人耳听觉领域内的声波，所以称它为声发射。金属材料的应力波发射大部分处于超声波范围，检测频率大都处于 100~300kHz。

综上所述，声发射的产生要具备两个条件：第一，材料要受外载荷作用；第二，材料内部结构或缺欠要发生变化。

声发射检测时，对材料施加外载荷后，材料的微观形变、开裂以及裂纹的发生就可以通过声发射来反映它们的动态信息。声发射源（缺欠）往往是材料灾难性破坏的发源地，声发射现象往往在材料破坏之前就会出现。因此，只要及时捕捉这些信息，就可根据其声发射信号的特征及其发射强度，对缺欠进行判断和预报。金属材料声发射检测时的声发射信号强度一般很弱，需要借助电子仪器才能检测出来。

8.1.1.2 声发射检测的特点

（1）声发射检测技术是一种动态无损检测技术。声发射检测技术是利用物体内部缺欠在外力或残余应力作用下，本身主动地发射出声波来判断发射地点的部位和状态。根据声发射信号的特点和诱发声发射的外部条件，既可以了解缺欠的目前状态，也能了解缺欠的形成过程和发展趋势，这是其他无损检测方法难以做到的。

（2）声发射检测几乎不受材料限制。除极少数材料外，金属和非金属材料在一定条件下都能产生声发射。因此，声发射监测诊断几乎不受材料限制。

（3）声发射检测灵敏度高。结构或部件的缺欠在萌生之初就有声发射现象，因此，只要及时检测声发射信号，就可根据声发射信号的强弱判断缺欠的严重程度，有时可以显示零点几毫米数量级的裂纹增量，可以监测发展中的活动裂纹。

（4）声发射检测可以实现在线监测。例如，对于压力容器等人员难以接近的场合进行监测，若用 X 射线法，则必须停产检查，如果用声发射法，则不需停产，这样就能减少停产造成的损失。

（5）声发射检测时，被测结构必须承载才能进行检测。

（6）声发射检测受材料的影响很大，电噪声和机械噪声对声发射信号的干扰较大。

（7）声发射检测对缺欠的定位精度不高，对裂纹类型，只能给出有限的信息。

（8）对声发射检测结果的解释比较困难，对检测人员水平要求较高。

8.1.2 声发射检测设备简介

声发射检测常用仪器如图 8-1 所示。声发射检测仪器由信号接收（传感器）、信号处理（包括前置放大器、主放大器、滤波器以及与各种处理方法相适应的仪器）和信号显示（各种参数显示装置）三部分组成。

传感器将感受到的声发射信息以电信号的形式输出，输出值的变化范围通常为 10μV ~1V。实践表明，大部分声发射传感器的输出值处在上述范围的较低一端，因此要求处理声发射信号的装置必须能够对小信号有响应，并具有较低的内部噪声水平，同时应该能够处理较大信号而不发生畸变。

前置放大器一方面进行阻抗变换，降低传感器的输出阻抗（以减少信号的衰减），另一方面又提供 20dB、40dB 或 60dB 的增益，以提高抗干扰能力。在前置放大器后设置带通滤波器，其工作频率通常为 100Hz~300kHz，以使信号在进入主放大器前滤去大部分的机械噪声和电噪声。

主放大器的最大增益可高达 60dB，通常是可调节的，调节增量的幅度一般为 1dB。经前置放大和主放大以后，信号总的增益可达 80~100dB。若原声发射信号是 10μV，则经 100dB 的放大后，可产生 1V 的电压输出。

阀值检测器是一种幅度鉴别装置，把低于门槛值的信号（大部分是无用的噪声信号）遮蔽掉，而把大于门槛值的信号变成一定幅度的脉冲，用来供后面的计数装置计

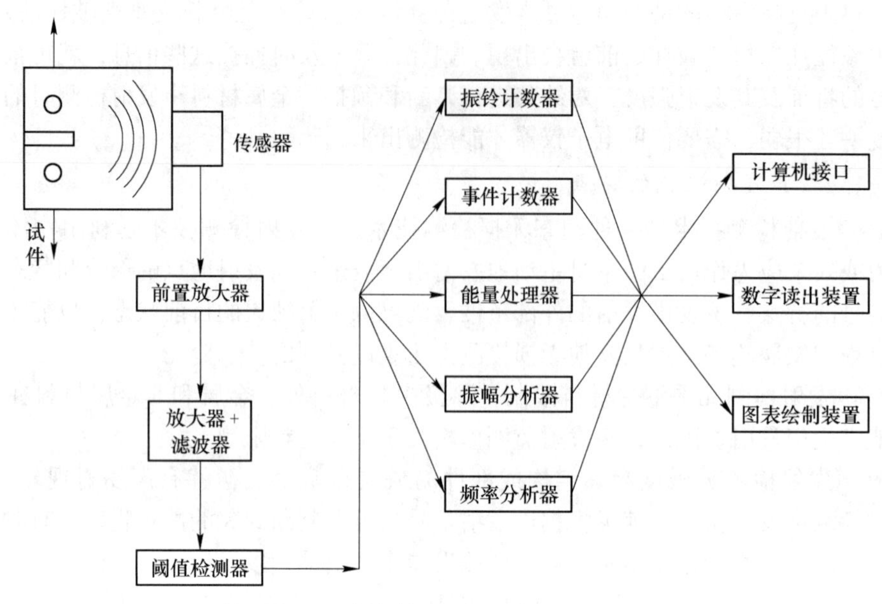

图 8-1 声发射检测仪器原理示意图

数用。

振铃计数器对门槛值检测器送来的脉冲信号进行计数，获得声发射的计数值。

事件计数器的计数原理与振铃计数器相同，其作用是将一个完整的振荡信号变成一个计数脉冲并进行计数。

能量处理器是先将放大后的信号经平方电路检波，然后进行数值积分，得到反映声发射能量的数据。

振幅分析器由振幅探测仪和振幅分析仪组成。振幅探测仪具有较宽的动态范围，主要是用来测量声发射信号的振幅。振幅分析仪的功用是首先将声发射信号按幅度大小分成若干个振幅带，然后进行统计计数，可根据需要给出事件的分级幅度分布或事件累计幅度分布的数据。

频率分析器用来建立频率与幅度之间的关系（采用频谱分析法处理声发射信号时，频率分析器是整个信号处理系统中的最后一个环节）。由于检测要求及声发射本身的特性，进行频率分析时必须采用宽频带传感器（如电容式传感器），并配有带宽达 300kHz 的高速磁带记录仪或带宽高达 3MHz 的录像仪，将记录到的声发射信号供频率分析器进行分析。同时，也可采用模/数转换器将声发射信号送入计算机进行分析处理。

上述各个处理装置中获得的数据可用数字图像进行显示或打印输出。

8.1.3 声发射检测在焊接中的应用

声发射检测技术的应用范围很广，主要有以下几方面：

（1）机械制造过程中的在线监控。声发射技术应用于机械制造过程中的在线监控始于 20 世纪 70 年代末，我国在这一领域的起步早、发展快。早在 1986 年，国防科技大学就进行过用声发射监测刀具磨损的研究。现在，一些单位已研制成功车刀破损监测系统和钻头折断报警系统，前者的检测准确率高达99%。根据刀具与工件接触时挤压和摩擦产生声发射的原理，我国还研制成功了高精度的声发射对刀装置，用以保证配合件的加工精度。

（2）压力容器的安全性评价。评价压力容器等构件的结构完整性是声发射技术应用的一个重要领域。在我国，压力容器的数量很大，且相当一部分有较严重的质量问题。因此，研究和发展可靠性高、速度快和费用低的检测方法，具有特别重要的意义。声发射技术在这一领域有很大的应用空间。目前，对压力容器采用声发射与其他无损检测技术相结合进行检测的方法已趋于成熟，可以确保检测结果的可靠性。

（3）结构完整性评价。从20世纪80年代末开始，美国物理声学公司（Physical Acoustics Company，PAC）先后与美国的Wrignt实验室及麦道公司联合，研究开发了F-15和F-111飞机疲劳裂纹的声发射检测系统，卓有成效。我国在飞机机翼疲劳试验过程中，用声发射进行检测，并对结构的完整性进行评价，也取得了很多研究成果。

（4）复合材料特性研究。声发射检测技术已成为研究复合材料断裂机理的一种重要手段，应用声发射技术能对每根碳纤维或玻璃纤维丝束的断裂及丝束断裂载荷的分布进行检测，从而对碳纤维或玻璃纤维丝束的质量进行评价。声发射技术还可区分复合材料层板不同阶段的断裂特性，如基体开裂、纤维与树脂界面开裂、裂纹层间扩展和纤维丝断裂等。

（5）泄漏检测。如果管道破损，流体通过管壁外泄，则会在管壁中激发应力波。由于泄漏产生的声发射信号比较大且其频谱有较大的峰值，因此，根据声发射技术得到的结果，通过相关分析就可以得到漏点的位置。

（6）焊接构件疲劳损伤检测。我国对高速列车转向架的焊接梁进行了声发射检测试验：采用声发射多参数分析技术监测焊接梁疲劳试验的全过程，得到构件疲劳损伤各阶段与声发射特征之间的关系，准确监测焊接梁中的焊缝和应力集中处的裂纹萌生及扩展过程。所用方法可用来进一步确定焊件的损伤程度，并有可能应用到铁路桥梁疲劳损伤的监测上。

除以上应用外，声发射检测技术还可用于材料的脆断、应力腐蚀、疲劳、蠕变以及焊缝和焊接过程的监测，也可用于桥梁、混凝土大坝和海洋石油钻采平台等的安全监测，还可用来预报矿井崩塌和意外事故的发生。总之，声发射检测技术的应用前景是非常广阔的。

8.2 红外线检测

8.2.1 红外线检测原理

红外线是一种肉眼看不见的，波长介于可见光和微波（毫米波）之间的光波。由于太阳光的热量主要由红外线传播，所以红外线又称为热辐射。自然界中任何高于绝对零度的物体都具有一定功率的热辐射，即发出红外光波。

红外线检测是建立在传热学理论基础上的一种无损检测方法。在检测时，可将一恒定热流注入工件，如果工件内存在缺欠，由于缺欠区与无缺欠区的热扩散系数不同，在工件表面的温度分布就会有差异，由此所发出的红外光波（热辐射）也就不同。利用红外探测器可以响应红外光波（热辐射），并转换成相应大小的电信号。用红外探测器逐点扫描工件表面，就可以得知工件表面温度分布状态，从而找出工件表面温度异常区域，确定工件内部缺欠的部位。

8.2.2 红外线检测仪

8.2.2.1 红外线检测仪的工作原理

典型的红外线检测仪的工作原理如图 8-2 所示。来自工件的红外光波经光学系统 1 的反射、聚焦后，由分光镜将其反射至调制盘 2，调制盘将来自工件和标准红外光源 5 的红外光波轮流交替地送入红外探测器 6 中，由它转换成相应大小的电信号输出，输出的这些信号经窄带放大器 7、参考信号发生器 8、同步整流器 9 和信号处理及显示装置 10 得到工件表面被检测点的温度。

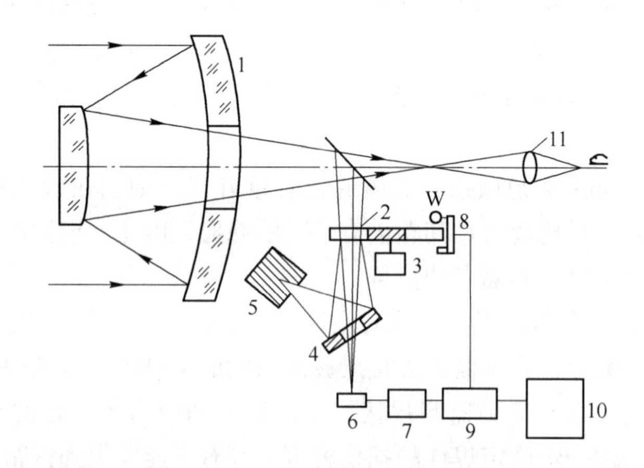

图 8-2 红外线检测仪工作原理

1—光学系统；2—调制盘；3—电动机；4—反射镜；5—标准红外光源；6—红外探测器；7—窄带放大器；8—参考信号发生器；9—同步整流器；10—信号处理及显示装置；11—目镜；W—灯泡

红外线检测方法中应用最多的是红外热像仪，红外热像仪的光学系统如图 8-3 所示。物镜的主要功能是接收红外线，保证有足够的红外线辐射能量，满足温度分辨率的要求。物镜往往还是一个望远镜或近摄镜，起着变换系统视场大小的作用，如果物镜是一个望远镜，那么由扫描所决定的视场随望远镜的放大倍率而缩小，热像仪可以观察远处的目标，显示的图像将得到放大；如果物镜是一个近摄像，由扫描所决定的视场将以近摄镜的倍率而放大，热像仪可以观察近处大范围内的物体，起到广角镜的作用。现代仪器的结构设计，使用者在现场即可以更换物镜，操作简便。

扫描器采用光学机械的方法改变光路，实现自左至右水平扫描，称为行扫描，而自上至下垂直扫描，称为帧扫描，保证红外线探测器接收到视域范围内每一个单元的红外线辐射的能量，直至覆盖整个视场。由于光机扫描器的扫描速度不像电视的电子扫描速度那么快，因而要提高帧频，需采用多元探测器来达到。

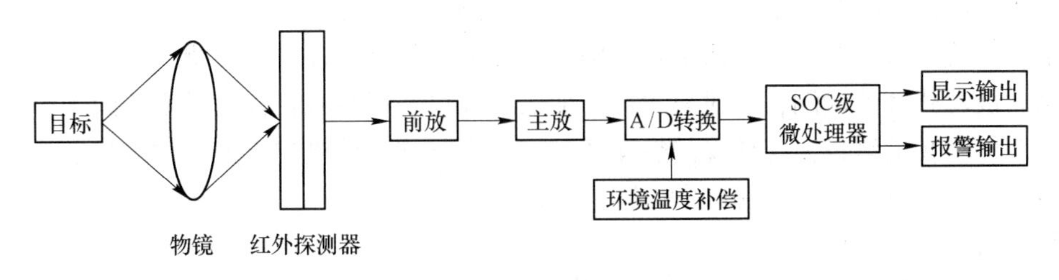

图 8-3 红外热像仪的光学系统

红外探测器的输出电信号是极其微弱的，一般在微伏数量级。前置放大器的作用就是将探测器输出的弱信号进行放大，同时几乎没有或者很少增加噪声成分，这就要求前置放大器具有比探测器低得多的噪声。除要求前置放大器与探测器有最佳的源阻抗匹配外，前置放大器还应有优良的抗干扰性能，通常前置放大器不具有很高的放大倍数，主放大器则担负着将信号放大的任务。热像仪的信号处理流程如图 8-4 所示。

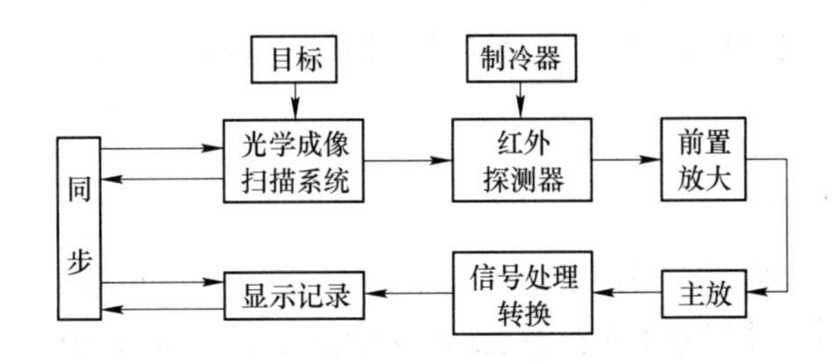

图 8-4 红外热像仪的信号处理流程图

8.2.2.2 红外热像仪的特点

（1）不需要取样，也不会破坏被测物体的温度场；探测器只响应红外线，只要被测物温度处于绝对零度以上，红外热像仪就不仅在白天能进行工作，而且在黑夜中也可以正常进行探测工作。

（2）远距离测试，不需要接触被测物体。红外线检测器的焦距在理论上为 30cm 至无穷远，因而适用于做非接触、广视域的大面积的无损检测。

（3）方便便捷，直接对照被测物体拍照即可。

（4）直观易懂，以不同颜色来表征被测物体的温度场。

（5）现代的红外热像仪的温度分辨力高达 0.001~0.05℃，所以探测的温度变化的精确度很高。可以对被测物体的温度进行定性和定量分析，检测数据可以存储。

（6）摄像速度为 1~50 帧/s，故适用静、动态目标温度变化的常规检测和跟踪探测；可以测试运动物体和在恶劣测试环境中（真空、腐蚀、电磁、化学气氛）测试。

（7）此技术几乎不需要后期投入，可以减少人力、物力、财力的消耗，安全环保。

8.2.3 红外线检测方法分类

8.2.3.1 按检测方法分类

按检测方法，红外线检测可分为主动式和被动式两类。其中，主动式是在加热被检工件的同时或加热被检工件后，用红外线检测仪扫描工件表面进行检测的方法。主动式又分为单面法和双面法两种。单面法是加热工件和检测工件都在工件的同一侧进行，其特点是能确定缺欠的埋藏深度；双面法则是分别在工件的两侧进行加热和检测，其特点是检测灵敏度高。被动式红外检测，不对被测目标加热，仅仅利用被测目标的温度不同于周围环境温度的条件，在被测目标与环境的热交换过程中进行红外检测的方式。被动式红外检测应用于运行中的设备、元器件和科学试验中。由于它不需要附加热源，在生产现场基本都采用这种方式。

8.2.3.2 按被检工件加热状态分类

按被检工件的加热状态，红外线检测可分为稳态和非稳态加热红外线检测两类。

（1）稳态加热红外线检测。该方法是将工件加热到内外温度均匀、恒定时再检测。

（2）非稳态加热红外线检测。该方法是在加热时工件内部的温度不均匀，即还有热传导存在时就检测。主动式红外线检测多采用非稳态加热方式，该方式适合于检测不大的气孔、夹渣和裂纹类缺欠。

8.2.3.3 按工件表面温度状态显示方式分类

按工件表面温度状态显示方式，红外线检测可分为热图法、温度分布曲线法和逐点测温法三类。

8.2.4 红外线检测应用

焊接接头的红外线检测常采用主动式检测方法。图 8-5 是用红外线检测点焊焊接接头质量的原理图。利用红外灯泡 1 非接触加热点焊接头，采用双面法检测。把接头处加热至 80~100℃，从放置红外热像仪的一侧冷却接头十几秒后，在显示装置荧光屏上就能很清楚地显示出接头的等温线直径。将它与标准点焊接头的等温线直径相比，凡等温线直径大于标准点焊接头等温线直径的接头质量合格，否则，则存在未焊透。

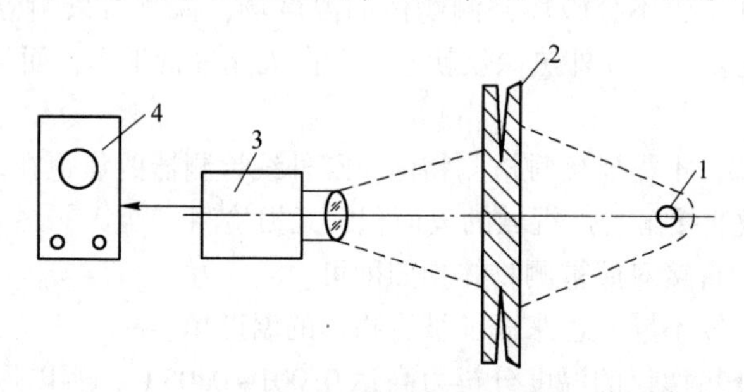

图 8-5 红外线检测点焊焊接接头质量示意图

1—红外灯泡；2—点焊接头；3—红外探测器；4—显示装置

图 8-6 也是采用非接触式加热工件来检测焊接接头质量的例子。用透镜将加热器 1 红外辐射热聚焦在焊接接头一侧的某处 6。在滑动支架上同时固定两个红外线探测器 2，这两个探测器将分别经透镜后探测焊接接头两侧的温度变化。在接头内无缺欠处，探测仪示波屏显示的是两个正脉冲；反之，在接头有缺欠处，由于缺欠热阻大，阻碍了热量从热注入点向另一侧的传导，故在焊缝两侧测试点之间形成较大的温差，此时，在检测仪示波屏上可以看到热注入侧仍为一正脉冲，而另一侧仅能看到一个很小或根本看不到正脉冲。

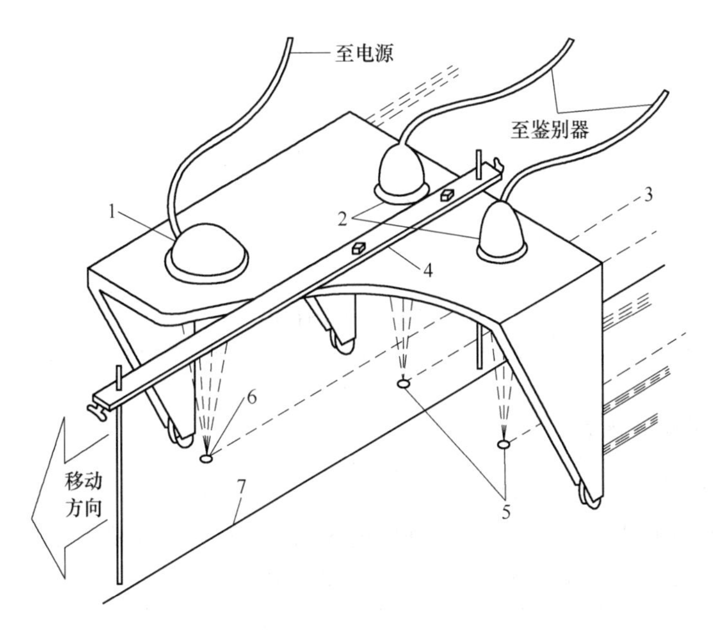

图 8-6 红外线检测焊接接头质量

1—加热器；2—红外探测器；3—热注入线；4—观察焊接的导轨；
5—红外探测器观察区域；6—热注入点；7—焊缝

8.3 激光全息检测

8.3.1 全息照相原理

普通的照相只能显示物体的一个平面像，不能反映物体的全部情况，其原因是普通的照相使胶片感光的是光的强度。光的强度与光的振幅的平方成正比，这意味着在普通照相底片上所记录的信息中丢掉了光的相位变化，仅记录了振幅的变化，所以普通照相不可能反映出物体的全部情况。

全息照相法是将一束与物体发射波波长相同、振动方向一致，且有恒定相位差的光波与物体发射波相干涉，产生一些极不规则的明暗条纹。这些条纹不但记录了物体波振幅的变化，也记录了它们的相位变化，携带了物体的全部信息。

若再现全息图所记录的物体（见图 8-7），则只要用一束在造全息图时所用的光波作为再现波（相干波），去照射全息图即可。全息图上的细密明暗干涉条纹构成了一个含有足以表征物体特征的复杂光栅。当参考光波 4 照射到复杂光栅时，发生光的衍射现象，产生许多衍射波。两列一级衍射波可以成像，其中，一列一级衍射波在原物体位置构成物体的虚像（初始像），另一列则构成物体的实像（共轭像）。

产生全息图可以用光波（包括激光、红外线）、X 射线、超声波和微波等。在所有的全息照相方法中，以激光全息照相最为成功。激光全息照相中，两束激光是由同一个激光器所发出的激光分离而得到的，所以它们具有高度的相干性，产生的干涉条纹相当稳定清晰。

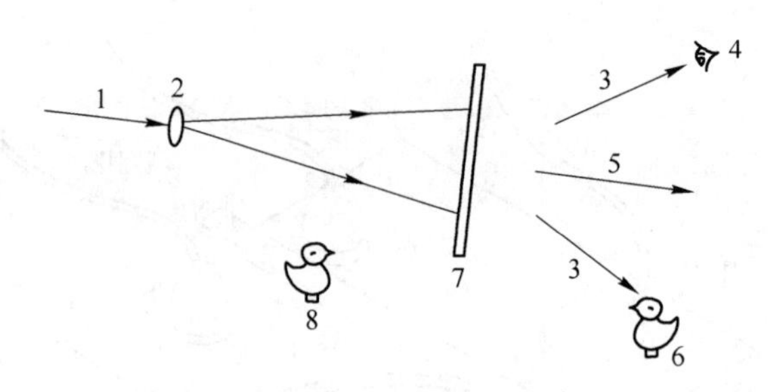

图 8-7 全息图再现

1—参考光；2—扩束镜；3——一级衍射波；4—眼睛；5—零级衍射波；6—实像；7—全息图；8—虚像

8.3.2 激光全息检测方法

8.3.2.1 激光全息检测原理

对于不透明的工件来说，激光只能在它的表面发生反射，反映工件的表面状况。但工件表面与内部的情况有关联，当在被检工件上加一个并不使工件受损的机械力、热应力或振动力时，在内部缺欠所对应的表面区域将产生一个比周围（无缺欠区所对应的表面）大一些的微量位移。激光全息无损检测就是把工件在受力和不受力两种状态下所获得的全息图加以比较找出异常，从而确定缺欠。

8.3.2.2 激光全息检测方法分类

激光全息检测按观察工件表面微量位移的方法，可分为实时法、两次曝光法和时间平均法检测三种。

（1）实时法检测。实时法检测，先用激光全息术造一张工件不加载的标准全息图，再精确地把全息图放到原来成像的地方；然后对工件加载，加载后工件的反射光波与标准全息图的虚像发生干涉现象，如有缺欠，则在有缺欠的地方出现突然不连续条纹。由于再现虚像和加载工件反射波之间的干涉度量是在观察时完成的，故称为实时法。这种方法的优点是检测过程只需造一张标准全息图，比较经济。而该方法的缺点是要将全息图在精度不超过几个激光光波长度的情况下放回原成像处，其难度是较大的。

（2）二次曝光法。这种方法是在一张全息照片上进行两次曝光，同时记录下工件加载前后的工件反射波，然后建像观察。如没有缺欠，则干涉图像是连续的并与工件外形轮廓的变化同步；如有缺欠，则干涉条纹在有缺欠区域出现异常情况，如裂纹区域的陡峭变化条纹和脱胶区域的“牛眼”条纹。

（3）时间平均法。时间平均法是在工件振动时摄取全息图，在底片曝光时间内工件要进行许多周期的振动。由于正弦式的振动把大部分时间都消耗在振动工件的两个端点上，所以底片上所摄取的是振动工件两端点振动状态的叠加。当再现全息图时，这两个端点振动状态的像将产生一系列的干涉条纹，把振幅相同的轮廓勾画出来。如果工件中有缺欠存在，则干涉条纹图样的状态和分布就会出现异常。这种方法显示的缺欠图案比较清晰，但为了使工件产生振动，就需要一套激励装置。而且，由于工件内部的缺欠大小和深度不一，其激励频率各不相同，所以要求激励振源的频带要宽，频率要连续可调，对其输出功率的大小也有一定的要求。同时，要根据不同的工件对象选择合适的换能器来激励它。

8.3.2.3 激光全息检测加载方式

激光全息检测的加载方式有内部充气法、表面真空法、加热法和声振法四种。

内部充气法比较适合于管道、小型压力容器、蜂窝式结构。表面真空法比较适合于叠层、板状结构。加热法是一种最简单而有效的方法，对工件表面施加一个急骤的热脉冲，例如，用一盏灯扫描被检工件表面几秒钟，就可使其弯曲，从而达到检测的目的。声振法是把一个宽频带的换能器（常用压电晶体）胶接在工件表面上，通过调节驱动电压来改变激振频率，在工件振动期间摄取全息图。

8.3.3 激光全息检测在焊接中的应用

激光全息检测在焊接检验中主要应用于小型压力容器、蜂窝状夹层和叠层胶接结构件的检测。

图 8-8 是利用激光全息检测小型压力容器的光路布置图。被检容器 7 长度为 360mm，外径为 44mm，壁厚为 3mm，材质为 304 不锈钢，筒体纵缝和筒体与封头环缝均采用钨极氩弧焊。检测时，容器的一端用虎钳夹持，呈水平悬臂状态，另一端封头接一柔性进水管。加载时以每 0.98MPa 为一台阶。每次升压，均停留 1min 左右以待状态稳定，最高加载压力为 14.7MPa。容器外表面涂一层白粉，以增加漫反射效果。采用降压方式进行两次曝光拍摄全息图。通过对全息图上畸变干涉条纹的分析，可以得知容器筒体有两条环向裂纹。

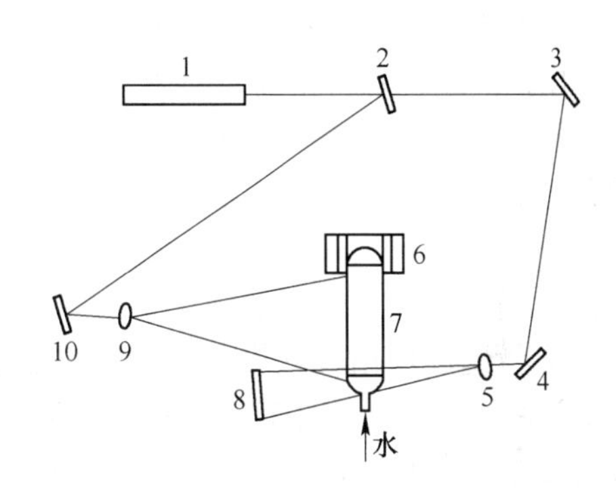

图 8-8 激光全息检测小型压力容器的光路

1—氦-氖激光器；2—分光镜；3，4，10—反光镜；5，9—扩束镜；6—虎钳；7—被检容器；8—全息胶片

8.4 热中子照相检测

8.4.1 中子射线与物质作用的特点

中子射线与物质作用的特点与 X 射线、γ 射线相比不同。X 射线、γ 射线主要是与物质的核外电子相互作用，形成吸收和散射，而中子射线是不带电的中性微粒，与核外电子几乎没有什么作用，它主要是与物质的原子核相互作用，形成吸收和散射。

对 X 射线，各种元素的物质吸收系数随原子序数的增加而平滑上升。氢、锂、硼等轻元素的吸收系数小，而铅、铀等重元素的吸收系数大。而中子射线的质量吸收系数与原子序数无规律可循，轻元素的吸收系数大，而重元素的吸收系数小。由于存在这一差别，使中子照相具有不同于 X 射线照相的特点：对 X 射线较难穿透的铅、铋钚、铀一类重元素，采用中子照相法检测比较容易，所以中子照相法检测可以作为 X 射线照相法检测的重要补充。中子射线无法直接使胶片感光，形成影像。因此，中子射线检测过程中，需先将透过被检产品或零件的中子射线转化成能使胶片感光的 X 射线，才能完成后续的胶片成像，完成这一功能的设备就是转换屏。

8.4.2　热中子照相检测方法及分类

8.4.2.1　热中子照相检测方法

由反应堆、加速器等中子源发出，并经周围的含氢物质（慢化剂）减慢速度后的中子称为热中子。从中子源发出的中子射线不能用于检测，只有热中子射线才可以用于检测。

8.4.2.2　热中子照相法检测分类

根据转换屏的不同，热中子照相检测可分为直接曝光法和间接曝光法两种。

（1）直接曝光法。如图 8-9 所示，热中子直接曝光法所用转换屏材料有锂、硼、钆，这类转换屏的特点是感光速度快。其中，应用最广泛的转换屏材料是钆，它的像分辨率和照相速度比锂、硼高。在热中子射线的轰击下，钆能发射出能量很低（70keV）的电子。

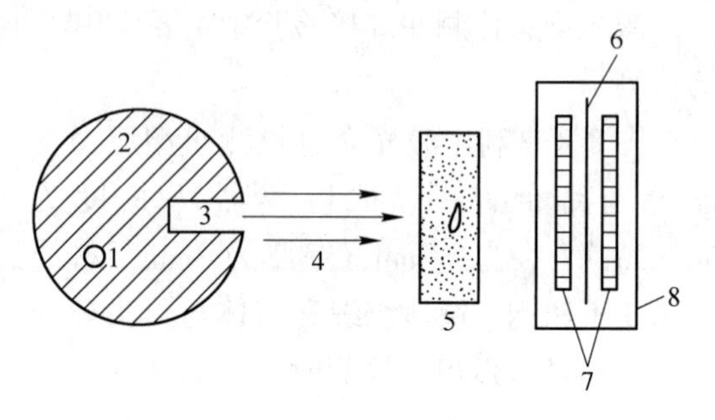

图 8-9　热中子直接曝光法检测示意图
1—中子源；2—慢化剂；3—准直器；4—热中子流束；5—被检工件；6—X 光胶片；7—转换屏；8—暗盒

（2）间接曝光法。如图 8-10 所示，热中子间接曝光法所用转换屏材料有铟、镝、银，最常用的是铟。照相时，先将转换屏放在透过工件的中子束上照射，转换屏俘获中子后形成有一定寿命的放射性同位素，此时在转换屏上形成一个反映被检工件情况的潜在放射像，然后将具有潜影的转换屏与 X 光胶片紧贴后放入暗盒，潜影所放射出来的粒子使 X 光胶片感光成像。这种使 X 光胶片自行感光的方法称作为自射线照相技术。这种检测方法避免了工件本身具有放射性或热中子束中含有射线对照相质量所产生的不良影响。

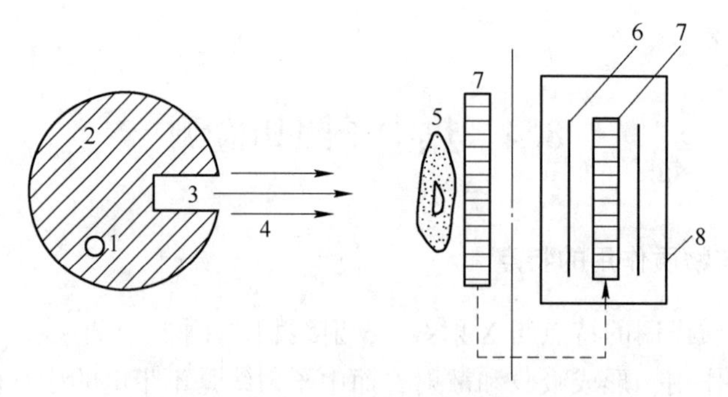

图 8-10　热中子间接曝光法检测示意图
1—中子源；2—慢化剂；3—准直器；4—热中子流束；5—被检工件；6—X 光胶片；7—转换屏；8—暗盒

8.5　液晶检测

8.5.1　液晶

液晶是一种既有光学各向异性，又有流动性的液体，可分为向列相、胆甾相和近晶相三类。向列相液晶的分子质心位置是随机分布的，但排列方向一致；胆甾相液晶的分子排列呈螺旋状、分层，每层分子长轴都与层平面平行；近晶相液晶的分子排列方向一致且成层状。各类液晶的分子排列形式如图 8-11 所示。向列相液晶和胆甾相液晶是具有光学特性的液体，近晶相液晶则是处于结晶体和液体之间的真正中间状态。

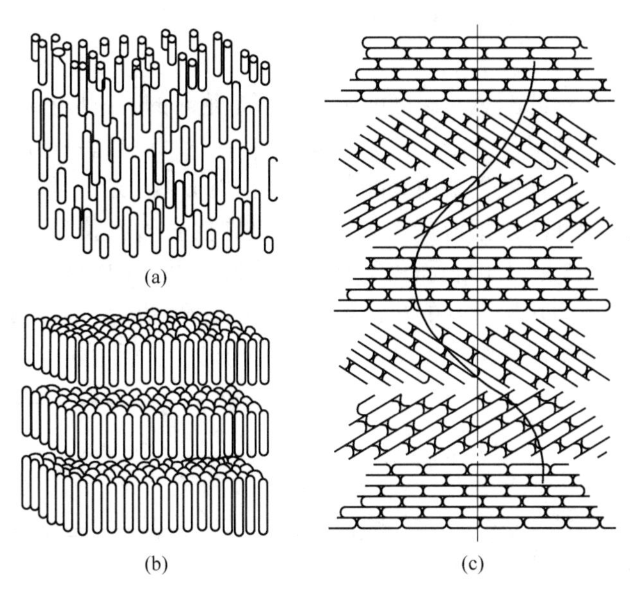

图 8-11　液晶分子排列形式
（a）向列相；（b）近晶相；（c）胆甾相

目前液晶检测主要用的是胆甾相液晶。胆甾相液晶的温度效应非常显著，有些胆甾相化合物在 1℃左右的变化范围内，可以显示从红到蓝之间的各种不同颜色。胆甾相液晶之所以能灵敏地显示不同颜色，是由于其分子结构为螺旋状排列，它的螺距很容易受温度变化而变化。当它的螺距和某一光波的波长相一致时，就对这种光波产生了强烈的选择性反射。

8.5.2　液晶检测的原理及特点

8.5.2.1　液晶检测的原理

工件中的缺欠经常是一些非金属或气体之类的热不良导体，它的比热容、导热系数与金属相比要低得多。由于这些缺欠的存在，阻碍了工件内热流的正常流动，故在工件表面造成热量的堆积，即内部缺欠所对应的表面区域形成温度异常点。液晶检测就是利用胆甾相液晶灵敏的温度效应来检测工件表面的温度分布状况，找出温度异常点，从而发现缺欠的一种无损检测方法。

8.5.2.2　液晶检测的特点

（1）工件表面温度分布状况以彩色显示，对比度好，便于判断识别。

（2）可进行动态检验。

（3）胆甾相液晶对温度变化很敏感，使液晶检测具有较高的灵敏度。

（4）液晶检测无法检测出那些埋藏很深、在工件表面不形成温差的缺欠。

（5）液晶检测对低导热材料的检测效果高于高导热材料。

8.5.3　液晶检测在焊接结构中的应用

液晶检测一般用于检测工件近表面的缺欠。图 8-12 所示为用液晶检测铝钎焊蜂窝状工件内部质量的例子。检测时，先用红外线灯加热工件，然后在工件表面涂以液晶，并用照相机拍摄检测结果。

检测时，液晶所显示的颜色与温度的关系并不是绝对的，所以在检测前应加以校对。

液晶检测时，常遇到工件无法直接涂敷液晶的情况，针对这一情况，常可采用下述两种方法：一种办法是在工件上先采用聚酯薄膜（约 10μm 厚）进行隔离，再在薄膜上涂以液晶进行检测；另一种办法是把液晶按夹层结构夹在两张塑料胶片中，做成如图 8-13 所示的热胶片，将热胶片贴在工件表面进行检测。热胶片的结构如图 8-13 所示，在中间一层胶片上开有很多直径为几十微米的孔，孔内装液晶，压敏胶合剂从两边覆盖住中间的胶片。所做成的热胶片既不能使液晶流动，又要厚度均匀。

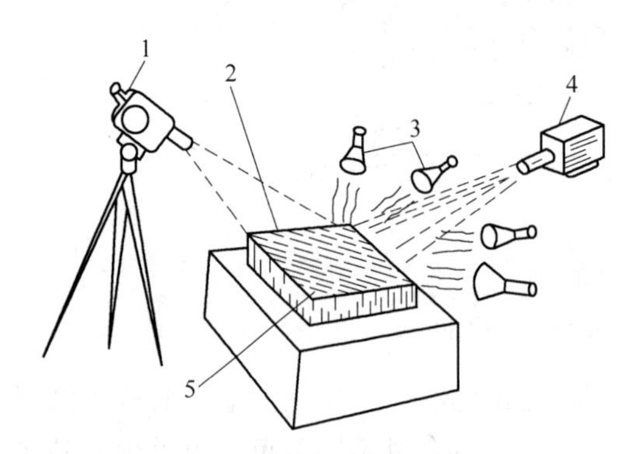

图 8-12　液晶检测蜂窝状工件质量
1—照相机；2—液晶膜；3—加热用灯；
4—单色光源；5—铝制蜂窝状工件

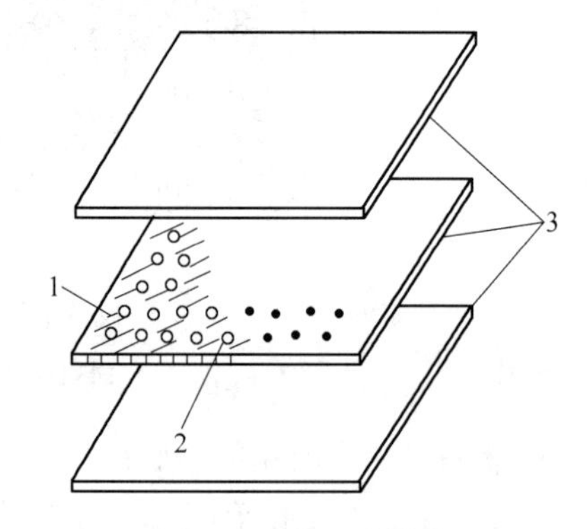

图 8-13　热胶片结构
1—压敏胶合剂；2—填充液晶的小孔；
3—塑料胶片

液晶检测时，将液晶涂敷在工件表面的方法有喷雾法、滚筒法和滴涂法三种。

（1）喷雾法。喷雾法是先把液晶溶解在三氯甲烷中，然后用小型喷雾器将其喷涂在工件表面。

（2）滚筒法。滚筒法是用滚筒将液晶直接涂敷在工件表面。

（3）滴涂法。针对小面积的涂敷，可以用吸管进行滴涂。为了使涂敷的液晶膜厚度均匀达到 10~20μm，可配制浓度为 10%的溶液进行滴涂。

本 章 小 结

1. 声发射检测是利用加载情况下被检结构的声波情况检测是否存在缺欠，这种方法可无损动态检测，对结构及设备的运行安全检测十分有利。

2. 红外线检测是利用材料的热效应进行检测，通过检测注入一定热源后，结构的温度分布曲线来判定是否存在缺欠。

3. 激光全息检测是把工件在受力和不受力两种状态下所获得的全息图加以比较并找

出异常，从而确定缺欠的方法。

4. 热中子照相检测原理与射线检测相同，可以检测射线检测无法检测的材料，是射线检测的重要补充。

5. 液晶检测是利用液晶的温度效应对结构进行检测。

自 测 题

简答题

（1）简述红外线检测的特点。

（2）简述声发射检测的特点。

9 焊接质量管理及控制

导　言

焊接质量是整个焊接产品或结构的基础，只有控制好焊缝的质量，才能保证焊接产品或结构的整体质量。因此，本章将主要介绍焊接质量管理的主要内容，影响焊接质量的因素和控制措施以及焊接质量的评定方法和标准，以便获得合格的焊接产品。

9.1　焊接质量管理及评定

焊接质量管理是一种不允许有不合格产品的质量管理，即不准有一件产品带有规范所不允许的缺欠。为实现这一目标，必须建立一个与之相适应的、符合《质量管理和质量保证》（GB/T 10300）ISO 9000~ISO 9004 标准系列的、完整的焊接质量管理体系，并在焊接生产实践中严格执行，以保证焊接产品的质量。

9.1.1　术语和标准

9.1.1.1　术语

（1）质量。根据《质量管理体系　基础和术语》（ISO 9000—2008）的规定，质量是指一组固有特性满足要求的程度，也可以解释为产品或服务满足规定或潜在需要的特征和特性的总和。这一关于质量的定义实际上由两个层次的含义构成：第一层次所讲的“需要”，实质上是指产品（或服务）必须满足用户需要，即产品的适用性；第二层次是指在第一层次成立的前提下，质量是产品（或服务）的特征和特性的总和，即产品的符合性。由于“需要”一般可转化为产品的特征和特性，因此产品（或服务）全部符合相应的特征和特性指标的要求就是质量。

（2）质量管理。质量管理是指在质量方面指挥和控制组织的协调活动。质量管理是企业管理的重要组成部分。质量管理工作的职能是负责制定企业的质量方针、质量目标、质量计划，并组织实施。

（3）质量控制。质量控制是质量管理的一部分，致力于满足质量要求。

（4）质量保证。质量保证是质量管理的一部分，致力于提高质量要求，并以此得到用户满足的信任。质量保证的核心内涵是“使人们确信”某一产品（或服务）能满足规定的质量要求。

质量保证又可分为内部质量保证和外部质量保证两大类。内部质量保证是为使企业领导者“确信”本企业的产品质量能否和是否满足规定的质量要求所进行的活动。这是企业内部的一种管理手段，目的是使企业领导者对本企业产品质量能否和是否满足规定的质量要求所进行的系列活动，包括质量保证手册、质量记录和质量计划等。

（5）质量改进。质量改进是质量管理的一部分，致力于提高满足质量要求的能力。

（6）质量体系。质量体系是指建立方针和目标并实现这些目标的体系。质量体系包括一套专门的组织机构，具体化了保证产品质量的人力和物力，明确了各有关部门和人员应有的职责和权力，规定了完成任务所必需的各项程序和活动。有必要指出，过去曾出现过质量管理体系、质量保证体系等用语，现在均应标准化为质量体系。

（7）质量管理体系。质量管理体系是指在质量方面指挥和控制组织的管理体系。

（8）质量方针。质量方针是指由组织最高管理者正式发布的关于质量方面的全部意图和方向。

9.1.1.2 标准

（1）质量管理标准。随着科学技术的发展和国际贸易的日益扩大，不少发达国家为了保证产品质量、有效利用资源、保护用户利益，十分重视产品的质量管理工作。1987年，国际标准化组织（ISO）发布了 ISO 9000~ISO 9004 关于质量管理和质量保证的标准系列。我国 1988 年发布了等效采用国际标准系列的《质量管理和质量保证》（GB/T 10300），自 1989 年 8 月 1 日起在全国实施。2008 年又颁布了《质量管理体系要求》（GB/T 19001—2008）/《质量管理体系 基础和术语》（ISO 9000—2008）。2009 年颁布了《金属材料熔焊质量要求》（GB/T 12467—2009），此标准等效于《金属材料熔化焊质量要求》（ISO 3834—2005）。

（2）质量评定标准。焊接质量评定标准是进行焊接产品质量检验的依据。焊接质量评定对提高焊接质量，确保焊接结构、尤其是锅炉和压力容器等易燃易爆产品的安全运行十分重要。焊接质量评定标准分为质量控制标准和适合于焊接产品使用要求的标准。

质量控制标准是从保证焊接产品的制造质量角度出发，把焊后存在的焊接缺欠看成是对焊缝程度的削弱和对结构安全的隐患，它不考虑具体使用情况的差别，而要求把焊接缺欠尽可能地降到最低限度。质量控制标准中所规定的具体内容，是以人们长期在生产中积累的经验为基础的。以焊接产品制造质量控制为目的而制定的国家级、部级以及企业级的焊接质量验收标准，都属于质量控制标准，例如《金属材料熔焊质量要求》（GB/T 12467—2009）等。建立焊接质量控制标准的目的是确保焊接结构的质量总体保持在某一水平，标准内容简明，容易掌握，都是焊接生产实践中积累的经验。采用这类标准进行质量评定后的焊接结构在使用过程中的安全系数大，但评定结果偏于保守，经济性较差。

在役锅炉、压力容器、管道等焊接结构的定期检修中，常存在一些在质量控制标准中不允许存在的“超标缺欠”，而如果将所有的“超标缺欠”一律进行返修或将锅炉或容器等判为废品，会造成过多的、不必要的返修和报废。并且在实际应用中，修复对使用性能无影响的缺欠，会产生更有害的缺欠。因此，从合乎使用的角度出发，应对“超标缺欠”加以区别对待，只返修那些对压力容器安全运行造成威胁的危险性缺欠，而对压力容器安全运行不构成威胁的缺欠，则予以保留，这种以合于使用为目的而制定的标准，称为“合于使用”标准。

适合于使用要求的标准充分考虑到存在缺欠的结构件的使用条件，以满足使用要求为目的。评定时以断裂力学为基础，得出允许存在的临界裂纹尺寸，超过临界裂纹尺寸则视为不符合使用要求，不超过临界裂纹，则认为所评定的缺欠是可以接受的，焊接结构件是安全可靠的。《在用含缺陷压力容器安全评定》（GB/T 19624—2004）就是典型的合于使用标准。

9.1.2 焊接质量保证体系的建立

焊接质量体系在建立、健全、运行和不断改进完善的过程中必须遵循一些原理和原则，这些原理和原则是焊接质量体系的基本准则，包括以下几个方面。

9.1.2.1 质量环

从了解与掌握用户对产品质量的要求和期望开始，直到评定能否满足这些要求和期望，影响产品（或服务）质量的各项相互作用活动的理论模式即为质量环。质量环是指导企业建立质量体系的理论基础和基本依据。通用性的质量环包括 11 个活动阶段（见图 9-1）。

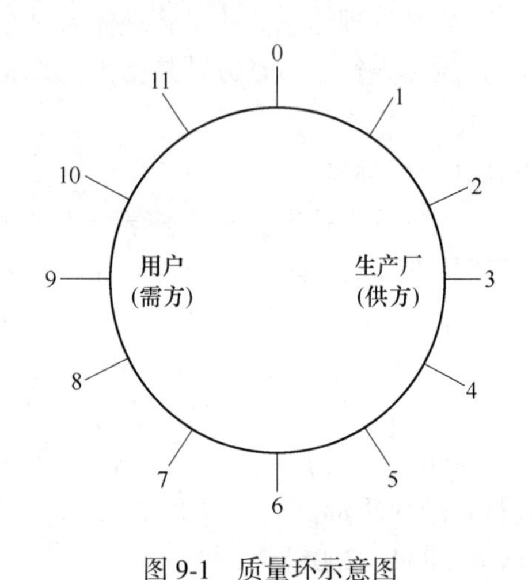

图 9-1 质量环示意图

1—市场调研；2—设计、规范的编制和产品研制；3—采购；4—工艺准备；5—生产制造；6—检验和试验；7—包装和储存；8—销售和发运；9—安全运行；10—技术服务和维修；11—用后处理

9.1.2.2 质量体系结构

质量体系结构由企业领导责任、质量责任与权限、组织机构、资源和人员及工作程序几方面组成。

（1）企业领导责任。企业领导对企业质量方针的制定与质量体系的建立、完善、实施和正常运行负责。

（2）质量责任与权限。在质量文件中应明确规定与质量直接或间接有关的活动，明确规定企业各级领导和各职能部门在质量活动中的质量责任；明确规定从事各项质量活动人员的责任和权限及各项质量活动之间的纵向与横向衔接，控制和协调质量责任与权限。

（3）组织机构。企业应建立与质量管理相适应的组织机构，该组织机构一般包括各级质量机构的设置、各机构的隶属关系与职责范围、各机构之间的衔接与相互关系，在全企业形成质量管理网络。

（4）资源和人员。为实施质量方针并达到质量目标，企业领导应保证必需的各级资源，包括人才资源和专业技能，设计和研制产品所必需的设备、生产设施，检验和试验设备、仪器仪表和计算机软件等。

（5）工作程序。企业应根据质量方针，按照质量环中产品质量形成过程的各个阶段，制定并颁布与必需的产品质量活动有关的工作程序。这包括管理标准、规章制度、工艺规程、操作规程、专业质量活动以及各种工作程序图表等。

9.1.2.3 质量体系文件

企业应针对其质量体系中采用的全部要素及要求和规定，系统地编写出方针和程序性的书面质量文件，这包括质量保证手册、大纲、计划、记录和其他必要的供方文件等。

9.1.2.4 质量体系审核

为确定质量活动及有关结果是否符合质量计划安排以及这些安排是否贯彻并达到了预期目的所做的系统、独立的定期检查和评定，即为质量体系审核。这一过程包括质量体系审核、工作质量审核和产品质量审核几部分。审核的目的是查明质量体系各要素的实施效果，确认是否达到了规定的质量目标。

9.1.3 焊接质量保证体系的实施

所有生产焊接产品的企业，都必须建立健全质量保证体系。在产品设计、制造、检验、验收的全过程中，对企业的技术装备、人员素质、技术管理提出严格的要求，保证产品的合理设计与制造流程的合理安排。全面质量管理应是全系统的，要使各管理和生产部门有目标地组成没有遗漏的全面质量管理系统。质量管理要有明确的计划，并且能迅速反馈和修正，形成科学评价的管理体系。焊接生产单位要有生产高质量焊接产品的技能，即技术指标、技能水平要求标准化，而且能经常起到改进和提高质量的作用。此外，要保证焊接质量，必须具有足够的检查焊接质量的能力，具有能实行客观检查的体制，而且拥有一旦检查出质量不合格的焊接产品或零、部件时，具有停止生产的权限。

焊接质量管理必须以降低生产成本、保证质量达到产品的技术指标为目的，以提高商品价值为主。焊接质量管理的具体项目有技术管理、钢材管理、焊接材料管理、焊接设备管理、焊接坡口和装配管理、技术人员和焊工技能管理、焊接施工管理、焊接检验管理、焊工和检验人员的教育和培训管理以及焊接质量的检验等。

A 技术管理

企业应建立完整的技术管理机构，建立健全有各级技术岗位责任制的厂长或总工程师技术责任制。企业必须有完整的设计资料、正确的生产图纸和必备的制造工艺文件等，所有图样资料上应有完整的签字，引进的设计资料也必须有复核人员、总工程师的签字。生产企业必须有必要的工艺管理机构及完善的工艺管理制度，明确各类人员的职责范围及责任。焊接产品所需的制造工艺文件，应有技术负责人（主管工程师或焊接责任工程师）的签字，必要时应附有工艺评定试验记录或工艺试验报告。企业应设立独立的质量检查机构，按制造技术条件严格执行各类检查试验，对所有焊缝提出质量检查报告。检查人员应对由漏检或误检造成的质量事故承担责任。

B 原材料管理

检查钢材等原材料是否准确地用在设计所规定的结构部位上，这是施焊前一个重要的问题。因此，要做好钢材进库-出库的记录及加工流程图，并应造表登记，核对轧制批号、规格、尺寸、数量及外观情况。

C 焊接材料管理

施工单位对焊接材料要严格保管，通常要有专用的库房（一级库、二级库等），库房中通风要好，要除湿、干燥，不同规格型号的焊条要分类摆放，并标注明显的型号或牌号标签。焊接材料在使用前都需要烘焙，其吸潮程度会因包装的完整性、仓库环境和库存时间的不同而有很大的差别，所以应对焊接材料的仓库进行严格管理，定期对焊材库存期间的情况进行检查。

D 焊接设备管理

以钢材焊接为主要制造手段的企业，必须配备必要的设备与装置并严格进行管理，这些设备和装置主要包括：

（1）非露天装配场地及工作场地的装备、焊接材料烘干设备及材料清理设备；

（2）组装及运输用的吊装设备；

（3）各类加工设备、机床及工具；

（4）焊接及切割设备、装置及工装夹具；

（5）焊接辅助设备与工艺装备；

（6）预热与焊后热处理装备；

（7）检查材料与焊接接头的设备与仪器；

（8）必要的焊接试验装备与设施。

由于焊接设备、装置与工装夹具的故障和损坏，直接导致焊接过程无法实现。因此，应定期地对焊接设备进行检查和修理。为了便于检修，要求对各类焊机造表登记。例如，焊机的检修规定、埋弧焊机的电流和电压表的检查登记、焊机故障报表和使用时间表等。

E 焊接坡口和装配管理

为保证焊接质量，国家标准制定了各种焊接接头的坡口间隙、形状和尺寸。为使焊接坡口保持在允许范围之内，就要进行焊接坡口的加工精度管理，使其满足工艺及项目标准法规的要求。焊接接头坡口处的水分、铁锈和油漆，焊前必须进行清除方可施焊。

F 技术人员和焊工技能管理

企业必须拥有一定的技术力量，包括具有相应学历的各类专业技术人员和技术工人。通常配备数名焊接技术人员，并明确一名技术负责人。他们必须熟悉与企业产品相关的焊接标准与法规。从事焊接操作与无损检验的人员，必须经过培训和考试合格取得相应证书或持有技能资格证明。

G 焊接施工管理

加强焊接现场的施工管理对焊接质量有重要的影响，特别是锅炉和压力容器生产，更应严格按焊接工艺规程进行施工。焊接施工管理，随所采用的焊接方法不同而不同，一般焊接施工管理项目有对焊接条件的查核、焊接顺序及焊接记录等。

H 焊接检验管理

焊接检验与其他生产技术相配合，才可以提高产品的焊接质量，防止不合格产品的连续生产，避免焊接质量事故的发生。因此，检验检验管理应贯穿整个生产过程，是焊接生产过程自始至终不可缺少的重要工序，是保证优质高产低消耗的重要措施。

I 焊工和检验人员的教育和培训管理

由于目前的大部分焊接还是依靠手工焊接，操作者的技能对质量也有很大的影响。因此，不断对焊接操作者进行教育和专业培训是保证焊接质量的关键。

9.1.4 相关标准的要求及简介

《在用含缺陷压力容器安全评定》（GB/T 19624—2004）对含缺欠的压力容器的安全

评定进行了具体的规定，下面对此标准进行简单介绍。

A 安全评定的一般原则

安全评定应包括对评定对象的状况调查（历史、工况、环境等）、缺欠检测、缺欠成因分析、失效模式判断、材料检验（性能、损伤与退化等）、应力分析、必要的实验与计算，并根据本标准的规定对评定对象的安全进行综合分析和评价。

B 失效模式的判别

失效模式包括断裂失效、塑性失效和疲劳失效三种。

判断失效模式应依据同类压力容器或结构的失效分析和安全评定案例与经验、对被评定的压力容器或结构的具体制造和检验资料、使用工况以及对缺欠的理化检验和物理诊断结果，且对可能存在的腐蚀、应力腐蚀、高温蠕变环境等对失效模式和安全评定的影响也应予以充分地考虑。

C 安全评定方法的选择

安全评定方法的选择应以避免在规定工况（包括水压试验）下安全评定期内发生各种模式的失效而导致事故的可能为原则。一种评定方法只能评价相应的失效模式，只有对各种可能的失效模式进行判断或评价后，才能做出该含有超标缺欠的容器或结构是否安全的结论。

D 安全评定所需的参考资料和基础数据

（1）安全评定所需的参考资料有：压力容器制造竣工图及强度计算书；压力容器制造验收的有关质量，包括材料数据、焊接记录、返修记录、无损检测资料、热处理报告、检验记录和压力试验报告等；压力容器运行状况的有关资料，包括介质情况、工作温度、载荷状况、运行和故障记录及历次检验与维修报告等。

（2）安排评定所需的基础数据有：缺欠的类型、尺寸和位置；结果和焊缝的几何形状和尺寸；材料的化学成分、力学和断裂韧度性能数据；由载荷引起的应力；残余应力。

E 安全评定中的基础工作

（1）缺欠检测。应根据安全评定的要求，对被评定对象可能存在的各种缺欠、材料和结构等，合理选择有效的检测方法和设备进行全面的检测并确保缺欠检测结果准确、真实、可靠。

对于无法进行无损检测的部位，应考虑存在缺欠的可能性，安全评定人员和无损检测人员应根据经验和具体情况做出保守的估计。

（2）应力分析。应力分析应考虑各种可能的载荷，并根据具体模式的安全评定需要和评定方法，采用成熟、可靠的方法计算评定中所需的应力。

（3）材料性能的测试和性能数据的获得。材料性能的测试和性能数据的获得应按有关标准（如 GB/T 228、GB/T 229、GB/T 232 等）规定，应充分考虑材料性能数据的分散性，并按偏于保守的原则确定所需的材料性能数值。

F 评定结论与报告

缺欠评定完成后，评定单位应根据国家相关法规、规章和本标准的规定，及时出具完整的评定报告并给出明确的评定结论和继续使用的条件。

评定报告一般应包括以下内容：

（1）被评定对象的设计、制造、安装、使用等基本情况和数据；
（2）缺欠检测数据；
（3）材料性能数据测试或选用；
（4）应力状况、应力测试和应力分析；
（5）综合安全评价与评定结论。

评定报告应准确无误，由评定人员签字、评定单位盖章和法人代表批准并加盖评定单位的有效印章。

9.2 焊接质量控制内容及措施

焊接质量体系的建立对整个焊接生产过程十分重要，但是并不是万能的，必须确定焊接生产过程中的质量控制点，并建立起相应的控制机制和措施，以此保证焊接质量体系的顺利开展，获得合格的焊接产品。

将承压设备的生产和运行全过程归纳起来，焊接质量控制内容如图9-2所示。承压设备的设计，首先应考虑有利于进行焊接质量控制；此外，还要注意其他因素，如经济性、可靠性和材料（母材、焊接材料）的选择等。

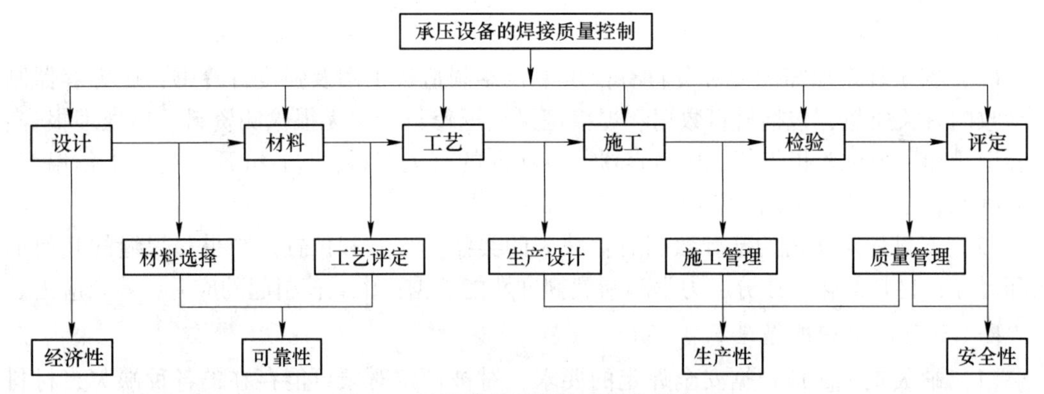

图9-2 承压设备的焊接质量控制内容

必须对承压设备焊接质量进行控制的原因可以分为：

（1）母材材质的不均匀性。相同牌号的钢材，由于炉号、批号不同，其化学成分、力学性能都有一定的差异，对焊接质量都有一定影响。

（2）工艺评定的不完善性。工艺评定的实验条件、焊接设备的工作状态及焊接操作者的熟练程度等都有一定的差距。例如，试板状态与实际结构不一致，实验室条件与现场施工条件不一致等，对于焊接工艺评定结果都有一定的影响。

（3）组装定位存在偏差。

（4）焊接过程的不稳定性。

（5）焊接材料的性能存在波动性。

（6）焊接接头区域存在淬硬的可能。

（7）焊缝中不可避免地会有缺欠。

（8）焊接接头区域存在应力集中。

焊接质量控制标准可分为控制操作标准、验收标准、使用标准及可修复标准。锅炉、压力容器的产品质量与焊接质量控制标准之间的关系如图 9-3 所示。

在生产中首先应达到“验收标准”，然后力求达到“控制操作标准”。具体控制标准详细内容如图 9-4 所示。

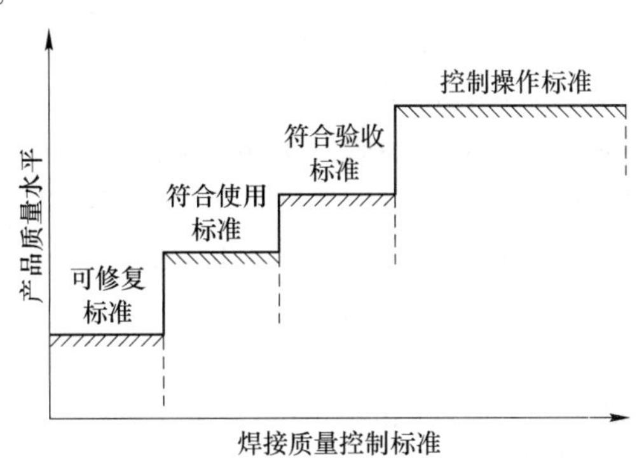

图 9-3 焊接质量控制标准与产品质量的关系

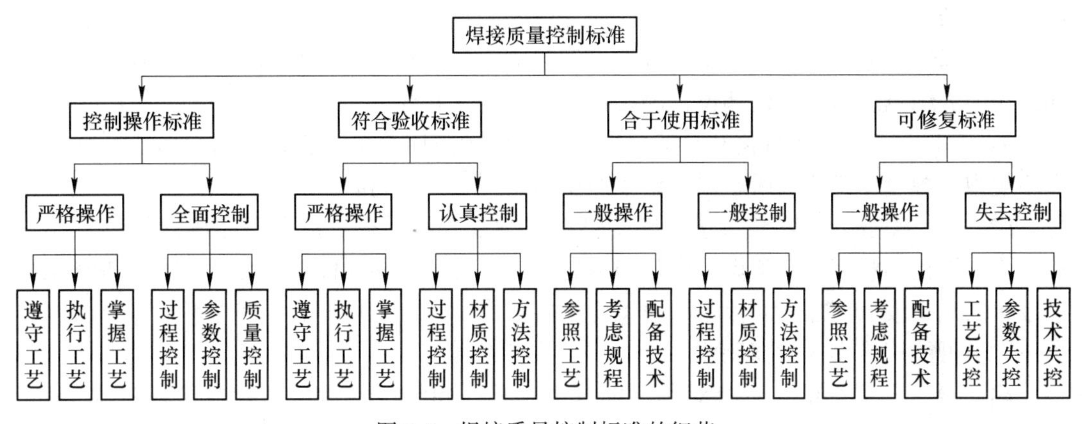

图 9-4 焊接质量控制标准的细节

9.2.1 设计因素的影响

9.2.1.1 焊接结构的基本要求

产品的设计是整个产品生产的基础，也是产品性能的综合体现，这一点在焊接产品中也得到了很好的体现。一般情况下，焊接结构应满足下列基本要求。

（1）实用性。焊接结构必须达到产品所要求的使用功能和预期效果。

（2）可靠性。焊接结构在使用期内必须安全可靠，结构受力条件必须合理，能满足结构在强度、刚度、稳定性、抗振、耐腐蚀等方面的要求。

（3）工艺性。焊前预加工、焊后处理、所选用的焊接金属材料应具有良好的焊接性、检验可达性等；焊接结构应易于实现机械化和自动化焊接。

（4）经济性。制造焊接结构时，所消耗的原材料、能源和工时应最少，其综合成本低，尽可能使结构的外形美观。

9.2.1.2 焊接结构设计的原则

为了达到上述焊接结构设计的基本要求，在焊接结构设计时应遵循以下原则：

（1）合理选择和利用材料。所选用的金属材料必须同时满足使用性能和加工性能的要求。使用性能包括强度、韧性、耐磨性、耐腐蚀性、抗蠕变等；加工性能主要是指焊接性能，其次是其他冷、热加工的性能，如热切割、冷弯、热弯、金属切削及热处理等。

在焊接结构上有特殊性能要求的部位，可采用特种金属材料，其余采用能满足一般要求的材料。对有防腐蚀要求的结构，可采用以普通碳钢为基体、以不锈钢为工作面的复合钢板或者在基体上堆焊耐腐蚀层；对有耐磨性要求的结构，可在工作面上堆焊耐磨合金或热喷涂耐磨合金；应充分发挥能进行焊接的异种金属材料结构的特点。

在划分结构的零、部件时，要考虑备料过程中合理排料的可行性，以减少边角余料，提高材料的利用率。

（2）合理设计结构形式：

1）根据强度和刚度要求，以最理想的受力状态确定结构的几何形状和尺寸，不必去仿效铆接、铸造、锻造结构的结构形式。

2）既要重视结构的整体设计，也要重视结构的细部处理。这是因为焊接结构属于刚性连接的结构，结构的整体性意味着任何部位的构造都同等重要，许多焊接结构的破坏事故起源于局部构造不合理的薄弱环节处。对于应力复杂或应力集中部位，都要慎重处理，如结构中的结点、断面变化部位、焊接接头形状变化处等。

3）要有利于实现机械化和自动化焊接。应尽量采用简单、长直的结构形式，减少短而不规则的焊缝；避免采用难以弯制或冲压的具有复杂空间曲面的结构。

（3）减少焊接量。尽量多选用轧制型材以减少焊缝，还可以利用冲压件代替一部分焊接件；结构形状复杂、角焊缝多且密集的部位，可用铸钢件代替；必要时可以适当增加壁厚，以减少或取消加强筋板，从而减少焊接工作量。对于角焊缝，在保证强度要求的前提下，尽可能用最小的焊脚尺寸。

（4）合理布置焊缝。对有对称轴的焊接结构，焊缝应对称地布置或接近对称轴处，这有利于控制焊接变形；要避免焊缝汇交和密集；在结构上焊缝汇交时，要使重要焊缝连续，次要焊缝中断，这有利于重要焊缝实现自动焊，保证其焊接质量；尽可能使焊缝避开高应力部位、应力集中处、机械加工面和需变质处理的表面等。因此，焊接图纸设计和审核，需对焊接接头形式优化，如图9-5、图9-6所示。

（5）施工方便。必须使结构上的每条焊缝都能方便施焊和方便质量检验，焊缝周围要留有足够焊接和质量检验的操作空间；尽量使焊缝都能在工厂中焊接，减少工地现场的焊接量；减少手工焊接的工作量，扩大自动焊接的工作量；对双面焊缝，操作方便的一面用大坡口，施焊条件差的一面用小坡口，必要时改用单面焊双面成形的接头坡口形式和焊接工艺。尽量减少仰焊或立焊的焊缝，这样的焊缝劳动条件差，不易保证质量，而且生产率低。

（6）有利于生产组织与管理。大型焊接结构采用部件组装的生产方式有利于工厂的组织与管理。因此，设计大型焊接结构时，要进行合理分段。分段时，一般要综合考虑起重运输条件、焊接变形的控制、焊后热处理、机械加工、质量检验和总装配等因素。

此外，应注意结构形式对焊接质量的影响，尽量减少焊接接头的数量，焊接坡口尺应尽可能小，焊缝之间要保持一定距离以防止焊缝集中，保证焊接工艺的可实施性，在可能

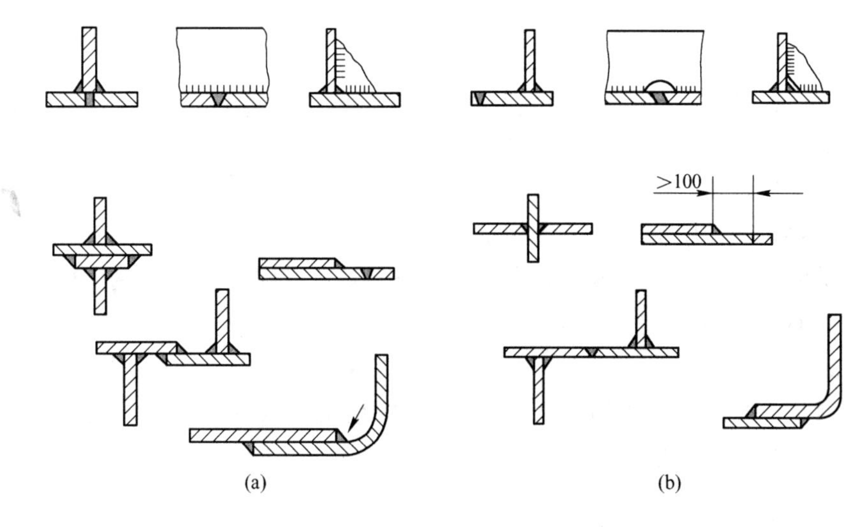

图 9-5 焊接接头形式优化设计
（a）不合理；（b）改进优化后

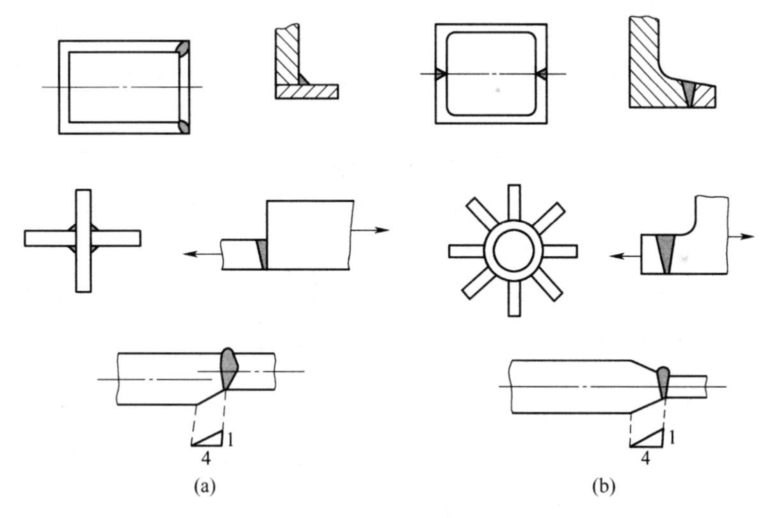

图 9-6 焊缝布置形式优化设计
（a）不合理；（b）改进优化后

的情况下采用低匹配的焊缝，防止焊接接头强度过高而塑性、韧性不足。

9.2.2 材质因素的影响

9.2.2.1 母材

母材是拟定焊接工艺规程的基本依据之一，也是决定焊接接头性能的重要因素之一。现代焊接结构大多是以等强、等韧性和等塑性原则设计的，即对焊接接头性能的要求等同于母材相应标准规定的下限值。因此，母材的各项性能又是评定焊接接头性能的基准。每个焊接工艺人员，除应掌握结构材料的焊接性外，必须全面了解结构材料的力学性能以及与焊接有关的其他各项性能，如冷、热加工性能，热处理性能以及在各种工作条件和介质作用下的性能。当使用环境中存在腐蚀、中子辐射、高温或低温以及由于气候条件所引起的某些问题时，材料因素尤其重要。

锅炉、压力容器结构的选材，应满足使用性能、焊接工艺性能和经济性三个条件，具体选材原则为：

（1）在满足技术要求的前提下，应尽量选用程度级别较低的材料；

（2）根据结构的使用条件，尽量选用专业用板；

（3）在焊接工艺不能改变的条件下，尽量选择焊接性好的材料；

（4）尽量选用结构设计所确定的材料，以有利于焊接质量控制。

9.2.2.2　焊接材料

焊接材料是指焊接过程中所用的填充材料，包括焊条、焊丝、焊剂、保护气体等。这些焊接材料的选择首先取决于焊接方法，若焊接方法确定，则一般根据母材及焊接接头的力学性能、耐腐蚀性等选配相应的焊接材料。

焊接材料的选择一般应遵循以下原则：

（1）在焊接同种材质时，一般应按焊接接头与母材等强度的原则来选择焊接材料；

（2）在焊接碳钢与低合金钢或不同强度等级的低合金钢之间的异种钢接头时，可按强度级别较低的一种选用焊接材料；

（3）在焊接碳钢与不锈钢或低合金钢与不锈钢之间的异种焊条时，一律采用高镍铬焊条或焊丝；

（4）对于多层焊焊缝，可采用低强度焊接材料进行焊接，有利于减少冷裂纹的产生；

（5）焊接淬硬倾向大的中碳调质钢时，可采用奥氏体焊条进行焊接，有利于减少冷裂纹的产生。

施工单位对焊接材料（焊条）要严格保管，通常要有专用库房，库房中通风要好，要除湿、干燥，不同规格型号的焊条要分类摆放。电焊条使用前一般应按说明书规定的烘焙温度进行烘干。

电焊条的烘干应注意以下事项：

（1）纤维素性焊条的烘干，使用前应在100~200℃的烘干箱内烘焙1h。注意温度不可过高，否则纤维素可在烘焙期间分解而影响焊接过程对熔池和焊缝的保护作用及焊缝成形。

（2）碳钢、低合金钢酸性焊条应在150℃的烘干箱内烘焙1h。

（3）碱性焊条使用前一般须在350℃的烘干箱内烘焙1h。

（4）烘干后的焊条放置在温度略高于100℃的保温箱中待用。烘干时，要在炉温较低时放入焊条，逐渐升温；也不可从高温炉中直接取出，须待炉温降低后再取出，以防止将冷焊条放入高温烘箱或突然冷却而发生药皮开裂。

（5）不同烘干温度的焊条不可在同一烘箱内烘焙。烘焙焊条时，为了确保焊条受热均匀，同一层焊条堆放的层数不宜过多。不同牌号、不同批号的焊条烘焙时不得混放，且每层托盘上须注明被烘焙焊条的牌号、批号、规则，以免用错焊条。

（6）如果使用吸湿的碱性焊条焊接，则工艺性变坏，焊缝易产生气孔，并且由于焊缝金属扩散氢含量高，故焊缝金属和焊接热影响区易产生冷裂纹。

9.2.3 工艺因素的影响

焊接方法应适合焊接接头材料的性能和焊接接头的施焊位置，应通过试验来证明所选择的焊接方法是合适的。适合于车间里施焊的焊接方法，可能不适于现场焊接。母材金属(如表面状况)、焊接方法和焊接材料都对焊接接头的显微组织有影响。焊接材料的少许变化可能会导致焊缝金属性能和焊接质量的很大变化。焊接方法和焊前或焊后的任何冷、热加工，对焊接接头的力学性能常会带来不容忽视的影响。工件焊接时的线能量和温度梯度是必须考虑的重要因素。

A 焊接方法的选择

选择焊接方法应在保证焊接产品质量优良可靠的前提下，有良好的经济效益，即生产率高，成本低，劳动条件好，综合经济指标高。选择焊接方法应考虑产品结构类型、母材性能、工件厚度、接头形状、生产条件等。

B 焊前准备

焊前准备主要包括坡口制备、接头装配和焊接区域的清理。

C 焊接顺序

焊接顺序对焊接产品的应力和变形有很大的影响，最终将影响产品的使用性能，必须根据焊接结构的特点制定焊接顺序，尽量让焊缝能自由收缩，以降低焊接应力。因此，原则上先焊收缩量大的焊缝，后焊收缩量小的焊缝。

D 焊接规范的选取

为了保证焊接质量，必须在正确的焊接工艺条件下由熟练的操作者施焊。完善的焊接工艺评定和正确的材料选择，为保证焊接质量打下了基础。尽管如此，还必须有正确的焊接工艺规程、熟练的操作者和严格的生产管理，才能使焊接质量达到最佳水平。

(1) 施焊参数。施焊参数主要包括焊接电压、焊接电流、焊接速度、送丝速度、气体流量等，这些参数在施焊过程中必须相互匹配，不易单独调节，这样才能保证焊接接头的综合质量。

(2) 焊前热处理。焊前热处理可以降低焊接热影响区的冷却速度，减小温度梯度，降低应力集中程度，促使氢的逸出，从而防止冷裂纹的产生。焊前热处理的温度主要依据钢材的焊接性试验结果而定，材料的拘束度越高，冷裂倾向越大，预热温度越高。

(3) 焊后热处理。焊后热处理主要分为两大类：一是后热或消氢处理，二是正火或正火加回火。后热或消氢处理主要是防止焊缝金属或热影响区内产生冷裂纹。正火或正火加回火主要是降低应力，改善组织，提高焊接接头的承载能力。

9.2.4 施工因素的影响

正确的焊接结构设计、合理的焊接工艺及可靠的焊接工艺评定，都要通过施工来实现。因此，要求施工者严格执行焊接工艺参数和生产工艺规程，以便保证焊接质量，否则会引起焊接结构件的焊接质量下降。

焊接过程中要选择符合施工标准的焊接材料，选择与所评定的工艺参数相符的参数施焊，如果有不符合焊缝质量标准的焊道，必须反修，这样才能保证焊接质量。

9.2.5 检验因素的影响

焊接检验是控制焊接质量的重要手段。如前所述，焊接检验方法种类众多，每种检验方法都有其自身的特点和应用范围。因此，在检验过程中应注意正确选择和灵活使用，保证全面、准确地反映焊接接头的质量。检验贯穿整个焊接过程，或者说检验是贯穿整个施工过程的，包括焊前检验、焊中检验和焊后检验，每部分检验的内容和侧重点不同，但是目标都是一致的，都是保证焊接接头的最终性能满足要求。

9.3 典型产品焊接质量分析及控制

9.3.1 球罐质量分析

在压力容器中，以球罐的应用最为广泛，特别是近年来随着石油、化工、冶金、轻纺以及国防工业的发展，球罐的数量日益增多，其容积和压力也逐渐增大，所用钢材也由过去的碳锰钢发展到各种高强钢、低温钢、不锈钢、铝合金等。球罐储存的介质也日益复杂，有氢、氧、氮、甲烷、丙烷、丁烷、乙烯、液化石油气、液化天然气以及酸、碱等。目前，球罐的安全使用仍存在严重的问题，失效事故也时有发生，而且常常是灾难性的。表 9-1 为近年来我国球罐失效事故的统计。从表 9-1 中可以看出、因组装、焊接及环境综合因素所引起的失效事故，占总失效事故的 75.0%。由此看来，组装、焊接因素对球罐的质量影响是很大的。若进一步分析可以发现，在大量的失效事故中，裂纹是引起失效的主要原因。从某种意义上来说，球罐的质量控制主要就是裂纹的控制。

表 9-1 近年来我国球罐失效事故统计

失效原因	失效台数	百分率/%
设计因素	3	3.57
材料因素	5	3.95
制造因素	3	3.57
组装、焊接因素	41	48.81
组装、焊接及环境综合因素	22	26.20
使用	3	3.57
其他	7	8.33
总计	84	100

9.3.2 球罐的裂纹分析

对于球罐来说，裂纹可分为制造中所产生的“先天性”裂纹和使用过程中所产生的“后天性”裂纹。

（1）制造中产生的裂纹。球罐在制造中所产生的裂纹主要是氢致裂纹，产生这些“先天性”裂纹的原因有以下几方面：

1）材质的焊接性。目前国内建造球罐常用 Q345R 等低合金高强度钢。这些钢淬硬倾向较大，对裂纹比较敏感。

2）组装时的拘束应力。球罐在现场组装时条件恶劣，不可避免地出现较大的尺寸偏差，组装时会产生较大的错边和角变形，造成局部应力集中，易产生裂纹。球罐的环缝与纵缝相比，环缝的拘束度要比纵缝的拘束度大。我国石油部在对七个炼油厂球罐调查所发现的1487条裂纹中，就有1242条裂纹是产生在环缝上的，占总数的83.5%。

3）焊接工艺。焊接工艺主要包括焊条烘干、焊接顺序、焊接线能量以及预热、后热、层间温度控制。

①若焊条烘干不严格，则会给焊缝带入较多的水分、氢气，使焊缝产生氢致裂纹。

②若焊接顺序选择不合理，则会在焊接接头中造成很大的内应力，形成裂纹。

③焊接线能量选择过高或过低、都会使焊接接头的组织性能变差，导致产生裂纹。

④若预热、后热、层间温度控制不当，达不到改善接头组织性能、消氢和消除内应力的作用，则易产生氢致裂纹。

（2）使用过程中产生的裂纹：

1）腐蚀开裂。球罐所接触的介质除大气外，还有各种酸、碱、液态烃、液化石油气、液化天然气、液化氨等。在材料化学成分、不良组织、介质以及应力等因素影响下，会引起晶间腐蚀开裂或应力腐蚀开裂。

2）疲劳裂纹。球罐在交变应力作用下，会在远低于材料抗拉强度或屈服点的条件下产生裂纹。疲劳裂纹常在焊接接头应力集中点产生，焊缝中的未焊透、夹渣、咬边等缺欠则是它的“先天”疲劳裂纹源。在有腐蚀介质存在的情况下，还会产生腐蚀疲劳裂纹。

3）原有“未超标缺欠”的扩大。原材料或球罐制造过程中产生的“未超标缺欠”经使用后扩展成“超标缺欠”。

9.3.3 球罐制造中质量控制

从典型的球罐破坏事故来看，事故大部分是由裂纹导致的低应力脆性破坏。引起这种破坏的因素有裂纹（包括制造过程中产生的裂纹和使用中产生的裂纹）、内应力（工作应力、装配应力、焊接残余应力和附加应力的几何合成）以及材料的断裂韧性（特别是接头区的断裂韧性）。球罐制造中的质量控制，是指对影响球罐质量（主要是裂纹）和引起脆性破坏各因素的综合控制。球罐制造中的质量控制要素有：

（1）钢材检验。用于制造球罐的钢板，应具有符合《锅炉和压力容器用钢板》（GB 713—2014）的质量保证书，并在下料前进行以下三方面的检验：

1）复验化学成分及力学性能，以防止出现混料及性能差异方面的错误。

2）外观质量检查。钢板表面不允许有麻坑、裂纹、折叠和重皮等外观缺欠。对于发现的“超标缺欠”，应按有关规范进行修复，否则不准使用。

3）钢板内部质量控制。对用于压制球壳板的钢板，内部质量应由供货钢厂按相关标准进行检查。制造厂应对沿球壳板下料线50mm范围内进行100%的超声波检测，不得存在任何有害于施焊的缺欠。

（2）球壳板成形：

1）为防止球壳板加工脆化，在冷压成形之前，钢板应进行回火处理。

2）冲压好的球壳板要逐块进行坡口磁粉检查，以便及时发现切割、冲压所产生的微裂纹。

3）为减少焊接内应力和变形，除球壳板加工形状需严格检查外，还需将球壳整圈在工厂预装配。

（3）坡口的加工。球壳板坡口形状和尺寸与球壳板角变形及裂纹有密切关系。图 9-7 表明坡口形状与裂纹的关系。由图 9-7 可以看出，形式不同的坡口，对冷裂纹的敏感性也不同。单边 V 形坡口容易产生裂纹，这是由于在坡口的局部氢聚集浓度不同、根部应力集中的程度不同所致。若坡口角度和间隙过大，则焊接工作量大，焊缝横向收缩量也大，焊缝内部容易产生各种缺欠；反之，则不易焊透。

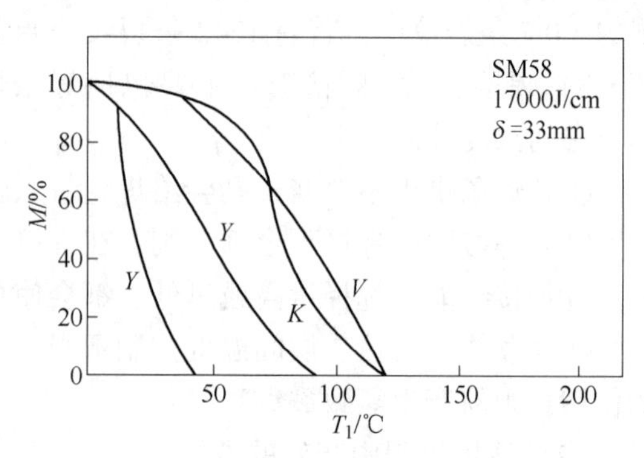

图 9-7　坡口形式与裂纹关系

（4）球壳的组装。球壳的组装质量是保证焊接质量的前提。组装质量的优劣主要表现在椭圆度、角变形及错口量的大小。如果组装的形状不规则，椭圆度超过球罐内径的 50‰，则会使一些接头产生较为复杂的内应力，产生裂纹。

（5）球罐的焊接。球罐在制造中所产生的裂纹主要是氢致裂纹，产生的原因是钢材的淬硬倾向、接头中的含氢量及其分布、接头的拘束应力。在焊接中可以控制与管理的因素有：

1）焊接材料：

①焊接材料的选择。选择焊接材料，应考虑两方面：施焊工艺性要好；能满足接头强度性能的要求。选择焊接材料时，一般按等强度原则进行。但像 Q370R 这类低合金高强度钢，若按等强度原则，应选用“J557”焊条，采用这种焊条，焊缝强度偏高，易产生冷裂纹；但选用比母材强度稍低的“J507”焊条，则提高了焊缝的塑性和韧性，从而降低了对冷裂纹的敏感性。

②严格焊条烘干制度。球罐焊接均选用优质低氢碱性焊条，必须按焊条烘干制度进行烘干，以降低焊缝中的含氢量。

2）焊接施工：

①控制焊接线能量。控制焊接线能量目的是调整焊接接头冷却过程中 800~500℃的冷却时间。线能量的大小直接影响焊接接头的质量。线能量过小，焊接接头冷却速度快，热影响区及熔合线处硬化，加上氢的作用，易产生氢致裂纹；线能量过大，热影响区软化，熔宽增加，产生过热组织，使晶粒粗大，形成较多的上贝氏体组织，接头的缺口韧性降低。

焊接线能量的上、下限要根据球罐的材质、壁厚、焊条种类、焊接位置、预热温度及焊后热处理温度等条件，并通过抗裂性能试验来确定。

②控制预热温度。控制预热温度，以减缓焊接接头的冷却速度，适当延长接头 800~500℃的冷却时间，有利于接头组织的改善和氢的逸出，防止产生冷裂纹。图 9-8 为预热温度与焊接纵向残余应力的关系。图 9-9 为预热温度与焊接裂纹率的关系。

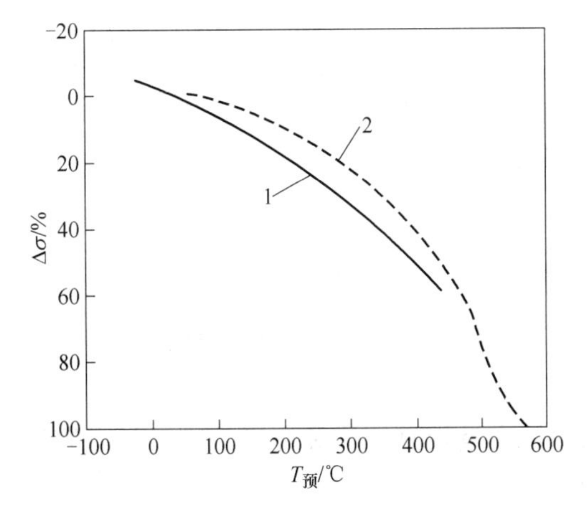

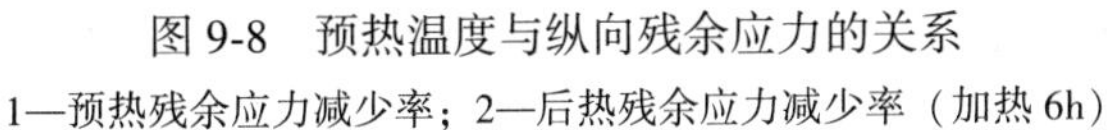
图 9-8 预热温度与纵向残余应力的关系

1—预热残余应力减少率；2—后热残余应力减少率（加热 6h）

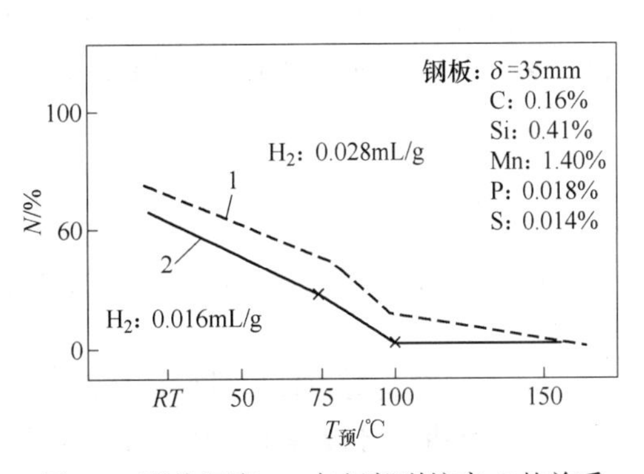

图 9-9 预热温度 $T_{预}$ 与根部裂纹率 N 的关系

1—一般低氢焊条；2—超低氢焊条

③控制层间温度。球罐的壁较厚，一般须采用多层焊接，如不注意层间温度的控制，焊缝中的氢会逐层累积，致使延迟裂纹的倾向增大。一般层间温度应控制在不低于预热温度的下限值。

④控制后热及消氢处理温度。后热及消氢处理的主要作用是去氢，同时可以减缓冷却速度、提高接头韧性、减少残余应力。后热温度为 200~250℃，保温时间为 0.5~1h；消氢处理的温度比较高，为 300~400℃，保温 2~4h 后空冷。

⑤合理安排焊接顺序。合理安排焊接顺序，能减少变形和焊接残余应力，避免产生裂纹。在球罐焊接中，合理的施焊顺序是先焊内侧、后焊外侧，先焊环缝、后焊纵缝。焊接时，应以对称均匀焊接为原则，采用逆向分段焊法。

⑥控制焊接环境。控制焊接环境主要是注意施焊环境温度和湿度的控制。若环境温度过低，则需适当采取预热或保温措施，以避免冷裂纹的产生；当环境湿度超过 90%时，就需停止焊接。

⑦控制焊接检验。除对球罐的焊接质量进行认真外观检查外，还要非常仔细地对焊缝内部质量进行检测。检验时，要注意发挥各检验方法的优点，避开它的局限性，提高检验结果的可靠性。

3）焊工技能考核。根据《特种设备焊接操作人员考核细则》（TSG Z6002—2010）规定，参加施焊的焊工均应经过专门训练，考试合格后，方可参加球罐的焊接工作。这一规定非常重要，是保证球罐焊接质量的有力措施。实践证明，只有经过严格训练考试的焊工，才能正确地控制焊接规范和具有排除焊接缺欠的操作技巧，才能使焊接缺欠数量最少，尺寸最小。

（6）消除残余应力。虽然在球罐的设计和制造过程中采取了各种技术措施，最大限度地减少了焊接残余应力，但在焊接过程中，由于焊缝金属的收缩以及整个焊接区域的不均匀加热和冷却，仍会在焊缝附近产生残余应力。残余应力的大小与结构刚度有关。在焊接热作用不变的情况下，结构刚度越大，焊接残余应力越大。球罐是一个刚度很大的焊接结构，所以焊接残余应力一般也是很大的，当有裂纹源存在时，很容易引起脆性破坏。

消除球罐残余应力的方法可根据材质、壁厚和介质来选择。如果球罐安全系数比较小

($n_s \leqslant 1.7$)，壁厚相对薄，介质是氧、氮等气体时，可采用温水超载水压试验消除法，既经济实用，又效果显著。对于安全系数比较大（$n_s \geqslant 2$），壁厚相对厚，介质是具有腐蚀作用的液化石油气、液氮等，可采用高温整体热处理方法，既可以较彻底地消除残余应力，又可以避免由应力腐蚀所导致的应力腐蚀裂纹。

本章小结

1. 焊接质量管理是对焊接过程的全面监控，合适的焊接管理是保证焊接接头质量的基础。

2. 确定合适的焊接质量保证体系，明确焊接质量控制内容和环境，采用合适的焊接质量评定标准，才能保证焊接产品的综合质量。

3. 焊接质量控制主要包括设计因素、材质因素、工艺因素、施工因素和检验因素五部分。

自测题

简答题

(1) 简述焊接质量保证体系的组成。

(2) 简述焊接控制的主要内容。

自测题答案

第1章

1.1 选择题

(1) C (2) C (3) B (4) B (5) C

1.2 简答题

答：破坏性检验的优点：能直接、可靠地测量出产品的性能状态；测定结果是定量的，这对产品设计、工艺执行情况以及标准化工作来说通常是很有价值的；通常不必凭熟练的技术即可对试验结果做出说明；试验结果与使用情况之间的关系往往是直接一致的，从而使观测人员之间对于试验结果的争论范围很小。

破坏性检验的缺点：只能用于某一抽样，而且需要证明该抽样代表整批产品的情况；试验过的零件为一次性的，不能再交付使用，因此不可以对在使用零件（产品）进行试验；往往不能对同一件产品进行重复性试验，而且对不同形式的试验，要用不同的试样；对材料成本或生产成本很高或利用率有限的零件，可能无法试验；不能直接测量运转使用周期内的累积效应，只能根据用过不同时间的零件试验结果来加以推断；试验用的试样，需要大量的机加工或其他制备工作；投资及人力消耗很高。

第2章

2.1 选择题

(1) A (2) D (3) A (4) D (5) D

2.2 判断题

(1) × (2) √ (3) × (4) × (5) ×

2.3 简答题

(1) 答：根据《金属熔化焊接头缺欠分类及说明》（GB/T 6417.1—2005）可将熔焊的缺欠分为六大类：第一类 裂纹；第二类 孔穴；第三类 固体夹杂；第四类 未熔合及未焊透；第五类 形状和尺寸不良；第六类 其他缺欠。

(2) 答：焊接缺欠对焊接接头质量的影响包括：引起应力集中、降低静载强度、增加脆性断裂倾向、降低疲劳强度、引起应力腐蚀开裂。

第3章

3.1 选择题

(1) D (2) C (3) B

3.2 判断题

(1) × (2) √ (3) × (4) √

3.3 简答题

(1) 答：密封性试验包括气密性试验、氨渗透试验、氦检漏试验、沉水试验、载水试验、吹气试验和冲水试验。

(2) 答：布氏硬度试验的特点如下：

1) 布氏硬度试验的优点：布氏硬度试验的压痕面积较大，能反映较大范围内金属各组成相综合影响的平均性能，适合于测定灰铸铁、轴承合金和具有粗大晶粒的金属材料；试验数据稳定，准确性高；布氏硬度值和抗拉强度 R_m 存在一定的换算公式，因此可以用近乎于无损检测的布氏硬度试验来推算材料的抗拉强度。

2) 布氏硬度试验的缺点：由于试验中压头钢球本身的变形问题，太硬的材料不能用布氏硬度试验，一般硬度值在450以上的材料不能使用布氏硬度试验；由于压痕较大，故成品的检验有困难；布氏硬度试验时，硬度值不能直接从硬度计上读取，需要计算或查表，比较烦琐。

维氏硬度试验的特点如下：

1) 维氏硬度试验的优点：维氏硬度试验时，试验力可以根据试样情况任意选择，不存在压头变形的问题，适用于任何硬度的材料；当硬度值小于400时，维氏硬度试验与布氏硬度试验所测结果基本一致，测量结果准确。

2) 维氏硬度试验的缺点：维氏硬度试验时，硬度值不能直接从硬度计上读取，需要计算或查表，测量速度较慢。

第4章

4.1 选择题

(1) B (2) A (3) C (4) D (5) A (6) C

4.2 判断题

(1) × (2) √ (3) ×

4.3 简答题

(1) 答：射线具有穿透物体的性质，在射线照射物质时，物体对射线具有衰减作用和衰减规律，射线能使某些物质产生光化学作用和荧光现象。当射线穿过工件达到胶片上时，由于无缺欠处和有缺欠处的密度或厚度不同，射线在这些部位的衰减不同，因而射线透过这些部位照射到胶片上的强度不同，致使胶片感光程度不同，经暗室处理后就产生了不同的黑度。根据底片上的黑度差，评片人员借助观片灯即可判断缺欠情况并评价工件质量。

(2) 答：射线检测的一般流程为：试件检查及清理、划线、像质计和标记摆放、贴片、对焦、散射线遮挡、曝光、显影、停显、定影、水洗、干燥。

第5章

5.1 选择题

(1) B (2) D (3) A (4) A (5) D

5.2 判断题

（1）×　（2）√　（3）√　（4）√　（5）×

5.3 简答题

（1）答：探头的主要特征参数有工作频率、晶片材料、晶片尺寸、探头种类和探头特征。

（2）答：选择直接接触法超声波的检测条件包括检测仪器、探头、检测区域、移动区域、检测时机和耦合剂。

第6章

6.1 选择题

（1）A　（2）C　（3）B　（4）D

6.2 判断题

（1）×　（2）√　（3）√　（4）×

6.3 简答题

（1）答：影响漏磁场大小的因素包括：

1）外磁场强度。外加磁场强度越高，形成的漏磁场强度也随之增加。

2）材料的磁导率。材料的磁导率越高，越容易被磁化。在一定的外加磁场强度下，材料中产生的磁感应强度正比于材料的磁导率。在缺欠处所形成的漏磁场强度随着磁导率的增加而增加。

3）缺欠的埋藏深度。当材料中的缺欠越接近表面时，被弯曲而逸出材料表面的磁力线越多。随着缺欠埋藏深度的增加，逸出表面的磁力线减少，到一定程度时，在材料表面没有磁力线逸出而仅仅改变了磁力线的方向，所以缺欠的埋藏深度越小，漏磁场强度也越大。

4）缺欠方向。当缺欠长度方向和磁力线方向垂直时，磁力线弯曲严重，形成的漏磁场强度最大。如果缺欠长度方向平行于磁力线方向，则漏磁场强度最小，甚至在材料表面无法形成漏磁场。

5）缺欠的磁导率。如果材料的缺欠内部含有铁磁性材料（如 Ni、Fe），即使缺欠在理想的方向和位置上，缺欠也会在磁场的作用下被磁化，即缺欠不会形成漏磁场，从而造成漏检。

6）缺欠的大小和形状缺欠。缺欠在垂直于磁力线方向上的尺寸越大，阻挡的磁力线越多，越容易形成漏磁场且其强度越大。缺欠的形状为椭圆形（如气孔等）时，漏磁场强度小；当缺欠为线形（如裂纹）时，容易形成较大的漏磁场。

（2）答：磁力检测试片分为 A_1 型、C 型、D 型和 M_1 型四种。

标准试片的用途包括：

1）检验磁粉检测设备、磁粉和磁悬液的综合性能（系统灵敏度）。

2）检测被检工件表面的磁场方向、有效磁化区以及大致的有效磁场强度。

3）考察所用的检测工艺规程和操作方法是否妥当。

4）当无法确定复杂工件的磁化规范时，可将柔软的小试片贴在工件的不同部位，以大致确定理想的磁化规范。

第7章

7.1 选择题

(1) C (2) B (3) C (4) B (5) D

7.2 判断题

(1) × (2) × (3) ×

7.3 简答题

(1) 答：渗透检测的特点如下：

1) 渗透检测主要用于工件表面开口缺欠的检测，基本不受材质限制。

2) 渗透检测不受工件结构的限制，可以检查焊接件，也可以检查锻件、机械加工件等。

3) 渗透检测的显示直观、容易判断，一次操作即可检出工件一个表面上各个方向的缺欠，操作快速、简便。

4) 渗透检测设备简单，携带方便，检测费用低，适合于野外工作。

5) 渗透检测无法检测由多孔性或疏松材料制成的工件或表面粗糙的工件，并且表面开口缺欠的开口被污染物堵塞或经机械处理（如喷丸、抛光和研磨等）后开口被封闭的缺欠不能被有效地检出。

6) 渗透检测只能检测出缺欠的表面分布，难以确定缺欠的实际深度，因而无法对缺欠做出定量评价。

(2) 答：渗透检测方法的选择原则包括：

1) 渗透检测方法的选用首先应满足检测缺欠类型和检测灵敏度的要求。在此基础上，可根据被检工件表面粗糙度、检测批量大小和检测现场的水源、电源等条件来确定。

2) 对于表面光洁且检测灵敏度要求高的工件，宜采用后乳化型着色法，也可采用溶剂去除型荧光法。

3) 对于表面粗糙且检测灵敏度要求低的工件，宜采用水洗型着色法或水洗型荧光法。

4) 对现场无水源、电源的检测，宜采用溶剂去除型着色法。

5) 对于大批量的工件检测，宜采用水洗型着色法或水洗型荧光法。

6) 对于大工件的局部检测，宜采用溶剂去除型着色法或溶剂去除型荧光法，荧光法有更高的检测灵敏度。

第8章

简答题

(1) 答：红外线检测的特点如下：

1) 不需要取样，也不会破坏被测物体的温度场；探测器只响应红外线，只要被测物温度处于绝对零度以上，红外成像仪就不仅在白天能进行工作，而且在黑夜中也可以正常进行探测工作。

2) 远距离测试，不需要接触被测物体。红外线的探测器焦距在理论上为30cm至无穷远，因而适用于做非接触、广视域的大面积的无损检测。

3) 方便便捷，直接对照被测物体拍照即可。

4) 直观易懂，以不同颜色来表征被测物体的温度场。

5) 现代的红外热像仪的温度分辨力高达0.001~0.05℃，探测的温度变化的精确度很高。可以对被测物体的温度进行定性和定量分析，检测数据可以存储。

6）摄像速度为 1~50 帧/s，故适用静、动态目标温度变化的常规检测和跟踪探测；可以测试运动物体和在恶劣测试环境中（真空、腐蚀、电磁、化学气氛）测试。
7）此技术几乎不需要后期投入，可以减少人力、物力、财力的消耗，安全环保。
（2）答：声发射检测的特点如下：
1）声发射检测技术是一种动态无损检测技术。声发射检测技术是利用物体内部缺欠在外力或残余应力的作用下，本身能动地发射出声波来判断发射地点的部位和状态。根据声发射信号的特点和诱发声发射的外部条件，既可以了解缺欠的目前状态，也能了解缺欠的形成过程和发展趋势，这是其他无损检测方法难以做到的。
2）声发射检测几乎不受材料限制。除极少数材料外，金属和非金属材料在一定条件下都有声发射产生。因此，声发射监测诊断几乎不受材料限制。
3）声发射监测灵敏度高。结构或部件的缺欠在萌生之初就有声发射现象，因此，只要及时检测声发射信号，根据声发射信号的强弱就可以判断缺欠的严重程度，有时可以显示零点几毫米数量级的裂纹增量，可以监测发展中的活动裂纹。
4）可以实现在线监测。例如，对于压力容器等人员难以接近的场合进行监测，若用 X 射线法则必须停产检查，如果用声发射法则不需停产，这样能减少停产造成的损失。
5）被测结构必须承载，才能进行检测。
6）检测受材料的影响很大，电噪声和机械噪声对声发射信号的干扰较大。
7）缺欠的定位精度不高，对裂纹类型只能给出有限的信息。
8）解释测量结果比较困难，对检测人员水平要求较高。

第 9 章

简答题

（1）答：焊接质量保证体系的组成包括企业领导责任、质量责任与权限、组织机构、资源和人员、工作程序。
（2）答：焊接控制的主要内容有设计因素、材质因素、工艺因素、施工因素和检验因素。

参考文献

[1] 魏延宏．焊接检验［M］．北京：高等教育出版社，2010.
[2] 赵熹华．焊接检验［M］．北京：机械工业出版社，2011.
[3] 李以善，刘德镇．焊接结构检测技术［M］．北京：化学工业出版社，2009.
[4] 质检总局特种设备安全监察局．TSG Z6002—2010 特种设备焊接操作人员考核细则［S］．北京：中国计量出版社，2010.
[5] 辽宁省质量技术监督局特种该设备处组．特种设备基础知识［M］．沈阳：辽宁大学，2008.
[6] 中华人民共和国国家质量监督检验检疫总局，国家标准化管理委员会．GB/T 6417.1—2005 金属熔化焊接头缺欠分类及说明［S］．北京：中国标准出版社，2006.
[7] 李亚江，刘强，王娟，等．焊接质量控制及检验［M］．北京：化学工业出版社，2006.
[8] 李荣雪，赵强．焊接检验［M］．北京：机械工业出版社，2002.
[9] 中华人民共和国能源局，国家标准化管理委员会．NB/T 47013—2015. 承压设备无损检测［S］．北京：中国标准出版社，2015.

冶金工业出版社部分推荐书目

书　　名	作　者	定价(元)
中国冶金百科全书·金属塑性加工	本书编委会	248.00
爆炸焊接金属复合材料	郑远谋	180.00
楔横轧零件成形技术与模拟仿真	胡正寰	48.00
薄板材料连接新技术	何晓聪	75.00
高强钢的焊接	李亚江	49.00
高硬度材料的焊接	李亚江	48.00
材料成型与控制实验教程（焊接分册）	程方杰	36.00
材料成形技术（本科教材）	张云鹏	42.00
现代焊接与连接技术（本科教材）	赵兴科	32.00
焊接材料研制理论与技术	张清辉	20.00
金属学原理（第3版）（本科教材）	余永宁	197.00
加热炉（第4版）（本科教材）	王　华	45.00
轧制工程学（第2版）（本科教材）	康永林	46.00
金属压力加工概论（第3版）（本科教材）	李生智	32.00
金属塑性加工概论（本科教材）	王庆娟	32.00
型钢孔型设计（本科教材）	胡　彬	45.00
金属塑性成型力学（第2版）（本科教材）	王　平	28.00
轧制测试技术（本科教材）	宋美娟	28.00
金属学及热处理（本科教材）	范培耕	33.00
轧钢厂设计原理（本科教材）	阳　辉	46.00
冶金热工基础（本科教材）	朱光俊	30.00
材料成型设备（本科教材）	周家林	46.00
材料成形计算机辅助工程（本科教材）	洪慧平	28.00
金属塑性成形原理（本科教材）	徐　春	28.00
金属压力加工原理（本科教材）	魏立群	26.00
金属压力加工工艺学（本科教材）	柳谋渊	46.00
钢材的控制轧制与控制冷却（第2版）（本科教材）	王有铭	32.00
金属压力加工实习与实训教程（高等实验教材）	阳　辉	26.00
金属压力加工概论（第3版）（本科教材）	李生智　李隆旭	32.00
焊接技术与工程实验教程（本科教材）	姚宗湘	26.00
金属材料工程实验教程（本科教材）	仵海东	31.00
有色金属塑性加工（本科教材）	罗晓东	30.00
焊接技能实训	任晓光	39.00
焊工技师	闫锡忠	40.00